# 航空维修
# 信息分析技术

杨彦明　张锐丽　孙璐璐
赵　洋　方　平　李江龙　　著

清华大学出版社
北 京

## 内 容 简 介

  本书以航空维修信息统计与分析需求为牵引，以航空装备维修保障为应用背景，借助最新统计分析软件，围绕航空维修信息分析能力培养这条主线，在简要介绍航空维修信息分析知识的基础上，系统论述了航空维修信息分析技术、方法与应用，包括航空维修数理统计分析技术、航空维修可视化分析技术、航空维修可靠性分析技术、航空维修预测分析技术、航空维修多元分析技术，以及航空维修信息分析综合应用等内容，并通过应用实例对相应技术和方法逐一讲授。

  为了让学习者能够快速有效地掌握核心技术与技能，也方便教师开展"线上线下"混合式教学，书中涉及实例均提供软件解决方案以及操作微视频，并与教材中的二维码一一对应，读者可以利用移动终端扫码，随时观看学习，力求打造"纸质教材＋微视频"的智慧化新形态教材。

  本书可作为高等院校信息管理类相关专业的教材，尤其适合作为军队院校航空类相关专业方向的教材，以及现职军官航空类专业任职培训教材，亦可作为从事航空装备管理、装备维修保障的人员学习现代信息分析技术与方法的培训教材和参考用书。

**图书在版编目（CIP）数据**

航空维修信息分析技术/杨彦明等著. —北京：清华大学出版社，2020.7
ISBN 978-7-302-54892-8

Ⅰ．①航…　Ⅱ．①杨…　Ⅲ．①航空器－维修　Ⅳ．①V267

中国版本图书馆 CIP 数据核字（2020）第 022941 号

责任编辑：许　龙
封面设计：傅瑞学
责任校对：赵丽敏
责任印制：宋　林

出版发行：清华大学出版社
   网　　　址：http：//www.tup.com.cn，http：//www.wqbook.com
   地　　　址：北京清华大学学研大厦 A 座　　　　　　　邮　　编：100084
   社　总　机：010-62770175　　　　　　　　　　　　邮　　购：010-62786544
   投稿与读者服务：010-62776969，c-service@tup.tsinghua.edu.cn
   质量反馈：010-62772015，zhiliang@tup.tsinghua.edu.cn
印　装　者：大厂回族自治县彩虹印刷有限公司
经　　销：全国新华书店
开　　本：185mm×230mm　　　　　印　张：16　　　　字　　数：347 千字
版　　次：2020 年 8 月第 1 版　　　　印　次：2020 年 8 月第 1 次印刷
定　　价：48.00 元

产品编号：086370-01

# 前　言

春秋时齐国名相管仲有言："不明于数欲举大事，如舟之无楫而欲行于大海也"。著名经济学家马寅初还有"学者不能离开统计而究学，政治家不能离开统计而施政，事业家不能离开统计而执业"的论述。对于航空装备维修质量管理来说尤其离不开信息，离不开信息分析和应用。

全书共分 7 章，按照"基础知识—技术方法—综合应用"的体系结构组织，符合认知规律。本书汲取现代信息分析最新成果和技术，围绕信息分析能力培养这条主线，以航空装备维修保障为应用背景，以信息分析技术方法为核心，以统计分析软件 Minitab 为工具，主要论述了航空维修信息分析基础知识、航空维修数理统计分析技术、航空维修可视化分析技术、航空维修可靠性分析技术、航空维修预测分析技术、航空维修多元分析技术以及航空维修信息分析综合应用等内容，涵盖参数估计、假设检验、相关分析、方差分析、图形分析、可靠性分析、回归预测、时间序列预测、聚类分析、主成分分析、因子分析等知识点。本书组织结构图如下：

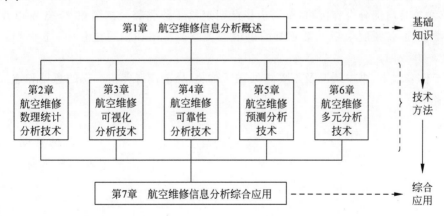

学好信息分析的关键是掌握如何运用统计分析思维来思考问题，而不是简单地记住统计分析知识和公式。特别是在计算机技术应用已经普及的今天，所有的计算都可以由计算机软件来完成，只要理解信息分析技术的实质，清楚信息分析方法使用的前提，灵活应用信息分析技术并不难。为此，本书力求突出以下风格特色：

第一，立足航空维修保障实际，实现信息分析技术与航空维修保障工作的有机结合。本教材系统、全面论述了航空维修信息分析的技术、方法与应用,在强调统计分析思想方法的基础上,紧密结合航空装备维修保障工作实际,做到书中所有实例原型或统计分析原始数据均源自航空维修保障工作一线,实现信息分析技术与航空维修保障工作实际的有机融合,旨在使理论与实际结合,力求在对典型问题的解决过程中领悟原理、理解技术、掌握方法,做到深入浅出、通俗易懂,增强学习者在工作实践中分析和解决问题的能力,力求达到知行并重、学以致用。

第二,注重现代信息技术应用,实现信息分析方法与计算机技术有机结合。为着力提高学习者运用信息分析方法解决实际问题的能力,本书所涉及的信息分析方法、计算,均提供相应软件的解决方案,将统计分析中的定性分析思想与计算机技术在定量分析方面的优势有机结合,将统计分析复杂的理论计算融入到各统计分析软件的应用中,力求学习者在对典型实例的操作过程中领悟原理、掌握方法,并学会利用现代化信息分析手段对数据进行有效、快速处理。

第三,突出教材形态智慧化,实现纸质教材与数字化教学资源的有机融合。本教材对纸质文本教材和配套数字资源一体化设计,实现"线上线下互动,新旧媒体融合",在编写纸质教材的同时,对书中的所有应用实例均录制实操微视频,充分发挥纸质教材体系完整、数字化资源呈现多样和服务个性化等特点,运用二维码技术,建立纸质教材和数字化资源的有机联系,支持学习者利用移动终端进行随时随地学习,打造"纸质教材+微视频"的智慧化教材。

本书是集体智慧的结晶,第1~5章以及第7章由杨彦明执笔,第6章由张锐丽执笔,孙璐璐、赵洋等参与部分内容撰写,全书由杨彦明统稿。孙璐璐录制了第2~5章以及第7章的讲解微视频,张锐丽录制了第6章的讲解微视频。本书在撰写过程中,还参考了大量文献,在此一并致谢。

限于作者水平,书中疏漏及不妥之处在所难免,恳请读者斧正。您的意见和建议可以反馈给作者。

杨彦明

2020 年 6 月于青岛

# 目　　录

孙武

知彼知己者，百战不殆；

不知彼而知己，一胜一负；

不知彼，不知己，每战必殆。

——《孙子·谋攻篇》

# 第1章　航空维修信息分析概述

## 内容导读

　　航空维修信息泛指在航空装备全系统全寿命维修管理过程中出现的各类信息，航空维修信息分析是信息分析理论与技术在航空装备维修保障领域的具体应用，在促进航空维修工作和航空装备的设计、制造及修理质量的改进等方面具有重要作用。本章主要介绍航空维修信息分析的基本知识以及信息分析的发展趋势。

## 能力目标

- 理解航空维修信息的基本概念；
- 理解航空维修信息分析的基本概念；
- 掌握航空维修信息分析的内容与时机；
- 了解航空维修信息的发展；
- 熟悉 Minitab 软件的基本功能和操作。

**思政案例**

## 弹孔去哪了?——统计科学与数据处理艺术

第二次世界大战期间,为了加强对战机的防护,英美军方调查了作战后幸存飞机上弹孔的分布,决定哪里弹孔多就加固哪里。然而美国统计学家亚伯拉罕·瓦尔德(Abraham Wald)力排众议,指出更应该加固没有弹孔的地方,这是为什么呢?

瓦尔德认真研究了从战役中返航的受伤军机,画出飞机的轮廓并标示出弹孔位置,累积一段时间后,看到除了飞机引擎、座舱和机身中间一个长方形的区域没有弹着点外,敌军炮火袭击几乎均匀地分布在飞机的各个部位(图a),瓦尔德提议把没有弹孔的部位加固(图b),他认为这些位置既处于德军高射炮的正面攻击范围,又是飞机的引擎、座舱和油箱所在,一旦这些部位被击中飞机就回不来了,因此恰恰是要在这些没有弹孔的部位加固,这个建议最终被军方采纳,从而挽救了成千上万的飞行员,瓦尔德思考问题打破常规,完美地解决了这一问题。看来,统计学家解决问题也需要逆向思维。有时分析问题,不妨反过来思维,或许就是另一片天空。这是一个简单但近乎完美的实例,简单的数据分析方法一旦融入了统计学家的智慧,便显得生动而唯美!

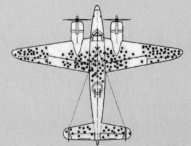
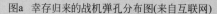
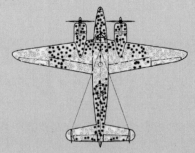

图a 幸存归来的战机弹孔分布图(来自互联网)　　图b 逆向推理的战机弹孔分布图(来自互联网)

瓦尔德的独到见解可以概括为:飞机各部位受损的概率应该是均等的,那些机身上千疮百孔的"幸存者"受到的攻击并不致命,而受到致命伤的飞机早就坠毁在战场上了,所以盟军要想提高战机的生存能力,更应该关注那些被击落飞机的受损部位,这些才是飞机最脆弱的地方,并相应增强装甲防护。

统计分析实践需要很多技巧,需要经验的积累与领悟,更要具备数据分析思维,有时数据也会骗人,用真实的数据计算出来的正确答案,不一定就是事实的真相。因此统计分析是一门富有想象力的学科。

**资料来源**

[1] 王静龙. 统计思想欣赏[M]. 北京:科学出版社,2019.
[2] 李舰,海恩. 统计之美:人工智能时代的科学思维[M]. 北京:电子工业出版社,2019.
[3] 王庚. 统计科学及其文化魅力[J]. 科学,2010,62(6):54-58.

**思维导图**

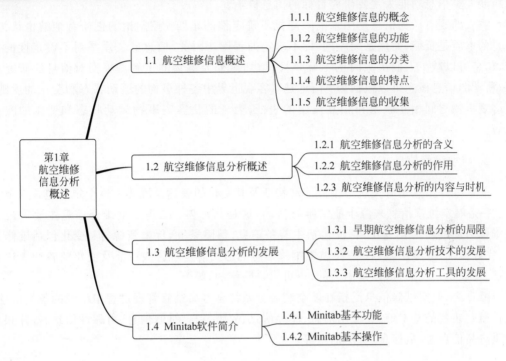

# 1.1　航空维修信息概述

## 1.1.1　航空维修信息的概念

### 1. 信息

随着当代信息技术的高度发展和广泛应用,人类真正进入了信息时代。信息与物质、能量并称为当代社会的三大支柱性资源。人类对信息的认识和利用,从久远的历史到现在,经历了五次信息革命,即语言的产生、文字的创造、印刷术的发明、电磁波的利用以及计算机的出现,特别是以计算机为标志的第五次信息革命,使人类进入信息时代。

人类对信息的深入研究,形成"信息论"始于 20 世纪 40 年代末。信息论的主要创立者是美国数学家香农(Shannon)和维纳(Norbert Wiener),最初它仅局限在通信领域,应用概率论和数理统计方法研究信息处理和传递。如今,信息的概念已远远地超出了通信领域,已经推广和应用到其他的学科和领域,从而使局限于通信领域的信息理论发展成为一门以信息为主要研究对象,以信息的运动规律和应用方法为主要内容,以计算机为主要研究工具,以扩展人类信息功能为主要研究目标的信息科学。

香农的观点认为信息是用来消除随机不确定性的东西;控制论的创始者维纳也认为,信息的本质是负熵,而熵是无序的,即不确定的程度。因此,信息的实质是对不确定性的否定,信息可以减少人们决策时的不确定性,增加对外界事物的了解。根据对信息的研究成果,科学的信息概念可以概括为:信息是对客观世界中各种事物的运动状态和变化的反映,是客观事物之间相互联系和相互作用的表征,表现的是客观事物运动状态和变化的实质内容。

**2. 航空维修信息**

航空维修信息是有关航空维修活动特征及其变化的表达及陈述。这个定义包含三个含义:一是航空维修信息来源于航空维修活动,这是其母体;二是航空维修信息主要关注航空维修活动的特征及变化,特征包括主装备信息、保障条件、保障资源等;变化包括维修进度、完好情况、故障缺陷等;三是航空维修信息的形式就是对这些特征及变化的各种表达及陈述,可以是口头的,可以是书面的,也可以是网络的,等等。

概言之,航空维修信息泛指在航空装备全系统全寿命维修管理过程中出现的各类信息,包括航空装备的基本信息、使用信息、储存信息、故障信息、维修信息、可靠性信息、备件和其他供应品信息、人员信息、费用信息等。[1]

# 1.1.2 航空维修信息的功能

航空维修信息是航空装备维修管理的基础,既是全面地掌握航空装备使用情况的数据资料,又是科学预测装备作战性能及所需维修保障的基本依据,在航空维修保障中起着十分重要的作用,概括地讲有以下几个方面作用。

**1. 航空维修信息是航空装备管理和决策的基础**

开展航空装备管理与决策活动,首先要了解装备的使用、维修保障的各种情况。来自一线的维修信息对提高装备管理的质量有着重要的意义。维修信息在装备全系统、全寿命管理与决策中,对装备的研制论证、设计定型、生产改进、使用维修中的各种管理与决策过程都具有重要的参考价值,是装备管理与决策的基础。

**2. 航空维修信息是制定维修计划、决策的依据**

计划和决策是航空维修管理中重要的职能,决策的正确性和计划的科学性,不仅直接关系到装备的维修质量、战训任务的完成,还会影响到单位长远的发展和建设。各级装备管理机构和人员在制定维修决策和计划时,必须以各方面可靠的维修信息为基础,包括上级的指示和本部门管辖范围内的实际情况,唯有如此才能做出正确的决策,制定出可行的计划。例如,制定飞机换季检查计划,就要掌握很多方面的维修信息,包括各专业技术力量匹配情况,各专业设备随季节变化特点,航材、四站设备供应情况,当前飞机、发动机的完好情况,以及检测排故设备的技术状况等,只有依据这些信息,才能制定一个科学的计划,把这项较大的周期性工作做好。

### 3. 航空维修信息是监督、控制维修活动过程的依据和手段

每一项维修活动都要达到一定的预期目的,实现一定的目标。各级装备管理部门在管理过程中,依据反馈的航空维修信息来监督、检查计划的落实情况,观察维修活动是否符合总体要求,必要时还要修改计划,及时发出调节和控制的指令,采取相应的措施,以保证维修保障活动的正常进行,实现既定的目标。如果没有航空维修信息的反馈,维修活动就会失去控制,达不到预期的目的。

### 4. 航空维修信息是协调各种维修保障活动的脉络和纽带

航空维修信息是维修系统各层次、各环节相互沟通的渠道。以飞机定检为例,机务大队飞行准备前,修理厂定检换发前,都要把相关信息报给场站的航材、四站等部门,这样场站的这些部门就可以提前准备好各种车辆、油料、耗材等。这个时候,信息起到协调各种维修保障活动的作用。如果没有航空维修信息,各部门互不了解情况,各行其是,会使全系统失调,不能实施有效的管理和控制,达不到系统运行的预期效果。航空维修的纽带作用是通过维修信息系统的信息传递和信息共享来实现的。

### 5. 航空维修信息是指导研制部门提高装备可靠性、维修性设计的重要依据

航空装备可靠性、维修性好坏,会在维修实践中得以检验。来自维修保障现场的各类故障信息、质量问题反馈信息等,对改进装备的设计都有重要的意义。如装备技术状况、事故报告、统计数据等信息反馈到设计制造部门,可以确保新机不再出现老机所存在的缺陷。例如,某部发生一起座椅救生伞在地面意外弹射事故,原因是该型座椅程序控制器意外工作,进而启动座椅程序分离燃爆机构,使座椅分离系统工作。该部将事故信息反馈给工厂,工厂分析发现该程序控制器存在设计缺陷,对其进行了相应技术改进,从而提高了产品可靠性和安全性。

## 1.1.3　航空维修信息的分类

由于航空维修涉及面广、影响因素多,因而其信息量庞大,种类繁多,不仅包括与主装备本身有关的信息,而且包括主装备以外的维修保障系统的信息,以及有关的政策、法规、标准

等信息。从不同角度或不同的需要出发,可对维修信息进行不同的分类。

**1. 按信息的重要性分类**

按照信息的重要性,维修信息可分为核心信息、主要信息和一般信息。核心信息包括装备的建设规划、实力、储备、战时方案、战时保障计划以及主要新型装备性能。主要信息包括装备的调配保障计划、动用计划与日常动用情况、质量信息与完好率、消耗情况、维修设备与器材数量、质量与分布、修理机构维修能力、经费分配与使用、主要技术革新项目、主要装备履历档案资料和一般新型装备性能资料等。一般信息包括装备业务工作情况、装备人员数量、质量与训练情况、一般技术革新项目、一般装备履历档案资料以及装备管理工作研究成果等。

**2. 按信息的稳定程度分类**

从稳定情况出发,维修信息可分为基本信息和动态信息。基本信息包括有关装备维修的政策、法规、标准,装备的结构特点、工作原理,装备的战术技术性能和作战特点,装备保障系统的构成以及装备研制生产中的试验、计算、工程资料等。动态信息包括装备的使用情况数据、技术状况检测数据、故障与维修数据等需要经常统计收集的信息等。

**3. 按信息的时效性分类**

按照信息的时效性,维修信息可分为周期性信息、历史性信息和当前信息。周期性信息包括下属单位定期上报的信息以及本单位季度、年度的总结性信息,例如月份修理工作报告,飞机、发动机大修年度计划等;历史性信息主要指装备的档案类信息,例如历年装备的订购计划,飞机、发动机的档案管理等;当前信息包括近期发生或正在发生的信息,它的随机性强,规律性差,例如某新型装备的使用信息、技术通报的落实信息、装备维修过程中的监控信息等。

**4. 按信息反映的内容分类**

从反映的内容出发,维修信息可细分为下面十余种。

(1)装备基本信息:反映装备基本情况的一些信息,如装备名称、型号、类别、生产厂家、生产年份、批次等。

(2)使用信息:反映装备使用情况的信息,如使用单位、使用时间和使用强度、役龄、使用环境等。

(3)储存信息:反映装备储存基本情况的信息,如装备储存条件、储存的时间、质量变化等。

(4)故障信息:反映装备在使用、储存等过程中故障的信息,如故障件名称、故障时间、故障部位、故障原因、故障现象等。

(5)维修信息:反映装备故障修复或预防性维修的有关信息,如某项预防性维修工作的维修级别、维修工作类型、维修时间及消耗的资源等。

（6）可靠性信息：反映装备、零部件的可靠性数据，如寿命分布的类型、参数等。

（7）维修性信息：反映装备、零部件的维修性数据，如维修时间分布的类型、参数等。

（8）备件和其他供应品信息：反映备件和其他供应品的信息，如备件和其他供应品的品种、需求与消耗的数量等。

（9）人员信息：反映与装备相关人员的信息情况，如使用人员情况、维修人员情况等。

（10）费用信息：反映装备维修与使用的预算和实际收支信息，如维修费用、使用费用等。

## 1.1.4　航空维修信息的特点

### 1. 事实性

事实性是信息的核心价值，是信息系统存在的先决条件。只有依据真实的信息才能做出正确、科学的论断。任何以偏概全、各取所需的失真信息，不仅没有价值，而且往往将人们引入歧途招致失败。维修信息来源于维修实践，是维修活动的客观反映，是不以人的意志而转移的，故应该具有事实性。但它毕竟不是维修活动本身，它可以脱离维修活动而被复制、传递、存储、加工，往往在传递、加工时，信息的事实性被破坏了。

### 2. 共享性

信息可以被无限制地复制和传播，并能在此过程中保持低损耗甚至无损耗，这就是信息的共享性。[2]就像知识一样，信息在交换过程中不会出现你得我失的情况，而是通过交换达到信息共享。正是信息的共享性，也使得信息成为宝贵资源，例如通过交流可以使维修人员在短时间内学习吸收其他单位的维修经验，借鉴装备故障的处理技术和方法，预防事故的发生，成为自己的维修技能和知识。所以维修信息共享为充分利用兄弟单位的维修成果开展自己的维修活动创造了有利途径。

### 3. 时效性

信息的价值会随时间的推移而改变，这就是信息的时效性。维修信息的突出特点之一就是时效性。人们获取维修信息的目的在于利用信息，维修信息的效能与利用时间有密切关系，适时使用可充分发挥信息的价值，而使用迟缓就会降低其效果甚至对维修工作造成严重的不利影响。维修信息的时效性主要表现在两方面：一是维修信息是描述装备使用、维修工程、维修作业活动、维修技术知识的。装备与其维修技术在不断发展变化，维修方式、方法和手段也在不断更新变化，随着时间的推移，原有维修信息与装备及装备的维修状况就会出现某种程度的不符，从而逐步过时老化。二是维修活动总是处于运动变化之中，维修信息在很大程度上只能是对过去维修活动状态的反映，当维修活动的发展有了质的变化以后，过去信息的有效性就要降低,大多数维修信息的价值随时间的流逝而衰减。因此,维修信息具有很强的时效性,从一定意义上讲,时效性决定了维修信息的使用价值。信息的时效性对决策的准确性、及时性影响很大。在以计算机处理为基础的信息系统中,很多重要的关键数据要定时处理,以缩短信息的延迟时间,及时传输,及时决策。

### 4. 随机性

航空维修信息的随机性是由于维修系统自身构成和特性所形成的,因为航空维修系统的构成要素——人、飞机和环境自身充满了随机因素。例如,人的情绪、技术水平的发挥是变化的;飞机故障发生的时间、部位是随机的;气候环境、人文环境是变化的。航空维修信息的随机性,要求人们只有不断地接收大量的信息,经过加工处理,才能从中提取对维修管理有用、有价值的信息。

### 5. 相对性

维修活动本身及其产生的维修信息具有客观性、普遍性,但由于人们的知识背景不同,认识问题方法存在差异,所以在接受、理解来自维修活动的信息时,也存在着差异,以及受到某种条件的限制,使得信息与维修活动本身存在着不同程度的偏差。还有,对运用维修信息后产生的价值和效用的估计都带有主观色彩,这就形成了信息的主观性和相对性。这就要求维修管理人员要不断地提高科技文化素质,掌握正确观察事物的方法,克服主观性、片面性,使得到的信息更符合客观事实。

## 1.1.5 航空维修信息的收集

不同机型、不同作战性能、不同使用条件的航空武器装备,其维修工作内容也不尽相同。不同的维修工程人员对维修信息的需求会有差异,因而维修信息的收集也会有许多差异。这些差异大都表现在具体的收集方法和内容上,但维修信息收集工作的原则是普遍适用的,需要共同遵守。

### 1. 目的性原则

维修信息数量庞大,内容繁杂,各单位所需求的维修信息的范围是具体和特定的。在这种情况下,收集维修信息必须有明确的目的。否则,获取的维修信息就没有重点,收集工作就会混乱。为此,收集者必须明确自己的工作性质、方向和任务,同时要清楚自己所维修的装备特点、维修工程人员的特点、维修环境与维修条件的特点以及不同任务情况下有不同维修信息需求的特点等。

**2. 系统性原则**

维修信息反映的是装备及装备维修的状态。人们获取维修信息就是为了了解装备及装备维修情况。而装备及装备维修状态的变化发展是受环境、作战任务等因素制约的，与装备前半生以及维修保障技术及手段的进步都有联系，所以，零星片断的维修信息不能反映装备和装备维修的全貌。维修信息收集要全面系统，收集的范围不能过窄，不仅要把与某一维修问题有关的、涉及的各个维修专业中的所有维修信息收集全，而且要尽量收集积累装备全寿命过程中的各种有关资料和数据。

**3. 及时性原则**

装备及装备维修状态是随着装备的使用和维修保障过程的发展而变化的，因而只有连续不断的维修信息才能反映装备及装备维修状态的变化发展过程。时效性是维修信息的一个重要属性。过时的维修信息不仅其价值会降低或丧失，而且会造成维修工作的损失。所以，要力争在最短时间内提供最新、最急需的维修信息。为此，要求专人负责维修信息的收集和整理，且必须具有持之以恒的精神和强烈的时间观念，不能有中断和遗漏，要尽早了解维修信息线索，熟悉各种航空武器装备对应的维修专业领域和当前形势，保证维修信息收集速度快、内容新，为及时传播利用创造条件。

**4. 使用方便、经济的原则**

同样的维修信息有多种不同的载体形式，应注意首先选用使用方便、并且是目前人们使用较多而且比较经济的形式。如对收集项目的确定，统计表格的拟制，统计制度的规定，统计责任的落实等，都要做到简便易行、切实有效。若搞得十分烦琐，则不易长期坚持贯彻执行，反而会影响到维修数据统计的质量和效果。

**5. 计划性原则**

收集维修信息要制定计划。有计划才能保证系统性，保证质量，避免零散与断断续续，避免盲目性。计划性是在明确目的和调研的前提下实现的，做好调研才能知道到哪里去收集，才能制定方案，才能保证收集工作有计划、有步骤、有条不紊地进行。

**6. 可靠性原则**

只有来源可靠，维修信息自身才能可靠，为此要在收集维修信息时，注意维修信息来源的可靠性。在维修作业中，收集的原始数据是维修工程分析处理的基础，它必须反映装备的客观实际。无论用什么样的方法和模型进行分析处理，准确可靠的原始数据都是求得正确结论的前提。在没有可靠信息来源时，可收集参考性维修信息。

# 1.2 航空维修信息分析概述

## 1.2.1 航空维修信息分析的含义

　　航空维修信息分析是指针对制约航空装备维修保障相关工作顺利开展的特定问题,综合运用定性和定量研究方法,通过对维修保障信息的收集、整理、鉴别、评价、分析、综合等系列化加工过程,形成新的、增值的信息产品,最终为航空维修保障科学决策服务的一项智能活动。[3]航空维修信息分析是信息分析理论与技术在航空装备维修保障领域的具体应用。信息分析是一个含义非常宽泛的概念,任何一项有关决策分析的智力活动皆可视为信息分析活动。数据分析、情报分析、数据挖掘等概念在诸多场合下与信息分析概念共同存在。本书更侧重于利用统计分析、可视化分析、可靠性分析、预测分析等技术方法对航空维修信息进行分析与应用。

## 1.2.2 航空维修信息分析的作用

　　航空维修信息分析的主要作用包括:为拟定改进航空维修保障对策提供依据;为航空工程保障计算、准确预测某一阶段的保障物资需求量提供辅助支持;为分析航空装备的可靠性状况提出有针对性的预防故障措施提供数据支持;为优化保障条件、提高保障能力提出建议和措施;为评估飞行训练水平提供依据;为实施航空装备的质量监控提供数据。航空维修信息反映了航空装备在使用保障阶段的使用、维修、质量、安全等各方面的情况,通过对航空维修信息的深入、全面分析,对制定飞行训练计划、拟制维修决策、改进装备质量等具有重要意义。

## 1.2.3 航空维修信息分析的内容与时机

### 1. 航空维修工作综合分析和预测

　　航空维修工作综合分析和预测的主要内容包括航空装备使用维修情况、质量安全情况和保障任务完成情况,找出问题和薄弱环节,预测下一阶段的困难和可能发生的问题,为制定计划和分析质量安全形势提供资料,并且提出克服困难和预防问题的措施。

### 2. 维修差错分析和预测

　　维修差错分析和预测通常于每季末和年底进行,分析的重点是发生维修差错的情况和特点,找出原因和教训,预测下一阶段发生维修差错的可能性,提出预防措施,并且为安全教育提供素材。

### 3. 故障分析和预测

故障分析和预测通常于每季末和年底进行,根据历年的故障统计数据,进行数理统计分析,研究故障发生的特点和规律,提出预防故障的建议。

### 4. 飞机完好率分析和预测

飞机完好率分析和预测通常于月末、季末和年底进行,重点分析影响飞机完好的各种因素,预测下一阶段飞机完好率变化趋势,提出提高飞机完好率的措施。

### 5. 飞机、发动机技术状态分析和预测

飞机技术状态分析和预测主要是根据飞参数据、油液分析及发动机监控数据,结合飞机、发动机实际使用情况,对飞机、发动机技术状态趋势变化进行分析和预测,提出预防性维修意见和建议。

此外,航空维修信息分析还应包括对影响航空维修保障工作其他方面因素的分析,如航空机务人员情况,航空装备的寿命情况,保障装设备配套、完好情况,维修设施情况,各类技术保障法规建设情况等。

# 1.3　航空维修信息分析的发展

## 1.3.1　早期航空维修信息分析的局限

由于早期信息技术的发展不完善,飞机各子系统间的数据壁垒未被打破,各子系统产生的数据相互独立,难以进行跨系统间的数据分析,加上数据的收集和统计手段还未正式进入无纸化,因此得到的维修信息零散、不准确且难以使用。除此之外,信息分析手段也仅仅停留在使用 Excel 进行基本的数据汇总、条件筛选与绘制统计图的层次上,其本质并不是真正意义上的信息分析,而只是简单的数据整理,通过这些方法得到的分析结论对航空维修的指导性很小,甚至几乎没有作用。

## 1.3.2　航空维修信息分析技术的发展

### 1. 信息分析方法多元化

信息分析的目的是在茫茫数据中挖掘出有用的信息,供人们对事物的未来发展情况做

出预判,进一步用于指导人们的决策。信息分析实际上是数据科学范畴内的工作,数据科学起源于统计学,其发展的根本原因就是计算机硬件性能的不断进步与提升,伴随着这种进步,一些传统方法不能处理的问题如今能得以解决。目前,各行各业的运作与发展都比信息化时代到来之前更高效、有序,随之也不断地产生了大量的、新的数据,这些数据不仅在数量上很庞大,逻辑上也很分散,用传统的统计学方法去整理或是分析变得越来越困难,反过来说,这些数据携带的有用信息也随之增多,若分析方法得当,就能够从这些数据中挖掘出许多有用的东西。于是,越来越多针对这些新数据的新分析技术被研究出来,出现在人们的视线中。由于信息分析本身并没有特有的方法,吸收和借鉴其他学科的分析方法显得尤为重要。信息分析人员从相关学科引入分析方法,在运用这些方法的时候对其进行完善和创新,形成了自己的特色。用户需求的多元化和多层次性,促使信息分析方法的拓展和改进,其多元化趋势更加显著。

**2. 信息分析技术智能化**

近几年,数据挖掘中的机器学习成为一个热门的研究方向,它让计算机尽可能地模拟人类的学习过程去学习。其中,学习资料及内容来自大量的训练数据,学习方法即各式各样的机器学习算法,学习结果为学习过程中不断修正各参数后形成的最终版本数据模型。由于数据的增长速度过快,单台计算机已经无法处理大数据层面上的机器学习问题,因此,分布式机器学习应运而生,它的主要过程是:由多台计算机组成的分布式计算集群将收集到的大数据分散存储在这些计算机上,利用类似 Apache Spark 的分布式计算引擎进行大数据并行计算得到训练模型。然而,在机器学习中的数据训练之前,需要根据实际问题进行假设性的建模,这些初始模型的质量也会间接影响到最终训练结果的质量。为了避免由于这些假设带来的影响,人们又产生了一种新的建模思路,这种思路模糊了模型的假设以及相应的数学推导,放弃了模型的可解释性,随之诞生了我们熟知的神经网络以及深度学习等种类的模型。神经网络基于仿生学的思路,模拟人类大脑的信息传递与分析,其模型效果又上升了一个台阶。深度学习是在神经网络结构与层数上的进一步改进,通过复杂化神经网络的结构,增加神经网络层数的手段来达到提高训练效果的目的,其训练效果普遍优于基本的神经网络方法。

**3. 信息分析手段现代化**

信息分析手段从早期借助于一些统计工具进行简单的描述性统计,到进一步应用统计学的一些方法,预先设定一个分析主题进行统计分析,了解分析对象各个角度的特征,甚至能够进行分类、聚类、预测等一些更高级的数据分析。随着现代信息技术的发展和科学研究方法的普及,计算机技术、网络技术、可视化技术等已经进入信息分析领域。各种数据库的建立,为信息分析研究奠定了良好的基础,而一些辅助性分析系统和应用软件也得到了广泛应用,例如,Minitab、SPSS、JMP 等统计分析软件可辅助分析人员进行信息分析活动。与数据库技术密切相关的、面向复杂信息分析与预测的、高层次决策支持的数据仓库、联机分析处理和数据挖掘等技术也日渐成熟。同时信息分析越来越注重开发利用网络资源,互联网拥有信息和服务两方面的优势,对信息分析活动而言,开发利用互联网资源可以使网络的信息和服务优势转化为竞争优势,增强其对科学决策活动的支持能力。这种活动又称远程信息分析与预测,可实现信息的动态获取、实时分析和跟踪预测。

## 1.3.3  航空维修信息分析工具的发展

### 1. Excel

Excel 作为大众最为熟知的电子表格处理软件,除了具有最基本的数据统计整理功能以外,随着其版本的提升,特别是从 Excel 2010 版本开始,更强大更好用的数据处理、数据展现以及数据分析功能也随之出现。不断更新的 Excel 在日常使用上优化了操作界面与操作流程,使得 Excel 的使用变得更加简洁方便,用户体验不断提升。在功能上,Excel 不仅可以通过归纳数据统计特性来进行数据描述性统计,在数据挖掘领域,它还能进行变量间的相关分析、回归分析、预测分析等深层次数据分析。

### 2. SPSS

SPSS 是 IBM 公司推出的一系列用于统计学分析运算、数据挖掘、预测分析和决策支持任务的软件产品,是世界上首个统计分析软件,其最突出的特点是操作界面友好,它将几乎所有的功能都以统一、规范的界面展现出来,且分析结果具有清晰、直观、易学易用等特点。SPSS 最新版本为 SPSS 26.0,在功能上不仅包含之前就已经成熟的数据管理、描述统计和数据建模分析等常用功能,更是将丰富的机器学习算法、文本分析算法和与大数据的集成融入进来,这让 SPSS 能够适应更大数据量、更多数据种类的数据分析任务,更先进的算法也使得 SPSS 数据分析所得到的结论更具参考意义。

### 3. JMP

JMP 是一款功能强大的交互式数据可视化和统计分析工具,是 SAS 公司专为促进六西格玛管理在大工业化生产环境下的快速推广而开发的一款专业桌面统计分析软件,既可以作为一套独立的桌面分析工具使用,也可以与 SAS 公司的其他产品和解决方案融合,将 JMP 的数据可视化、试验设计、数据挖掘和 SAS 生产处理结合起来。良好的可视化分析效果、强大的统计分析能力以及易用性已经成为该软件三大主要特点。JMP 的最新版本 JMP 10 是第一个能在 iPad 上使用的 JMP 系列软件,标志着数据可视化从此有了"移动性"。

**4. Minitab**

Minitab 软件是现代质量管理统计分析的领先者,全球六西格玛实施的共同语言,以丰富的功能和简易的可视化操作深受质量管理者和统计专家的青睐。Minitab 是众多统计分析软件当中比较简单易懂的软件之一,在质量管理方面的应用是比较适合的,一般的数据分析和图形处理都可以应付自如。其特点是:操作简便,软件兼容性能好,功能多、精度高,对硬件的要求低,有最新的现代化图表引擎,强大的宏等功能。目前最新版本是 Minitab 19,它提供统计分析、可视化分析、预测式分析和改进分析来支持数据驱动型决策。本书是以 Minitab 软件作为统计分析工具,给出具体软件解决方案。

# 1.4　Minitab 软件简介

## 1.4.1　Minitab 基本功能

Minitab 软件中的统计分析模块是该软件最为核心的部分,主要包括:

(1) 基本统计量。该功能菜单包括描述性统计量,单样本、双样本以及配对检验,单比率、双比率检验,单方差、双方差的假设检验,相关系数、协方差计算,正态性检验以及泊松(Poisson)分布的拟合优度检验。

(2) 回归。该功能菜单包含一般回归、逐步回归、最佳子集回归、拟合线图回归、偏最小二乘回归、二进制 Logistic 回归、顺序 Logistic 回归以及名义 Logistic 回归。

(3) 方差分析。该功能菜单包含单因子方差分析、双因子方差分析、平均值分析、平衡方差分析、一般线性模型、完全嵌套方差分析、平衡多元方差分析、一般多元方差分析、等方差检验、区间图、主效应图以及交互作用图。

(4) 试验设计(DOE)。该功能菜单包含因子设计、响应曲面设计、混料设计以及田口方法。

(5) 控制图。该功能菜单包含 Box-Cox 变换、子组的变量控制图、单值的变量控制图、属性控制图、时间加权控制图以及多变量控制图。

(6) 质量工具。该功能菜单包含运行图、Pareto 图(排列图)、因果图、能力分析、量具分析、属性一致性分析、按属性与变量进行抽样检验、多变异图、对称图。

(7) 可靠性/生存。该功能菜单包含检验计划、分布分析、保证分析、可修复系统分析、加速寿命数据的回归分析、概率单位分析。

(8) 多变量。该功能菜单包含主成分分析、因子分析、项目分析、观测值聚类、变量聚类、K-均值聚类、判别分析、简单对应分析、多变量对应分析。

(9) 时间序列。该功能菜单包含时间序列图、趋势分析以及分解、移动平均、单指数平滑、双指数平滑、Winter 方法、差分以及滞后、自相关、偏自相关、互相关、综合自回归移动平均（ARIMA）。

（10）表格。该功能菜单包含单变量计数、交叉分组表和卡方表、卡方拟合优度检验（单变量）、卡方检验（工作表中的双向表）、描述性统计表。

（11）非参数。该功能菜单包含单样本符号、单样本 Wilcoxon、Mann-Whitney 检验、Krukal-Wallis 检验、Mood 中位数检验、Friedman 检验、游程检验、配对平均数、配对差以及配对斜率的计算。

Minitab 软件的 R16 以后版本，不仅具有详细的中文帮助信息，还新增了更具人性化的"协助"功能。因此，读者可以结合其中文帮助信息和协助功能更加全面地了解和掌握该软件的基本操作。

## 1.4.2　Minitab 基本操作

### 1. 操作界面简介

运用 Minitab 软件进行数据分析时，需要使用各种窗口和工具，Minitab 软件操作界面如图 1-1 所示。

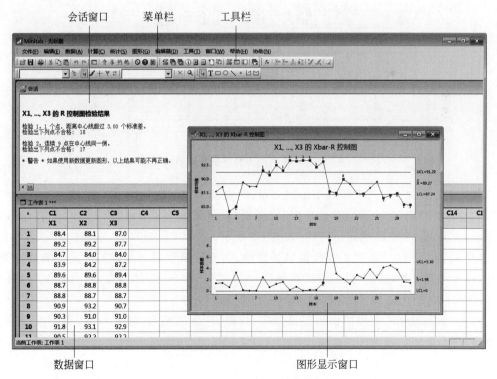

图 1-1　Minitab 软件操作界面

（1）会话窗口显示诸如统计报表之类的输出文本。

（2）数据窗口可以输入、修改数据和查看每个工作表的数据列。

（3）图形窗口显示各种输出的图形。

（4）菜单条包含文件、编辑、数据、计算、统计、图形、编辑器、工具、窗口、帮助模块，其中每个模块包含很多子菜单。

（5）工具条包含打开项目、保存项目、打印窗口、剪切、复制、粘贴等一些基本功能的快捷方式。

### 2. 常用数据操作

（1）堆叠。当某个指标受到一些因子影响时，统计表中常把指标值排成若干列，某个因子的水平成为每列的"变量名"（表头），但是 Minitab 分析数据时经常希望把指标的值排成一列，对应因子的水平排在另一列。这时可以通过"堆叠列"功能，把原始数据集变成 Minitab 便于接收的数据。

例如，采用三种测试方案（A、B、C），各测试 2、3、3 次，得到质量指标如图 1-2 所示工作表 C1～C3 列。将测试方案排成一列（图 1-2 中 C4 列），对应指标排成另一列（图 1-2 中 C5 列）。

| ↓ | C1 | C2 | C3 | C4-T | C5 | C6 |
|---|----|----|----|------|----|----|
|   | A  | B  | C  | 方案 | 指标 |   |
| 1 | 22 | 44 | 77 | A | 22 |   |
| 2 | 33 | 55 | 88 | A | 33 |   |
| 3 |    | 66 | 99 | B | 44 |   |
| 4 |    |    |    | B | 55 |   |
| 5 |    |    |    | B | 66 |   |
| 6 |    |    |    | C | 77 |   |
| 7 |    |    |    | C | 88 |   |
| 8 |    |    |    | C | 99 |   |
| 9 |    |    |    |   |    |   |

图 1-2 堆叠列操作的原始数据和结果

其操作过程如下：在工作表中添加 2 列，变量名分别命名为"方案"和"指标"。选择"数据"→"堆叠"→"列"命令，弹出"堆叠列"对话框，设置如图 1-3 所示，单击"确定"按钮，这时工作表上 C4 和 C5 就是堆叠出的列，如图 1-2 所示。

（2）转置。有时工作表中的数据是横排的，需要将其竖排；有时工作表中的数据是竖排的，需要将其横排，这时可以选择"数据"→"转置列"命令进入"转置列"对话框，如图 1-4 所示，进行列或行的转置，原始数据和结果如图 1-5 所示。

Minitab 其他基本数据操作还包括排序、排秩、产生随机数、公式计算、矩阵操作等，并不复杂，兹不赘述。

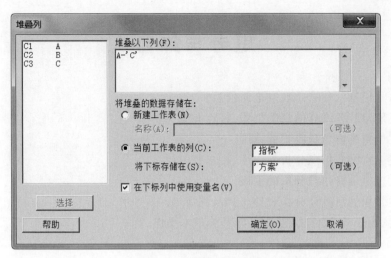

图 1-3　"堆叠列"对话框

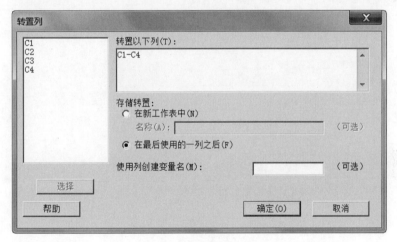

图 1-4　"转置列"对话框

| ↓ | C1 | C2 | C3 | C4 | C5-T 标签 | C6 | C7 | C8 |
|---|----|----|----|----|----|----|----|----|
| 1 | 11 | 22 | 33 | 44 | C1 | 11 | 11 | 11 |
| 2 | 11 | 22 | 33 | 44 | C2 | 22 | 22 | 22 |
| 3 | 11 | 22 | 33 | 44 | C3 | 33 | 33 | 33 |
| 4 |    |    |    |    | C4 | 44 | 44 | 44 |

图 1-5　转置列操作的原始数据和结果

# 思考与练习

1. 什么是信息? 什么是航空维修信息?
2. 简述航空装备维修信息的功能、特点和分类。
3. 简述航空维修信息收集的原则。
4. 简述航空维修信息分析的作用、要求和时机。
5. 简述航空维修信息分析的发展。
6. 简述常用信息统计分析软件工具及其特点。
7. 简述 Minitab 软件功能特点,熟悉其基本操作。

管仲

不明于数，欲举大事，

如舟之无楫而欲行于大海也。

——《管子·问篇》

# 第 2 章　航空维修数理统计分析技术

## 内容导读

　　数理统计分析以概率论为基础，运用统计学的方法对数据进行分析，主要研究随机现象中局部与整体之间，以及各有关因素之间相互联系的规律性。数理统计分析是航空维修信息分析的基本方法，主要包括描述性分析、参数估计、假设检验、方差分析、相关分析、回归分析等。本章主要介绍数理统计分析的基本知识以及假设检验、方差分析等基本方法。

## 能力目标

- 理解描述性统计量及其内涵；
- 熟悉数理统计分析基本方法；
- 掌握假设检验基本方法与应用；
- 掌握方差分析基本方法与应用。

## 思政案例

### 德军有多少坦克？——统计推断让德军的军事机密无所遁形

第二次世界大战前期，德国的坦克战具有绝对优势，坦克作为德军的主要作战力量其数量是盟军非常希望获得的情报。最初情报部门通过观察德国坦克制造厂，甚至专门在战场上数德国的坦克的方法收集情报，但收效甚微。后来情报部门找来了统计学专家，咨询他们有什么好的办法。

第二次世界大战时期德国豹式坦克（来自互联网）

统计学家们尝试利用在战争中缴获的一些德军坦克上的编号进行估计推断。德国人在制造坦克时是墨守成规的，他们把坦克从1开始进行连续编号。在战争进行过程中，盟军缴获了一些敌军坦克，并记录了它们的生产编号。那么怎样用这些号码来估计坦克总数呢？在这个问题中，总体参数是未知的生产出的坦克总数 $N$，而缴获坦克的编号则是样本。由此可以用一个非常简单的方法估算出德军坦克总数，即计算出所有缴获坦克编号的平均值（缴获的坦克具有随机性，且数量众多，所以可以将该均值视同德军所有坦克数量的均值），再用平均值乘以2就是总数的一个估计。当然特别要假设缴获的坦克代表了所有坦克的一个随机样本，这种估计的缺点是不能保证均值的2倍一定大于记录中的最大编号。

$N$ 的另一个点估计公式是用观测到的最大编号乘以因子 $(1+1/n)$，其中 $n$ 是被缴获坦克数量。例如缴获了10辆坦克，其中最大编号是50，那么坦克总数的一个估计是 $(1+1/10)×50=55$。此处认为坦克的实际数略大于最大编号。

这种方法的各种变形的确用于第二次世界大战之中。从战后发现的德军坦克生产记录来看，盟军的估计值非常接近所生产的坦克的真实值，表明统计估计比通过其他情报方式做出估计要大大接近于真实数目。统计学家做得比间谍们更漂亮！

用不放回抽样来估计离散型均匀分布的最大值问题，就是统计学理论估计中著名的"德国坦克问题"（German tank problem），估计坦克生产数量并不是离散均匀分布参数估计的唯一应用，这种统计推断思想在第二次世界大战中也用于探查更多德国生产的信息，包括工厂数目、工厂的相对重要性、供应链长度、生产工艺的改变及对诸如橡胶等资源的使用，这类问题都是从观察到的数据样本来推断随机变量的某些整体参数的统计推断问题。

**资料来源**

[1] CUDMUND R IVERSEN, MARY GERGEN. 统计学——基本概念和方法[M]. 吴喜之，等译. 北京：高等教育出版社，2000.

[2] 杨轶莘. 大数据时代下的统计学[M]. 北京：电子工业出版社，2015.

[3] 汪为. 统计赢得战争[J]. 调研世界，2014，(12)：60-61.

## 思维导图

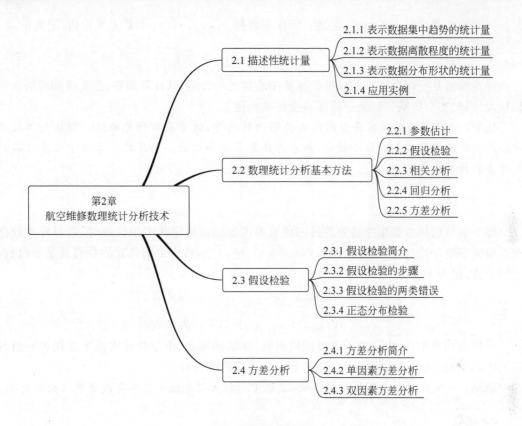

# 2.1　描述性统计量

　　描述性统计是通过图表或数学方法,对统计数据进行整理、分析,并对数据的分布状态、数字特征和随机变量之间的关系进行估计和描述的方法。描述性统计的任务就是描述随机变量的统计规律。

## 2.1.1　表示数据集中趋势的统计量

　　数据的集中趋势是指一组数据向其中心值靠拢的倾向,刻画集中趋势就是要确定可代表数据一般水平的代表值或中心值。对于一组样本数据,可以用样本均值、中位数和众数来描述数据集中趋势,这三个统计量各有特点,并适用于不同的场合。

### 1. 均值

样本均值也称样本平均数,它是一组样本数据 $x_1, x_2, \cdots, x_n$ 的算术平均值,记为 $\bar{x}$。

$$\bar{x} = \frac{1}{n} \sum_{i=1}^{n} x_i \qquad (2\text{-}1)$$

样本均值是使用最广泛的反映数据集中趋势的统计量,其计算简单,但受极端值的影响比较大,同时亦会影响其对集中趋势测度的准确性。

说明:为了解决均值容易受到极端值影响的问题,通常采用切尾均值。即从全部数据中去掉指定比率的较大与较小数值,然后再计算算术平均数。切尾均值常用于比赛时裁判或评委的打分中。

### 2. 中位数

样本中位数是数据集中趋势的另一种重要度量。在确定样本中位数时,需将样本数据按数值大小顺序排列,构成有序样本:$x_{(1)}, x_{(2)}, \cdots, x_{(n)}$,位于中间位置的数值就是中位数,也叫中值,记为 $M_e$ 或 $\tilde{x}$。

$$\tilde{x} = \begin{cases} x_{((n+1)/2)}, & n \text{ 为奇数} \\ (x_{(n/2)} + x_{(n/2+1)})/2, & n \text{ 为偶数} \end{cases} \qquad (2\text{-}2)$$

与样本均值相比,中位数不受极端值影响,在某些场合,中位数比均值更能代表一组数据的中心位置,是描述数据集中趋势的另一个较好的统计量。

说明:中位数不会受到极端值影响,数据中的极大值或极小值不会改变中位数的大小。

### 3. 众数

众数是一组数据中出现次数(频数)最多的数值,记为 $M_0$ 或 Mod。简言之,就是一组数据中占比例最多的那个数。

说明:众数不受极端值影响。但有时众数在一组数中可能有好几个,有时也不存在众数。

### 4. 均值、中位数及众数的关系

均值、中位数和众数之间的大小关系与数据的分布形态有关,当数据为对称分布时,三者相等;当数据为右偏分布时,均值最小,中位数次之,众数最大;当数据为左偏分布时,众数最小,中位数次之,均值最大。因此利用三者的大小关系可以初步判断数据的分布形态(图 2-1)。

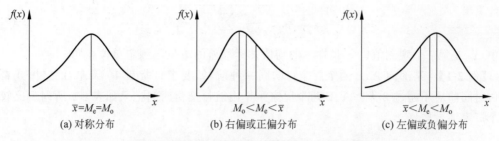

图 2-1　均值、中位数和众数数量关系与分布偏态

## 2.1.2　表示数据离散程度的统计量

找到数据的"中心"后,单纯以"中心"来刻画数据并非尽善尽美,还应考察所有数据相对于"中心"分布的疏密程度(离散程度)。因为集中趋势只是数据分布特征的一个方面,集中趋势测度值相同时,数据分布仍可能存在很大差异。数据离散程度可以通过极差、方差、标准差和变异系数进行度量。

### 1. 极差

极差是样本数据中最大值与最小值的差值,也称为全距或范围误差,记为 $R$。

$$R = x_{\max} - x_{\min} \tag{2-3}$$

极差计算简便,广泛应用于质量管理中控制质量的差异,但它有一定的局限性,因为它只利用了样本中最大和最小数据,中间的数据信息利用不充分。统计学中,描述数据离散程度应用最多的是方差和标准差。

**说明**:虽然极差计算简单且容易理解,但由于极差仅由两个极端数值决定,因此会受到极端值的影响而不能准确反映大部分数据的离散程度。

### 2. 方差

数据的分散程度可以用每个数据 $x_i$ 偏离其平均值 $\bar{x}$ 的差 $x_i - \bar{x}$ 来表示,$x_i - \bar{x}$ 称为 $x_i$ 的离差。方差是观测值与其均值离差平方和的均值,记为 $s^2$。

$$s^2 = \frac{1}{n-1} \sum_{i=1}^{n} (x_i - \bar{x})^2 \tag{2-4}$$

式中,分母 $n-1$ 表示自由度。因为 $n$ 个离差的总和必为 $0$,所以对于 $n$ 个独立数据,独立的离差个数只有 $n-1$ 个,因此样本方差是用 $n-1$ 而不是 $n$ 除以离差平方和。方差的单位为测定单位的平方。

### 3. 标准差

样本标准差是样本方差的正平方根,记为 $s$。

$$s = \sqrt{s^2} = \sqrt{\frac{1}{n-1}\sum_{i=1}^{n}(x_i - \bar{x})^2} \tag{2-5}$$

式中，$x_i$ 是第 $i$ 个观测值；$\bar{x}$ 是样本的均值。标准差的单位与测定单位相同。

**【例 2-1】** 某部向 A、B 两个厂家订购同一种航材，要求订货后 10 天左右交付，并希望交付时间前后不超过 2 天。A、B 两个厂家一年内航材交付时间记录如表 2-1 所列。比较哪一个厂家绩效较好。

表 2-1　A、B 两厂家一年内航材交付时间记录　　　　　　　　天

| 供货批次 | 1 | 2 | 3 | 4 | 5 | 6 | 7 | 8 | 9 | 10 | 均值 | 标准差 |
|---|---|---|---|---|---|---|---|---|---|---|---|---|
| A | 11 | 9 | 12 | 10 | 13 | 7 | 6 | 12 | 12 | 8 | 10 | 2.404 |
| B | 10 | 9 | 11 | 12 | 10 | 10 | 9 | 8 | 10 | 11 | 10 | 1.155 |

**【结果分析】**

根据表 2-1 可以绘制出如图 2-2 所示的序列图，从表 2-1 和图 2-2 中可见，虽然两厂家航材交付时间的均值是一样的（均为 10 天），但 A 厂家航材交付时间的波动比 B 厂家大，而且有的航材交付时间超出许可要求，因此 B 厂家的绩效好于 A 厂家。

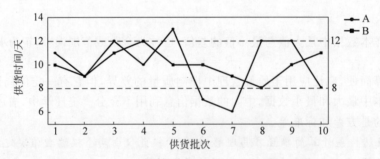

图 2-2　A、B 两厂家一年内航材交付时间波动图

### 4. 变异系数

样本变异系数是样本标准差与样本均值之比，用来刻画数据相对分散的程度，亦称为相对标准差或者离散系数，记为 $C_v$。

$$C_v = \frac{s}{\bar{x}} = 100 \times \frac{s}{\bar{x}}(\%) \tag{2-6}$$

式中，$\bar{x}$ 是样本的均值；$s$ 是样本的标准差。

**说明**：标准差反映样本数据的绝对波动状况，当测量较大的量值时，绝对误差一般较大；而测量较小的量值时，绝对误差一般较小。因此，用相对波动的大小，即变异系数更能反映样本数据的波动性。同时，样本变异系数消除了量纲的影响，是样本分散程度的另一种度量。

【例 2-2】　统计两组飞机机件的寿命,如表 2-2 所列,比较哪一组机件的寿命差异比较小。

**表 2-2　机件寿命统计数据**　　　　　　　　　　　　　　　　　　　　　　　　h

| A 组 | 1660 | 1690 | 1720 | 1770 | 1800 | 1710 | 1720 | 1740 | 1680 | 1730 |
|------|------|------|------|------|------|------|------|------|------|------|
| B 组 | 680 | 690 | 680 | 700 | 710 | 730 | 720 | 730 | 740 | 750 |

**解**:两组寿命值的变异系数计算如表 2-3 所列。

**表 2-3　两组机件寿命变异系数比较**

| 组别 | 均　　值 | 方　　差 | 标　准　差 | 变 异 系 数 |
|------|---------|---------|-----------|------------|
| A 组 | 1722 | 1728.9 | 41.6 | 2.41% |
| B 组 | 713 | 623.33 | 24.97 | 3.5% |

【结果分析】

结果表明,虽然 A 组机件寿命的标准差比 B 组大,但 A 组机件寿命的变异系数更小,说明 A 组机件的寿命差异比 B 组小,具有较好的工作稳定性,同时也说明 A 组机件平均寿命比 B 组机件平均寿命的代表性好。

## 2.1.3　表示数据分布形状的统计量

偏度和峰度是表示数据分布形态的两个重要特征,可以通过图形(如直方图)来大致观察数据分布的形态,但要定量加以测度则须计算偏度和峰度系数指标。

### 1. 偏度

偏度(Skewness)用于描述数据分布的不对称程度。理论上偏度为 0 时,分布是对称的;偏度大于 0 时,为正偏(右偏);偏度小于 0 时,为负偏(左偏)。在图 2-1 中,形态(a)为对称分布,形态(b)为右偏分布,形态(c)为左偏分布。偏度计算公式如下:

$$SK = \frac{n}{(n-1)(n-2)} \sum_{i=1}^{n} \left( \frac{x_i - \bar{x}}{s} \right)^3 \tag{2-7}$$

式中,$x_i$ 是第 $i$ 个观测值;$\bar{x}$ 是样本的均值;$s$ 是样本的标准差。

### 2. 峰度

峰度(Kurtosis)用于描述数据分布的尖锐程度,可使用峰度确定数据的波峰相对于正态曲线的尖锐程度。以标准正态分布为比较标准,如果数据分布形态比标准正态分布更尖,则称为尖峰分布,如图 2-3(a)所示;如果比标准正态分布更平,则称为平峰分布,如图 2-3(b)所示。即标准正态分布的峰值为 0;峰值大于 0 时,为尖峰分布;峰值小于 0 时,为平峰分布。峰度计算公式如下：

$$K = \frac{n(n+1)}{(n-1)(n-2)(n-3)} \sum_{i=1}^{n} \left(\frac{x_i - \bar{x}}{s}\right)^4 - \frac{3(n-1)^2}{(n-2)(n-3)} \qquad (2\text{-}8)$$

式中，$x_i$ 是第 $i$ 个观测值；$\bar{x}$ 是样本的均值；$s$ 是样本的标准差。

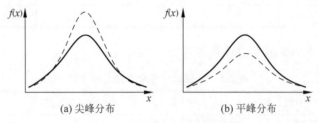

(a) 尖峰分布　　　　　　　(b) 平峰分布

图 2-3　数据分布的峰度对比

## 2.1.4　应用实例

例 2-3
讲解微视频

【例 2-3】　统计某型机载设备故障间隔时间，如表 2-4 所列，利用 Minitab 软件给出其数据描述性统计分析，并初步判断该型机载设备故障间隔时间分布是否为正态。

表 2-4　某型机载设备故障间隔时间统计数据　　　　　　　　　　　　h

| 序号 | 故障间隔时间 | 序号 | 故障间隔时间 | 序号 | 故障间隔时间 |
|---|---|---|---|---|---|
| 1 | 83.6 | 11 | 94.5 | 21 | 99.9 |
| 2 | 84.5 | 12 | 95.1 | 22 | 100.2 |
| 3 | 87.5 | 13 | 95.3 | 23 | 100.3 |
| 4 | 89.4 | 14 | 95.4 | 24 | 100.5 |
| 5 | 89.6 | 15 | 95.8 | 25 | 102.3 |
| 6 | 90.5 | 16 | 96.2 | 26 | 102.4 |
| 7 | 91.3 | 17 | 97.0 | 27 | 105.2 |
| 8 | 92.6 | 18 | 97.1 | 28 | 105.8 |
| 9 | 92.8 | 19 | 99.5 | 29 | 107.5 |
| 10 | 93.1 | 20 | 99.6 | 30 | 108.3 |

【操作步骤】

Step 01：将表 2-4 中的数据导入工作表的 C1 列，列名命名为"故障时间"，如图 2-4 所示。

说明：Minitab 软件中数据导入工作表通常有以下几种方式：①直接打开数据文件（支持 *.mtw、*.xls、*.xlsx、*.xml 等格式文件）；②从 Word 或者 Excel 等文件中复制粘贴；③直接手工输入。

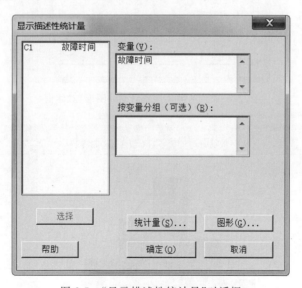

图 2-4 工作表(部分数据)

Step 02：选择"统计"→"基本统计量"→"显示描述性统计量"命令，弹出"显示描述性统计量"对话框，将"故障时间"选入"变量"，如图 2-5 所示。

图 2-5 "显示描述性统计量"对话框

Step 03：单击"统计量"按钮，弹出"显示描述性统计量：统计量"对话框，设置如图 2-6所示。单击"确定"按钮，返回"显示描述性统计量"对话框。

Step 04：单击"图形"按钮，弹出"显示描述性统计量：图形"对话框，设置如图 2-7 所示。

Step 05：单击"确定"按钮，图形窗口输出如图 2-8 所示。

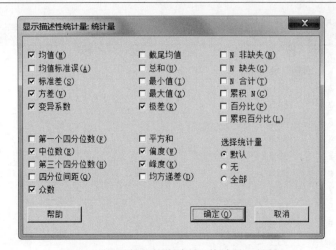

图 2-6 "显示描述性统计量：统计量"对话框

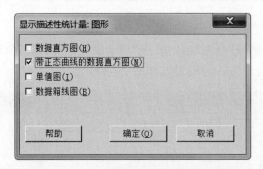

图 2-7 "显示描述性统计量：图形"对话框

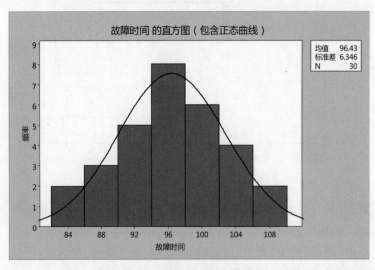

图 2-8 故障时间的直方图

同时,会话窗口输出如下结果:

描述性统计量:故障时间

| 变量 | 均值 | 标准差 | 方差 | 变异系数 | 中位数 | 众数 | 众数的 N | 偏度 | 峰度 |
|------|------|--------|------|----------|--------|------|----------|------|------|
| 故障时间 | 96.43 | 6.35 | 40.27 | 6.58 | 96.00 | * | 0 | −0.07 | −0.39 |

**【结果分析】**

根据包含正态曲线的直方图可以初步判断该机载设备故障时间大致服从正态分布(均值为 96.42,标准差为 6.346),若要进一步确定是否服从正态分布,可以利用假设检验进行定量分析(2.3 节将具体介绍)。另外,描述性统计量偏度(−0.07)和峰度(−0.39)的绝对值较小,可以认为是来自正态总体的数据。

**说明**:Minitab 软件中计算变异系数采用公式 $C_v = 100 \times \dfrac{s}{\bar{x}}$。

# 2.2　数理统计分析基本方法

## 2.2.1　参数估计

参数估计(Parameter Estimation)即根据从总体中抽取的样本估计总体分布中包含的未知参数的方法。它是统计推断的一种基本形式,是数理统计学的一个重要分支。

参数估计有两种常用形式:一种是点估计,就是用一个具体的数值去估计一个未知参数;另一种是区间估计,就是把未知参数估计在某两个界限(上限、下限)之间。例如,估计某一批零件的平均直径为 10mm,这是一个点估计;若估计零件的平均直径在 9~11mm,则是一个区间估计。

### 1. 点估计

点估计是依据样本估计总体分布中所含的未知参数或未知参数函数。通常它们是总体的某个参数值,如均值、方差和相关系数等。点估计问题就是要构造一个只依赖于样本的量,作为未知参数或未知参数的函数估计值。例如,设一批产品的废品率为 $\theta$,从这批产品中随机地抽出 $n$ 个进行检查,以 $X$ 记其中的废品个数,用 $X/n$ 估计 $\theta$,这就是一个点估计。构造点估计常用的方法有以下几种:

(1)矩估计法。用样本矩估计总体矩,如用样本均值估计总体均值。

(2)最大似然估计法。1912 年英国统计学家费希尔(Ronald Aylmer Fisher)提出,利用样本分布密度构造似然函数来求出参数的最大似然估计。

(3)最小二乘法。主要用于线性统计模型中的参数估计问题。

(4)贝叶斯估计法。这是基于贝叶斯学派的观点而提出的估计法。

可以用来估计未知参数的估计量很多,于是产生了怎样选择一个优良估计量的问题。即估计的优良性,如无偏性估计、最小方差无偏估计、有容许性准则、最小化最大准则、最优同变准则、相合性、最优渐近正态估计和渐近有效估计等。

**2. 区间估计**

区间估计是依据抽取的样本,根据一定的正确度与精确度的要求,构造出适当的区间,作为总体分布的未知参数或未知参数函数的真值所在范围的估计。例如人们常说的有百分之多少的把握保证某值在某个范围内,就是区间估计的最简单的应用。目前已经形成严格的区间估计理论。求置信区间常用的三种方法如下:

(1) 利用已知的抽样分布。

(2) 利用区间估计与假设检验的联系。

(3) 利用大样本理论。

## 2.2.2 假设检验

**1. 假设检验的概念**

假设检验(Hypothesis Testing)是一种基本的统计推断形式,又称显著性检验,是数理统计学的一个重要分支。为判断一个统计假设是否正确,需要从总体中抽取样本,据此做出判断。假设检验采用类似"反证法"的推理过程。先假定某项假设成立,再由此推出会有什么样的结果产生。如果导致了不合理现象产生,表明原先假设不能接受;如果没有导致不合理现象产生,则应接受假设。这里的所谓不合理现象,是基于人们长期实践中所采取的一个原则,即小概率原理:小概率事件在一次试验中几乎是不会发生的。

**2. 常用的假设检验**

常用的假设检验包括 $U$ 检验、$t$ 检验、$F$ 检验等。

(1) $U$ 检验。若总体服从正态分布,方差已知,检验总体均值是否等于(大于等于或小于等于)某个值时,使用 $U$ 检验。

(2) $t$ 检验。若总体服从正态分布,方差未知,检验总体均值是否等于(大于等于或小于等于)某个值时,使用 $t$ 检验。

(3) $F$ 检验。若两个总体均服从正态分布,检验这两个总体的方差是否相等(大于等于或小于等于)时,使用 $F$ 检验。在方差分析中广泛使用 $F$ 检验。

## 2.2.3 相关分析

相关分析(Correlation Analysis)是研究随机变量之间相关关系的一种统计方法。相关关系是一种非确定性的关系。例如,以 $X$ 和 $Y$ 分别记一个人的身高和体重,则 $X$ 与 $Y$ 显然有关系,而又没有确切到可由其中的一个去精确地决定另一个的程度,这就是相关关系。

相关关系的分类:依据涉及变量的多少,分为单相关、复相关和偏相关;依据相关形式,分为线性相关和非线性相关;依据相关现象的变化方向,分为正相关和负相关;依据相关程度,还可以分为完全相关、不完全相关和不相关等。

相关关系的程度可以通过相关系数(通常记为 $r$)来表示。相关系数这个统计量表示两个变量线性相关的密切程度,$r$ 的绝对值越大,两个变量之间的相关程度越强。

设变量 $(x,y)$ 的一组样本 $(x_1,y_1),(x_2,y_2),\cdots,(x_n,y_n)$,则其相关系数的计算公式为

$$r = \frac{\sum_{i=1}^{n}(x_i - \bar{x})(y_i - \bar{y})}{\sqrt{\sum_{i=1}^{n}(x_i - \bar{x})^2 \cdot \sum_{i=1}^{n}(y_i - \bar{y})^2}} \tag{2-9}$$

式中,$\bar{x} = \frac{1}{n}\sum_{i=1}^{n}x_i$,为变量 $x$ 的平均值;$\bar{y} = \frac{1}{n}\sum_{i=1}^{n}y_i$,为变量 $y$ 的平均值。

当 $r = \pm 1$ 时,$n$ 个点完全在一条直线上,两个变量完全线性相关。

当 $r = 0$ 时,$n$ 个点完全不在一条直线上,两个变量线性不相关,不过可能存在某种曲线关系。

当 $r \geqslant 0$ 时,两个变量正相关,当 $x$ 值增大时,$y$ 值也增大。

当 $r \leqslant 0$ 时,两个变量负相关,当 $x$ 值增大时,$y$ 值减小。

## 2.2.4　回归分析

回归分析(Regression Analysis)是确定两种或两种以上变数间相互依赖的定量关系的一种统计分析方法。回归分析运用十分广泛,可用于预测、质量控制等方面。

回归分析有不同的类型:按照涉及的自变量的多少,可分为一元回归分析和多元回归分析;按照自变量和因变量之间的关系类型,可分为线性回归分析和非线性回归分析。如果在回归分析中,只包括一个自变量和一个因变量,且二者的关系可用一条直线近似表示,这种回归分析称为一元线性回归分析;如果回归分析中包括两个或两个以上的自变量,且因变量和自变量之间是线性关系,则称为多元线性回归分析。

回归分析的主要内容如下:

(1) 从一组数据出发确定某些变量之间的定量关系式,即建立数学模型并估计其中的未知参数。估计参数的常用方法是最小二乘法。

(2) 对这些关系式的可信程度进行检验。

(3) 在许多自变量共同影响着一个因变量的关系中,判断哪些自变量的影响是显著的,哪些自变量的影响是不显著的,将影响显著的自变量选入模型中,而剔除影响不显著的变

量,通常用逐步回归、向前回归和向后回归等方法。

(4) 利用所求的关系式对某一生产过程进行预测或控制。回归分析的应用是非常广泛的,统计软件包括各种回归方法,计算起来十分方便。

相关分析与回归分析的关系:相关分析与回归分析在实际应用中有密切关系。相关分析是回归分析的基础和前提,回归分析则是相关分析的深入和继续。然而在回归分析中,所关心的是一个随机变量 $Y$ 对另一个(或一组)随机变量 $X$ 的依赖关系的函数形式。而在相关分析中,所讨论的变量的地位一样,分析侧重于随机变量之间的种种相关特征。

## 2.2.5 方差分析

方差分析(Analysis of Variance,ANOVA),又称"变异数分析"或"$F$ 检验"。方差分析是检验多个总体的均值是否有显著性差异的最常用的统计方法。在方差分析中,我们将那些影响试验指标的条件称为因素,试验中发生变化的因素称为因子,各因子在试验中所处的条件(状态)称为水平。方差分析通过对观测数据变异的分析,来确定一项试验中有无条件变差存在。

应用方差分析,可以判定因素对试验结果有无显著影响,并估计在此试验中有多少误差。如在工艺改进时,就要先试验一下新工艺方案是否比原工艺优化,产品质量是否有显著提高。试制一个新产品,可提出几种不同方案,一般要先做试验,根据试验数据判断哪个方案最佳。在质量管理中,方差分析可以用于试验数据的分析,确定哪些因子的哪些水平或水平组合影响质量特性,从而优选出最佳机型、流程等。

如果方差分析中只涉及一个影响因子,称为单因素方差分析;如果涉及的影响因子不止一个,则称为多因素方差分析。其中比较简单也比较常用的,是单因素方差分析以及无交互作用的双因素方差分析。

# 2.3 假设检验

假设检验是根据一定随机样本所提供的信息,判断总体未知参数事先所作的假设是否可信的一种统计分析方法,也称为显著性检验。其基本思想是:为了判断总体的某个特征,先根据决策要求,对总体特征作出一个原假设,然后从总体中抽取一定容量的随机样本,计算和分析样本数据,对总体的原假设作假设检验,如果这个假设导致了一个不合理的现象,就有理由拒绝该假设,反之,则接受原假设;这里的不合理,是指根据小概率原理,即发生概率很小的随机事件(通常把概率不超过 0.05 的事件当做小概率事件)在一次试验中几乎不可能发生。在假设检验中的样本统计量称为检验统计量。假设检验的目的在于判断原假设的总体和现在实际的总体是否发生了显著差异,从而决定应接受或否定原假设。

## 2.3.1　假设检验简介

### 1. 原假设与备择假设

所谓假设,是指需要进行验证的统计结论。假设检验一般有两个相互对立的假设,即原假设和备择假设。原假设就是指通过样本信息来推断正确与否的命题,也称为零假设,用 $H_0$ 表示;备择假设是在原假设不成立的情况下所接受的假设,是与原假设相互排斥的假设,用 $H_1$ 表示。原假设($H_0$)和备择假设($H_1$)不是随意提出的,要根据所检验问题的具体情况来定。一般是采取"不轻易拒绝原假设"的原则,即把没有充分理由不能轻易否定的命题作为原假设,而相应把没有足够把握就不能轻易肯定的命题作为备择假设。原假设一般是稳定的,但这并不能保证原假设总是正确的,不会被否定。在检验过程中,如果抽样调查分析的结果表明有充分的理由否定原假设的真实性,而拒绝接受原假设,接受备择假设。

### 2. 显著性水平 $\alpha$

显著性水平 $\alpha$ 是指正确的原假设遭到拒绝的错误发生的概率。它是确定一个事件是否是小概率事件的数量界限。显著性水平通常取 $\alpha=0.05$ 或 $\alpha=0.01$ 等数值。显著性水平的具体数值是根据研究目的、有关条件、假设检验量等具体情况由人们主观确定的。也就是说,当 $\alpha=0.05$ 时,是在 95% 的可靠程度上对假设进行检验;当 $\alpha=0.01$ 时,是在 99% 的可靠程度上进行检验。无论采用哪一种界限,都存在犯错误的可能性,所以统计分析方法是以误差为前提的。一般情况下,为了尽量减少犯错误的风险,会选择一个较小的 $\alpha$ 值。

## 2.3.2　假设检验的步骤

一个完整假设检验包括以下四个步骤:

(1) 建立原假设 $H_0$ 和备择假设 $H_1$。

① $H_0:\mu=\mu_0$; $H_1:\mu\neq\mu_0$

这种假设形式检验称为双侧检验,也称为双尾检验。当我们关心的问题是样本估计值与假设的总体参数有没有显著性的差异而不问其差异方向时,应当采用这种假设形式。

② $H_0:\mu\leqslant\mu_0$; $H_1:\mu>\mu_0$

这种假设形式检验称为右单侧检验,也称为右单尾检验。如果要检验的是样本所取的总体其参数值是否大于某个特定值,应采用右单侧检验。

③ $H_0:\mu\geqslant\mu_0$; $H_1:\mu<\mu_0$

这种假设形式检验称为左单侧检验,也称为左单尾检验。如果要检验的是样本所取的总体其参数值是否小于某个特定值,应采用左单侧检验。

（2）选择合适的检验统计量。

检验统计量是根据样本数据计算得到的,对原假设进行判断的样本统计量。不同的假设需要选择不同的统计量作为检验统计量。确立了样本统计量,要根据样本数据计算出实际值。

（3）规定显著性水平 $\alpha$。

显著性水平 $\alpha$ 表示 $H_0$ 为真时拒绝 $H_0$ 的概率,即拒绝原假设所冒的风险用 $\alpha$ 表示。$\alpha$ 是小概率,通常取 $\alpha = 0.05$ 和 $\alpha = 0.01$ 等数值。

（4）将实得值与临界值比较,得出结论。

如果检验统计量的值落在拒绝区域内,并说明样本所描述的情况与原假设检验有显著性差异,应拒绝原假设;反之,则接受原假设。

## 2.3.3　假设检验的两类错误

按照概率的观点,假设检验作为一种涉及随机变量的统计推断,不可能得到绝对正确的结论,事实上小概率事件有时也有可能发生,接受原假设是因为拒绝它的理由不充分,并非认为它绝对正确,因此有可能犯两种错误:"弃真"与"纳伪"。

**1. 弃真错误**

$H_0$ 为真时,却拒绝 $H_0$,称为第一类错误"弃真错误"。我们认为一次抽样中小概率事件发生是不合理的,从而作出拒绝原假设的结论。但事实上样本具有随机性,小概率事件只是发生的概率很小,并非绝对不发生。犯第一类错误的概率,亦称拒真概率,即前面提到的显著性水平 $\alpha$。

**2. 纳伪错误**

$H_0$ 为假时,却接受 $H_0$,称为第二类错误"纳伪错误"。由于样本的随机性使样本统计量落入接受区域,这时的判断是接受原假设。接受原假设时,只是因为小概率事件没有发生,还没有充足的理由拒绝它,并非肯定原假设就是正确的,其含义是"不否定原假设"或"保留原假设",即意味着原假设可能为真,尚需要进一步检验。第二类错误概率用 $\beta$ 表示。事实上用假设检验的方法来对原假设的真实性作出拒绝或接受的判断,并不能保证不犯错误,做不到百分之百正确,而总要承担一定的风险。

在假设检验中,人们总是希望能够进行正确的判断,犯这两类错误的概率越小越好。然而,在样本容量一定的前提下,犯这两类错误的概率是互为消长的。对于同一个样本来说,"有得必有失",减小 $\alpha$ 将会导致 $\beta$ 的增加;增大 $\alpha$,则会使 $\beta$ 减小,两者不能兼顾,只有增加样本容量,即增加信息量,才能使 $\alpha$ 和 $\beta$ 同时减小。通常人们只对犯第一类错误的概率 $\alpha$ 加以限制,而不考虑犯第二类错误的概率,这种假设检验称为显著性检验。当人们宁愿"以真为假",而不愿"以假为真"时,则把 α 取得很小;反之,则可把 α 取得大些。如在航空机载产品质量检验中,必须严格控制标值在规定范围内,若原假设代表产品不合格,则应把 α 定得很小,宁愿把合格品当不合格品,也不能把不合格品当合格品。当然,不管在什么情况下,都要保证 α 是小概率。

## 2.3.4　正态分布检验

### 1. 基本概念

正态分布由均值和方差两个参数来决定,以正态分布为前提的这些检验又被称为参数检验,非正态分布的数据不能使用参数检验。判断一个样本是否来源于正态分布总体的检验称为正态分布检验。

### 2. 应用实例

【例 2-4】　以表 2-4 的故障数据为例,试在 0.05 的显著性水平下,分析该型机载设备故障间隔发生时间分布是否为正态分布。

【思路与方法】

正态分布的拟合优度检验,主要有 Anderson-Darling 检验、Ryan-Joiner 检验、Kolmogorov-Smirnov 检验、Shapiro-Wilk 检验等。本例借助 Minitab 软件采用 Anderson-Darling 检验。

例 2-4
讲解微视频

提示:Minitab 软件正态性检验方法主要有以下三种。

(1) Anderson-Darling:选择此项将执行正态性的 Anderson-Darling 检验,这是一种基于 ECDF(经验累积分布函数)的检验。

(2) Ryan-Joiner:选择此项将执行 Ryan-Joiner 检验,它类似于 Shapiro-Wilk 检验。Ryan-Joiner 检验是一种基于相关的检验。

(3) Kolmogorov-Smirnov:选择此项将执行正态性的 Kolmogorov-Smirnov 检验,这是一种基于 ECDF 的检验。

上述检验的 $P$ 值如果低于设定的 α 水平,则可拒绝原假设。如果对相同的数据同时进行三种正态性检验,任何一种检验方法拒绝原假设,则可以认为该数据不服从原假设分布。

【操作步骤】

Step 01:将表 2-4 中的数据导入工作表的 C1 列,列名命名为"故障间隔时间"。

Step 02:选择"统计"→"基本统计量"→"图形化汇总"命令,弹出"图形化汇总"对话框,将"故障间隔时间"选为"变量",如图 2-9 所示。

Step 03:单击"确定"按钮可得到图形化汇总结果,如图 2-10 所示。

图 2-9　"图形化汇总"对话框

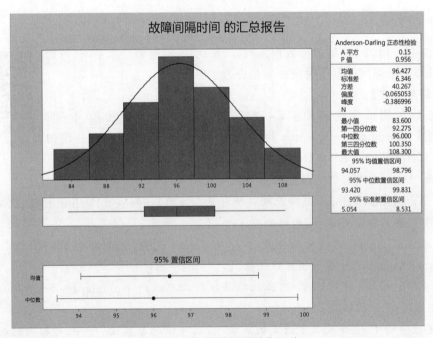

图 2-10　正态性检验图形化汇总

## 【结果分析】

根据检验结果,样本数据的均值为96.427(94.057和98.796的95％置信区间)。标准差为 6.346(5.054 和 8.531 的 95％置信区间)。

使用 0.05 的显著性水平,Anderson-Darling 正态性检验(A 平方为 0.15,P 值为 0.956),由于 P 值＞显著水平 $\alpha=0.05$,所以接受 $H_0$,即该型机载设备故障间隔发生时间分布数据服从正态分布。

**说明**：Anderson-Darling 统计量（简称 A-D 统计量）

测量数据服从特定分布的程度。分布与数据拟合越好，此统计量越小。使用 A-D 统计量可比较若干分布的拟合情况，以查看哪种分布是最佳分布，或者检验数据样本是否来自具有指定分布的总体。

Anderson-Darling 检验的假设如下：

$H_0$：数据服从指定分布；

$H_1$：数据不服从指定分布。

如果 Anderson-Darling 检验的 $P$ 值（如果可用）低于选定的显著性水平（通常为 0.05 或 0.10），则可以得出结论：数据不服从指定分布。Minitab 并不始终为 Anderson-Darling 检验显示 $P$ 值，因为某些情况下它在数学意义上并不存在。

如果尝试确定数据服从哪种分布，并且有多个 A-D 统计量，通常可通过比较来作出正确选择。具有最小 A-D 统计量的分布与数据拟合较好。如果分布具有相似的 A-D 统计量，可基于实践经验选择一种分布。

某些命令会生成调整的 A-D 统计量。未调整的 A-D 统计量使用基于计算标绘点的 Kaplan-Meier 方法的非参数阶梯函数，而调整的 A-D 统计量使用其他方法来计算标绘点。

# 2.4　方　差　分　析

方差分析是检验多个总体均值是否相等的一种统计方法，它所研究的是分类型自变量对数值型因变量的影响，比如它们之间有没有关系、关系的强度如何等，所采用的方法就是通过检验各总体的均值是否相等来判断分类型自变量对数值型因变量是否有显著影响。当方差分析只涉及一个分类型自变量时，称为单因素方差分析；当涉及两个分类型自变量时，称为双因素方差分析。在方差分析中，所要检验的对象称为因素或因子，因素的不同表现称为水平，在每个因子水平下得到的样本数据称为观测值。

## 2.4.1　方差分析简介

### 1. 方差分析中的基本假定

方差分析中有三个基本的假定：

（1）每个总体都应服从正态分布。也就是说，对于引述的每一个水平，其观测值是来自正态分布总体的简单随机样本。

（2）各个总体的方差 $\sigma^2$ 必须相同。也就是说，对于各组观察数据，是从具有相同方差的状态总体中抽取的。

（3）观测值是独立的。在上述假定成立的前提下，要分析自变量对因变量是否有影响，实际上也就是要检验自变量的各水平（总体）的均值是否相等。

**2. 问题的一般提法**

设因素有 $k$ 个水平，每个水平的均值分别用 $\mu_1, \mu_2, \cdots, \mu_k$ 表示，要检验 $k$ 个水平（总体）的均值是否相等，需要提出如下假设：

$H_0: \mu_1 = \mu_2 = \cdots \mu_k$          自变量对因变量没有显著差异

$H_1: \mu_1, \mu_2, \cdots, \mu_k$ 不全相等        自变量对因变量有显著差异

与上一节介绍的假设检验方法相比，方差分析能够提高检验的效率，同时由于它是将所有样本信息结合在一起，也增加了分析的可靠性。

## 2.4.2 单因素方差分析

**1. 基本概念**

当要检验的因素只有一个时，称为单因素方差分析，它所研究的是一个分类型自变量对一个数值型因变量的影响。

为了检验自变量对因变量是否有显著影响，首先需要提出"两个变量在总体中没有关系"的一个原假设，然后构造一个用于检验的统计量来检验这一假设是否成立。具体来说，分析包括提出假设、确定检验的统计量、决策分析等步骤。

例 2-5
讲解微视频

**2. 应用实例**

【例 2-5】 抽样调查某部某类 4 种不同型号的有寿件 X1、X2、X3、X4，测得其使用寿命如表 2-5 所列。试在 0.05 的显著性水平下，分析 4 种不同型号的有寿件使用寿命有无显著性的差异。

表 2-5　某型航空元件使用寿命检测结果统计表

| 有寿件 | 使用寿命/min | | | | | | | |
|---|---|---|---|---|---|---|---|---|
| X1 | 1600 | 1610 | 1650 | 1680 | 1700 | 1700 | 1780 | 1620 |
| X2 | 1500 | 1640 | 1400 | 1700 | 1750 | 1680 | 1780 | 1790 |
| X3 | 1640 | 1550 | 1600 | 1620 | 1640 | 1600 | 1740 | 1800 |
| X4 | 1510 | 1520 | 1530 | 1590 | 1650 | 1670 | 1850 | 1900 |

【思路与方法】

在进行分析之前，首先要明确总体样本数据特征，根据数据特征选择分析方法。数据服从正态分布时，适用方差分析。本例中，同一型号有寿件在同一生产工艺下，有寿件的使用

寿命应该有一个理论上的均值,而实测寿命数据与均值的偏离为随机误差,此误差服从正态分布,分析目标是有寿件的生产工艺对其使用寿命的效应,因此适用单因素方差分析。

设定如下假设:

$H_0$:四种型号有寿件的使用寿命无显著差异;

$H_1$:四种型号有寿件的使用寿命有显著差异。

【操作步骤】

Step 01:将表 2-5 中的数据导入工作表的 C1～C4 列,列名分别命名为 X1、X2、X3、X4。

Step 02:选择"统计"→"方差分析"→"单因子"命令,弹出"单因子方差分析"对话框,选择"每个因子水平的响应数据单独一列",将变量"X1、X2、X3、X4"选入"响应"文本框,如图 2-11 所示。

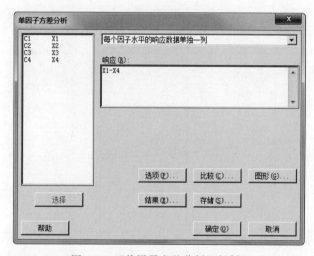

图 2-11　"单因子方差分析"对话框

Step 03:单击"确定"按钮,在会话窗口输出如下结果,图形窗口输出如图 2-12 所示。
会话窗口输出结果:

**单因子方差分析: X1, X2, X3, X4**
方法
原假设　　　所有均值都相等
备择假设　　至少有一个均值不同
显著性水平　$\alpha = 0.05$
已针对此分析假定了相等方差.
因子信息
因子　水平数　值
因子　　　4　X1, X2, X3, X4
方差分析

| 来源 | 自由度 | Adj SS | Adj MS | F 值 | P 值 |
|---|---|---|---|---|---|
| 因子 | 3 | 1584 | 528.1 | 0.04 | 0.989 |

误差　　28　364188　13006.7
合计　　31　365772
模型汇总

| S | R-sq | R-sq(调整) | R-sq(预测) |
|---|---|---|---|
| 114.047 | 0.43% | 0.00% | 0.00% |

均值

| 因子 | N | 均值 | 标准差 | 95% 置信区间 |
|---|---|---|---|---|
| X1 | 8 | 1667.5 | 60.2 | (1584.9, 1750.1) |
| X2 | 8 | 1655.0 | 138.8 | (1572.4, 1737.6) |
| X3 | 8 | 1648.8 | 81.7 | (1566.2, 1731.3) |
| X4 | 8 | 1652.5 | 149.9 | (1569.9, 1735.1) |

合并标准差 = 114.047

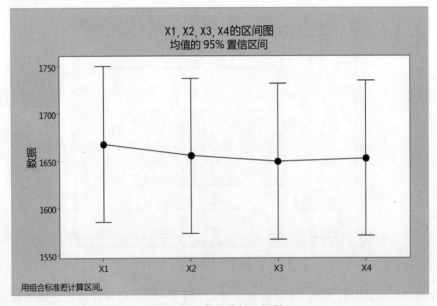

图 2-12　方差分析区间图

【结果分析】

根据方差分析表中的 $P$ 值为 0.989＞显著水平 $\alpha=0.05$，没有理由拒绝 $H_0$，即有 95% 的把握认为 4 种不同型号的有寿件使用寿命没有显著差异。从图 2-12 也可直观看出 4 种有寿件使用寿命没有显著差异。

## 2.4.3　双因素方差分析

单因素方差分析只是考虑一个分类型自变量对数值型因变量的影响。在对实际问题的研究中，有时需要考虑几个因素对试验结果的影响。比如，分析影响航空机载设备故障的因素时,需要考虑速度、高度、温度、湿度等多个因素的影响。

当研究两个因素对试验结果的影响时称为双因素方差分析。在双因素方差分析中,如果这两个因素对因变量的影响是相互独立的,这时的双因素方差分析称为无交互作用的双因素方差分析,或称为无重复双因素分析;如果除了这两个因素对因变量的单独影响外,两个因素的搭配还会对因变量产生一种新的影响效应(即两个因素结合后产生的新效应),这时的双因素方差分析称为有交互作用的双因素方差分析,或称为可重复双因素分析。

与单因素方差分析类似,双因素方差分析也包括提出假设、确定检验的统计量、决策分析等步骤。

# 思考与练习

1. 计量值数据和计数值数据有什么不同?
2. 表示数据集中趋势、离散趋势和分布形态的统计量分别有哪些?
3. 简述参数估计、相关分析、回归分析、假设检验、方差分析的基本概念。
4. 抽样调查某部某型机载设备元件到寿时间如表 2-6 所列,试分析该型机载设备元件到寿时间是否符合正态分布。

表 2-6　抽样数据表　　　　　　　　　　　　　　　　h

| 15.10 | 15.60 | 14.98 | 14.88 | 14.90 | 15.55 |
| 15.40 | 14.19 | 15.55 | 15.20 | 15.30 | 15.23 |

5. 抽取 24 只某型机载设备元件做加速寿命试验,测得 24 个元件的寿命数据如表 2-7 所列,试分析这批元件寿命是否符合正态分布。

表 2-7　元件寿命数据表　　　　　　　　　　　　　　　　h

| 1624 | 1768 | 1531 | 1612 | 1226 | 1480 | 1031 | 1054 | 984 | 1021 | 575 | 969 |
| 1627 | 1631 | 1612 | 1611 | 1393 | 1439 | 1034 | 1053 | 1003 | 1008 | 778 | 880 |

6. 从某军工厂测得两批某航空电子器件的样品电阻,如表 2-8 所列,试在 0.05 的显著性水平下,分析两批电子器件的电阻是否存在显著性的差异。

表 2-8　航空电子器件电阻抽样数据表

| 批号 | 电阻/$\Omega$ | | | | | | |
| --- | --- | --- | --- | --- | --- | --- | --- |
| X | 0.141 | 0.139 | 0.142 | 0.140 | 0.138 | 0.144 | 0.138 |
| Y | 0.135 | 0.140 | 0.141 | 0.136 | 0.138 | 0.140 | 0.142 |

7. 抽样调查某部三批次某型有寿件使用寿命时间如表2-9所列,试在0.05的显著性水平下,比较三个批次的有寿件使用寿命是否存在显著性的差异。

表 2-9　有寿件使用寿命时间抽样数据表

| 批号 | 使用寿命时间/h | | | | |
|---|---|---|---|---|---|
| 1 | 121 | 140 | 162 | 135 | 141 |
| 2 | 235 | 250 | 261 | 236 | 230 |
| 3 | 113 | 132 | 122 | 133 | 136 |

8. 抽样调查某型机载设备故障间隔发生时间如表2-10所列,试在0.05的显著性水平下,分析该型机载设备故障间隔发生时间分布是否为正态分布。

表 2-10　抽样数据表　　　　　　　　　　　　　h

| 序号 | 故障间隔时间 | 序号 | 故障间隔时间 | 序号 | 故障间隔时间 |
|---|---|---|---|---|---|
| 1 | 70.85 | 12 | 83.12 | 23 | 77.45 |
| 2 | 81.45 | 13 | 73.71 | 24 | 63.95 |
| 3 | 89.22 | 14 | 82.78 | 25 | 73.35 |
| 4 | 76.00 | 15 | 76.15 | 26 | 91.60 |
| 5 | 76.32 | 16 | 81.19 | 27 | 81.45 |
| 6 | 59.05 | 17 | 69.63 | 28 | 87.65 |
| 7 | 76.90 | 18 | 67.25 | 29 | 79.25 |
| 8 | 75.15 | 19 | 66.45 | 30 | 73.16 |
| 9 | 73.37 | 20 | 79.35 | 31 | 82.55 |
| 10 | 73.55 | 21 | 89.47 | 32 | 66.05 |
| 11 | 91.63 | 22 | 61.24 | 33 | 87.25 |

孙武

夫未战而庙算胜者，得算多也；

未战而庙算不胜者，得算少也。

多算胜，少算不胜，而况于无算乎！

——《孙子兵法·计篇》

# 第3章　航空维修可视化分析技术

## 内容导读

可视化分析将信息以视觉的形式表现出来，利用人们视觉通道的快速感知能力去观察、识别和加工信息，可以增强数据呈现效果，让用户以直观交互的方式实现对数据的认识，从而发现数据中隐藏的特征、关系和模式。本章主要介绍航空维修信息常用可视化信息分析方法，包括基本图形分析和质量管理图形分析等。

## 能力目标

- 掌握条形图、饼图、时间序列图等图形分析方法及应用；
- 掌握直方图、因果图、排列图、散点图等图形分析方法及应用；
- 解 3D 散点图、3D 曲面图及其应用；
- 掌握控制图的原理、判读及其应用。

**思政案例**

## 河图与洛书——历史上的统计图形

河图与洛书之说，最早见于《尚书》："大玉、夷玉、天球、河图，在东序"，其后《管子》中有"昔人之受命者，龙龟假，河出图，洛出书，地出乘黄"，《论语》中有"凤鸟不至，河不出图，吾已矣夫"，汉代《古文尚书》中写："河图者，伏羲王天下，龙马出河，遂则其文，以画八卦"。通常认为伏羲氏看到河图、洛书后创造了八卦。自宋朝开始，河图、洛书逐渐有了具体的图案，历代学者研究和创制以黑白点数为图式的"河图洛

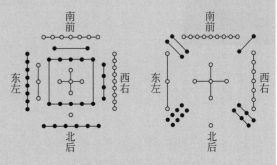

河图与洛书（来自互联网）

书"，其数可达数百种之多，图中所示的就是至今流传甚广的一种河图、洛书。也有学者认为河图、洛书早在6000年前就出现了，开启了上古先贤们的智慧，并创造出伟大的《易经》。

古人大多认可"龙马负图"说，相信河图是龙马从黄河中背出来的，今天河南孟津县会盟镇雷河村还有纪念的地标。河图的解读比较复杂，可以对应到天上的星宿，而且还有各种动态的变化，据说代表了一种天地运行的规律。洛书传说是洛水中的神龟背上刻的，至今河南洛宁县长水镇西长水村还留有两个"洛出书处"碑遗存。洛书上的9个图案根据点数转成数字就是一个九宫数，按行、按列、按斜线相加都等于15。这种数字的排列方式可以和文王的后天八卦对应起来，用这个洛书或者文王八卦的图案生成一个随机数的种子，然后调用《易经》里的文字进行解读和预测。

河图和洛书的解读都比较玄幻，我们不去深究其中是否包含物理规律和数学原理，但这绝对是古人的数据可视化成果。最早的河图和洛书是如何得到的已经很难考证，或许是通过看星星，也或许是通过观察自然现象，这些知识抽象成图形的过程就是数据可视化，得到的图形其实也就是模型，后人可以拿这个模型去解读新的事情，甚至进行预测。虽然后世流传的河图、洛书来源比较神秘，是龙马和神龟主动送过来的，省去建模或作图的过程，看起来像是演绎出来的东西。但千百年来，人们一直致力于用新的现象、新的数据来匹配它，甚至对其形式进行不断调整和优化，这个创造过程就是在作图和建模了。用数来描述世界，用图来展示数，用人来解读和应用图，这套思路一直传承至今，也就是今天我们说的数据可视化。

**资料来源**

[1] 李舰，海恩. 统计之美：人工智能时代的科学思维[M]. 北京：电子工业出版社，2019.

**思维导图**

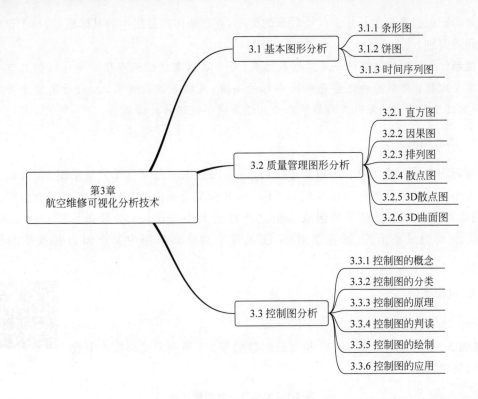

# 3.1　基本图形分析

基本图形分析方法主要包括条形图、饼图、时间序列图(折线图)等,下面重点介绍如何用 Minitab 软件方便地绘制这些图形,并进行图形分析。

## 3.1.1　条形图

**1. 条形图的概念**

条形图(Bar Chart),又称长条图或直条图,用相同宽度直条的高度表示相互独立的各项指标数量的大小,用于性质相似的分类资料的比较。通过条形图可容易地看出各分类的统计量的大小或所占的比例。每个条形都可以表示某个类别的计数、某个类别的函数(如均值、合计或标准差)或某个表格中的汇总值。

### 2. 条形图的用途

条形图通过条形的长短来代表数量的大小,直观地体现每组中的具体数据,易于比较数据之间的差别。

**提示**:条形图的适用场合是二维数据集(每个数据点包括两个值 $x$ 和 $y$),但只有一个维度需要比较;条形图的优势是利用条形的高度,反映数据的差异,人们对高度差异很敏感,辨识效果非常好;条形图的局限在于只适用中小规模的数据集。

### 3. 条形图的分类

条形图分为三种类型:简单条形图(Simple Bar Chart),又称单式条形图,表示单个指标的大小;复式条形图(Clustered Bar Chart),又称聚类条形图,表示两个或多个指标的大小,通常用于同一个指标下两组或多组之间数值大小的比较;分段条形图(Stacked Bar Chart),又称分量条形图、堆叠条形图,表示每个指标条形图中某个因素各水平的构成情况。

### 4. 应用实例

(1) 简单条形图。

**【例 3-1】** 某部 2010—2017 年飞行时数如表 3-1 所列。试根据表中数据绘制简单条形图。

例 3-1
讲解微视频

表 3-1 某部飞行时数统计表

| 年度 | 2010 | 2011 | 2012 | 2013 | 2014 | 2015 | 2016 | 2017 |
|---|---|---|---|---|---|---|---|---|
| 飞行时数/h | 2517.24 | 2997.24 | 3478.07 | 3875.36 | 4117.40 | 4543.61 | 4281.53 | 4178.84 |

下面利用 Minitab 软件绘制简单条形图。

**【操作步骤】**

Step 01:导入数据。在工作表中导入数据,C1 列命名为"年度",C2 列命名为"飞行时数(小时)",如图 3-1 所示。

Step 02:绘制条形图。选择"图形"→"条形图",设置条形表示为"来自表格的值",如图 3-2 所示;选择单列值简单条形图后打开参数设置窗口,如图 3-3 所示;设置完毕后单击"确定"按钮得到条形统计图,如图 3-4 所示。

| ↓ | C1 | C2 | C3 |
|---|---|---|---|
| | **年度** | **飞行时数(小时)** | |
| 1 | 2010 | 2517.24 | |
| 2 | 2011 | 2997.24 | |
| 3 | 2012 | 3478.07 | |
| 4 | 2013 | 3875.36 | |
| 5 | 2014 | 4117.40 | |
| 6 | 2015 | 4543.61 | |
| 7 | 2016 | 4281.53 | |
| 8 | 2017 | 4178.84 | |

图 3-1 工作表窗口

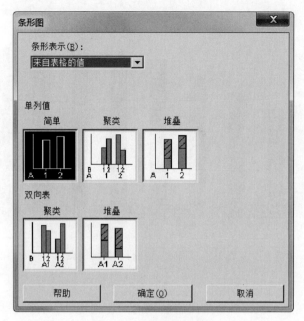

图 3-2　"条形图"对话框

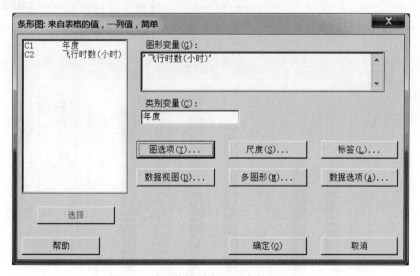

图 3-3　单列值简单条形图参数设置界面

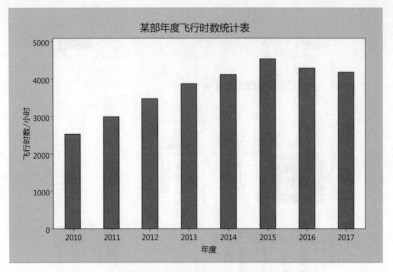

图 3-4　某部年度飞行时数统计表

## 【结果分析】

条形图直观地反映了某部各年度飞行时数的对比情况，为后续科学合理地安排飞行任务提供了依据。

**提示**：为了使条形图显示更丰富的信息，可以进一步对其进行设置。在条形图中双击数据条弹出窗口，在"组"选项卡中设置按类别变量指定属性为"年度"，条形图即可变为彩色，如图 3-5 所示；在"图表选项"选项卡中设置主 X 组排序按"递增 Y"或"递减 Y"可实现

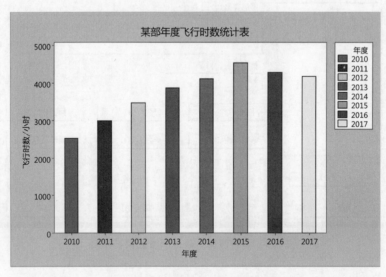

图 3-5　某部年度飞行时数统计表

数据条的排序,如图 3-6 所示;在条形图的数据条上单击右键,选择"添加"命令,可进行数据标签、参考线、网格线等设置,如图 3-7 所示。

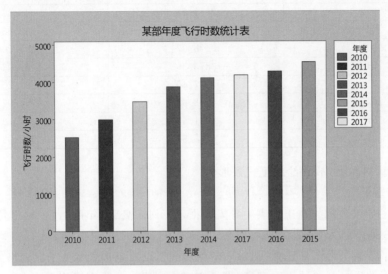

图 3-6　某部年度飞行时数统计表(递增)

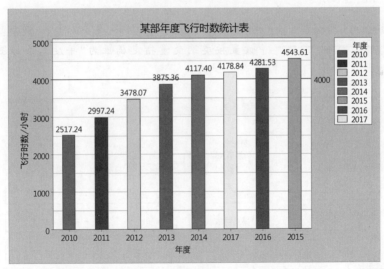

图 3-7　某部年度飞行时数统计表(添加网格、参考线等)

（2）复式条形图。

【例 3-2】　某部 2010—2017 年单位 1、单位 2 各机型飞行时数如表 3-2 所列。试根据表中数据绘制复式条形图,展示两个单位的数据对比情况。

例 3-2
讲解微视频

表 3-2  某部两个单位飞行时数统计表                                                h

| 年　　度 | 单　位　1 | 单　位　2 |
| --- | --- | --- |
| 2010 | 2517.24 | 946.87 |
| 2011 | 2997.24 | 1748.63 |
| 2012 | 3478.07 | 2407.20 |
| 2013 | 3875.36 | 3065.93 |
| 2014 | 4117.40 | 3592.20 |
| 2015 | 4543.61 | 4260.97 |
| 2016 | 4281.53 | 4477.12 |
| 2017 | 4178.84 | 4672.58 |

下面利用 Minitab 软件绘制复式条形图。

【操作步骤】

Step 01：导入数据。在工作表中导入数据，C1 列命名为"年度"，C2 列命名为"单位 1"飞行时数，C3 列命名为"单位 2"飞行时数。

Step 02：绘制条形图。选择"图形"→"条形图"，设置条形表示为来自表格的值，选择双向表聚类条形图后打开参数设置窗口（图 3-8）进行设置，设置完毕后单击"确定"按钮得到条形统计图，如图 3-9 所示。

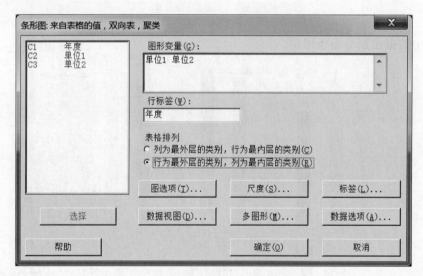

图 3-8  双向表聚类条形图参数设置界面

【结果分析】

从图 3-9 中可以看出，2010—2015 年，单位 1 的飞行时数明显高于单位 2 的飞行时数，2016 年后单位 2 的飞行时数超过了单位 1 的飞行时数，两个单位飞行时数的变化对比情况通过条形图清晰地展现出来。

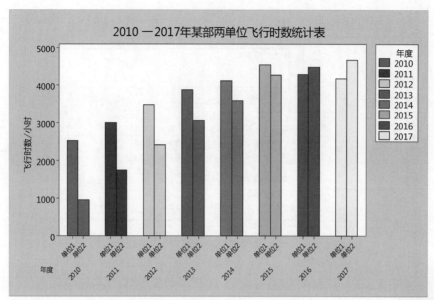

图 3-9　某部两单位飞行时数统计表

（3）分段条形图。

【例 3-3】　2011—2017 年某部各型飞机飞行时数统计如表 3-3 所列。试根据表中数据绘制分段条形图。

例 3-3
讲解微视频

表 3-3　某部各机型飞机飞行时数统计表

h

| 年　度 | 机 型 1 | 机 型 2 | 机 型 3 | 机 型 4 |
| --- | --- | --- | --- | --- |
| 2011 | 123.12 | 1285.52 | 829.10 | 279.50 |
| 2012 | 116.22 | 1584.95 | 970.12 | 325.95 |
| 2013 | 77.42 | 1589.35 | 1526.60 | 284.70 |
| 2014 | 157.92 | 1807.70 | 1713.63 | 196.12 |
| 2015 | 263.53 | 1175.65 | 1880.47 | 410.38 |
| 2016 | 206.38 | 1774.25 | 1847.38 | 426.82 |
| 2017 | 296.07 | 1166.75 | 1637.70 | 634.38 |

下面利用 Minitab 软件绘制分段条形图。

【操作步骤】

Step 01：导入数据。在工作表中导入数据，C1 列命名为"年度"，C2～C5 列依次命名为各机型飞行时数。

Step 02：绘制条形图。选择"图形"→"条形图"，设置条形表示为来自表格的值，选择双向表堆叠条形图后打开参数设置窗口（图 3-10）进行设置，设置完毕后单击"确定"按钮得到条形统计图，如图 3-11 所示。

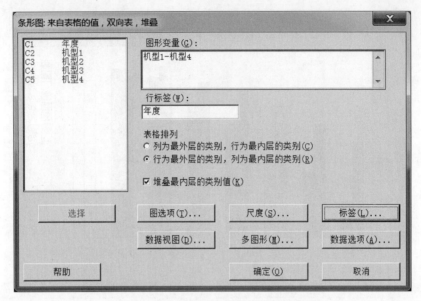

图 3-10　双向表堆叠条形图参数设置界面

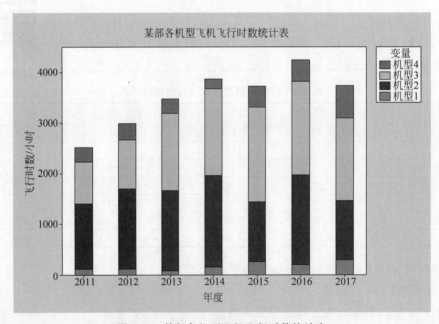

图 3-11　某部各机型飞机飞行时数统计表

**注意**：聚类和堆叠是显示由两个或多个变量构成的组的两种方式。子类别显示在 $X$ 轴上的类别内。进行聚类时，每个组将形成一个单独的条形。进行堆叠时，类别变量后输入的组的条形将放在前一个之上。

**【结果分析】**

结果图不仅直观地反映了某部各年度飞行总时数的基本情况,还显示出年度内各机型飞行时数的分布情况,为进一步做好数据分析提供了依据。

## 3.1.2　饼图

### 1. 饼图的概念

饼图(Pie Chart),又称圆图,用圆的面积表示定性变量的频率分布,圆的面积为100%,圆内划分为若干个扇形区,每个扇形区表示一种数据类别,扇形面积的大小表示不同构成部分的构成比,不同扇区用不同的颜色或花纹区别,并用图例说明各种颜色或花纹代表的分类。

### 2. 饼图的用途

饼图用于显示每个数据类别相对于整个数据集的比率。

提示:饼图适用简单的占比图,在不要求数据精细的情况下可以适用,因为人眼对面积大小不敏感。

### 3. 饼图的组成

典型的饼图包含两个基本要素:饼和扇形区。“饼”表示所有观测值的圆。“扇形区”表示每个类别的圆的部分,扇形区的大小表示落入该类别的观测值的比例。

### 4. 应用实例

(1) 简单饼图。

**【例 3-4】**　装备维修是影响飞机完好率的主要原因,某部因定检、换发、排故、修理、特检等维修工作,共导致飞机不完好 2098 个架日,其中:定检 720 个架日,占 34.3%;换发 435 个架日,占 20.7%;排故 524 个架日,占 25%;修理 364 个架日,占 17.4%;特检 55 个架日,占 2.6%。试绘制饼图展示影响飞机完好率的原因分布情况。

例 3-4
讲解微视频

下面利用 Minitab 软件绘制简单饼图。

**【操作步骤】**

Step 01:导入数据。在工作表中输入数据,C1 列命名为飞机“不完好原因”,C2 列命名为飞机不完好“架日”数,如图 3-12 所示。

| ↓ | C1-T | C2 | C3 |
|---|---|---|---|
| | 不完好原因 | 架日 | |
| 1 | 定检 | 720 | |
| 2 | 换发 | 435 | |
| 3 | 排故 | 524 | |
| 4 | 修理 | 364 | |
| 5 | 特检 | 55 | |

图 3-12　工作表窗口

Step 02：绘制饼图。选择"图形"→"饼图"，选择"用整理好的表格画图"，设置类别变量为"不完好原因"，汇总变量为"架日"，如图 3-13 所示。单击"标签"按钮，在"扇形区标签"选项卡中设置标签扇形区为"类别名称""频率""百分比"，选中"绘制从标签到扇形区的连线"复选框，如图 3-14 所示。设置完毕单击"确定"按钮，得到饼图，如图 3-15 所示。

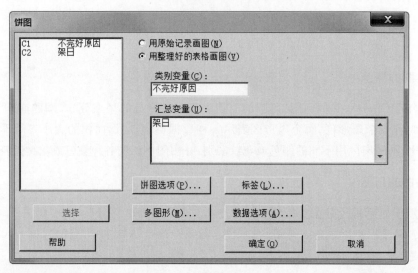

图 3-13　"饼图"对话框

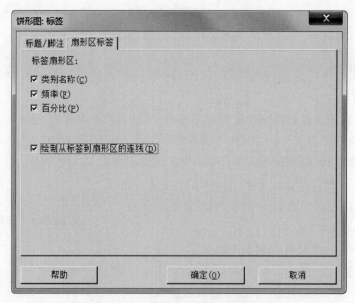

图 3-14　"饼形图：标签"对话框

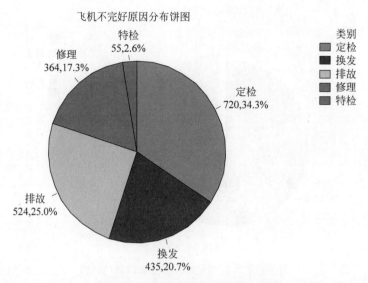

图 3-15　飞机不完好原因分布饼图

注意：用 Minitab 软件绘制饼图时，分两种情况。当列中的每行都代表单一的观测值时，选择"用原始记录画图"项，此时图 3-15 的每个扇形区与某个值在列中出现的次数成比例。当类别名称与汇总数据不在同一列中时，选择"用整理好的表格画图"项。图 3-15 可以对"重要"的分类进行突出显示，选定"定检"扇区，右击饼图，在弹出的"编辑饼形"菜单中设置"胀裂图"的相关参数，如图 3-16 所示，即可将选中的扇区从饼图分离出来，如图 3-17 所示。

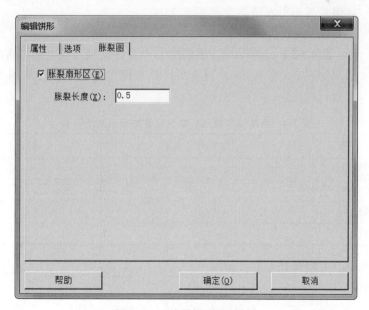

图 3-16　"编辑饼形"对话框

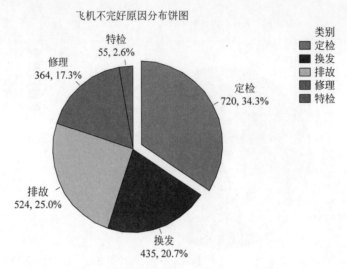

图 3-17 飞机不完好原因分布饼图(胀裂)

**【结果分析】**

从图 3-17 可见,不同原因用不同颜色的扇区表示,扇区面积占圆形面积的比例与原因的构成比例一致,扇区按照默认的方式排列,也可以设定按面积递减或递增的顺序排列。结果图可以直观地显示出因维修造成飞机停飞的原因分布情况,其中定检和换发是主要影响因素。借助图 3-17,我们找出了这些对维修质量影响较大的原因,及时对这些原因采取有针对性的措施,便可以在短时间内提高维修效率,恢复飞机的完好率,这对保持战斗力水平具有重要意义。

(2)复式饼图。

**【例 3-5】** 某部 2016 年单位 1、单位 2 某型飞机电子设备故障原因统计情况如表 3-4 所列,试绘制复式饼图对两单位电子设备故障的原因分布情况进行对比。

例 3-5
讲解微视频

表 3-4 两单位某型飞机电子设备故障原因统计表

| 原　　因 | 单位 1 频数 | 单位 2 频数 |
| --- | --- | --- |
| 制造质量 | 20 | 15 |
| 维护责任 | 8 | 7 |
| 空勤操纵 | 5 | 4 |
| 翻修质量 | 3 | 8 |

下面利用 Minitab 软件绘制复式饼图。

**【操作步骤】**

Step 01:导入数据。在工作表中输入数据,C1 列命名为"部门",C2 列命名为故障"原因",C3 列命名为"频数",如图 3-18 所示。

| ↓ | C1-T | C2-T | C3 | C4 |
|---|------|------|-----|-----|
| | 部门 | 原因 | 频数 | |
| 1 | 单位1 | 制造质量 | 20 | |
| 2 | 单位1 | 维护责任 | 8 | |
| 3 | 单位1 | 空勤操纵 | 5 | |
| 4 | 单位1 | 翻修质量 | 3 | |
| 5 | 单位2 | 制造质量 | 15 | |
| 6 | 单位2 | 维护责任 | 7 | |
| 7 | 单位2 | 空勤操纵 | 4 | |
| 8 | 单位2 | 翻修质量 | 8 | |

图 3-18  工作表窗口

Step 02：绘制饼图。选择"图形"→"饼图"，选择"用整理好的表格画图"，设置类别变量为"原因"，汇总变量为"频数"，如图 3-19 所示。单击"标签"按钮，在"扇形区标签"选项卡中设置"标签扇形区"为"类别名称""频率""百分比"，选中"绘制从标签到扇形区的连线"复选框，如图 3-20 所示。单击"多图形"→"多变量"选项卡设置显示不同变量的饼图"在同一图形上"，如图 3-21 所示。"按变量分组"选项卡设置如图 3-22 所示。设置完毕单击"确定"按钮，得到复式饼图，如图 3-23 所示。

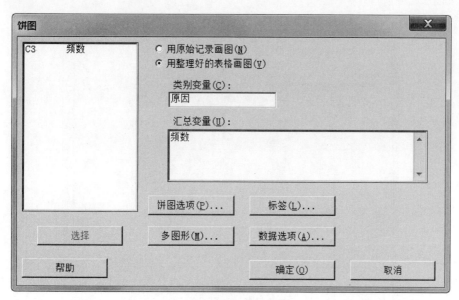

图 3-19  "饼图"对话框

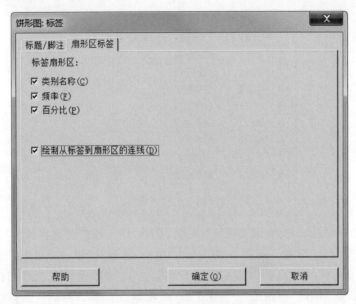

图 3-20  "饼形图：标签"对话框

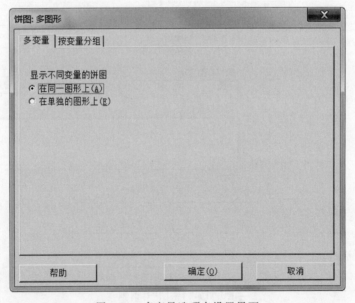

图 3-21  多变量选项卡设置界面

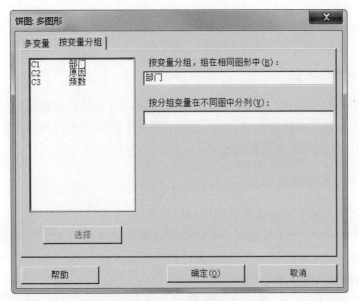

图 3-22　按变量分组选项卡设置界面

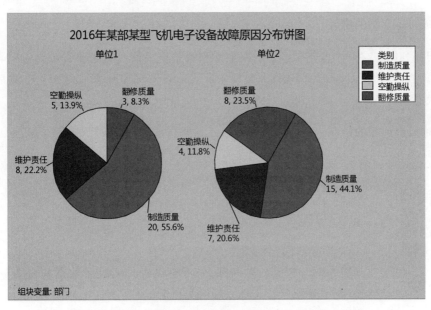

图 3-23　2016 年某部某型飞机电子设备故障原因分布饼图

【结果分析】

制造质量问题是该部两个单位某型飞机电子设备故障的主要原因,复式饼图很好地显示了这一结果。

### 3.1.3　时间序列图

**1. 时间序列图的概念**

时间序列图(Time Series Plot),也称为链图、推移图,是显示观察值随时间变化而不断变化的图形。在自然界和社会领域,客观现象发展变化的差异及其规律性可以通过时间变量反映时,往往会借助时间序列图来展现。

**2. 时间序列图的用途**

时间序列图主要用于产品质量管理中,目的是观察变量是否随时间变化而呈某种趋势。它是统计技术中的一种,便于管理者随时掌握管理效果或产品的主要性能参数的动态趋势并及时分析改进。在航空维修保障领域,统计故障数量或故障率、飞机完好率等随时间变化的时候,一般选择时间序列图进行分析。

提示:时间序列图适合二维的大数据集,尤其是那些趋势比单个数据点更重要的场合。它还适合多个二维数据集的比较,其优势是容易反映出数据变化的趋势。

**3. 时间序列图的组成**

时间序列图包含两个基本要素:时间要素和观察值要素。时间要素主要说明客观的现象值所属的时间类型及其长度,观察值要素主要表明客观现象在某一时间点上发展变化的结果和状态。

**4. 时间序列图的绘制**

制作时间序列图时,通常以时间为横坐标,以观察值为纵坐标,先按时间顺序依次描点,再用折线连接各点即可。

例 3-6
讲解微视频

**5. 应用实例**

(1)简单时间序列图。

【例 3-6】　按月统计某部 2017 年飞机月完好率数据如表 3-5 所列,试绘制时间序列图分析飞机完好的变化情况。

表 3-5　某部 2017 年飞机月完好率数据统计表

| 月份 | 1 | 2 | 3 | 4 | 5 | 6 | 7 | 8 | 9 | 10 | 11 | 12 |
|---|---|---|---|---|---|---|---|---|---|---|---|---|
| 完好率/% | 85.1 | 83.0 | 77.0 | 75.4 | 66.4 | 83.3 | 84.4 | 79.0 | 79.2 | 78.6 | 75.4 | 62.6 |

下面利用 Minitab 软件绘制简单时间序列图。

【操作步骤】

Step 01：导入数据。在工作表中导入数据，C1 列命名为"月份"，C2 列命名为飞机"完好率"数据。

Step 02：绘制时间序列图。选择"图形"→"时间序列图"→"简单"，设置序列为"完好率"，如图 3-24 所示，单击"时间/尺度"按钮，设置"标记"为"月份"，如图 3-25 所示，单击"确定"按钮，得到简单时间序列图，如图 3-26 所示。

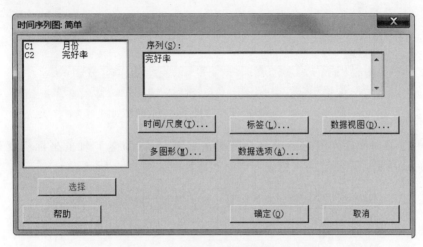

图 3-24　"时间序列图：简单"对话框

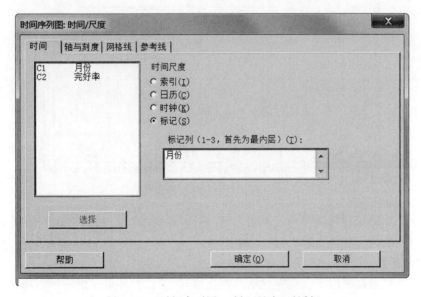

图 3-25　"时间序列图：时间/尺度"对话框

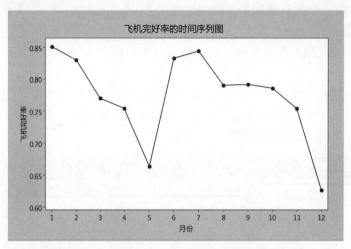

图 3-26　某部 2017 年飞机完好率时间序列图

Step 03：在时间序列图的 Y 轴坐标处单击右键，可以调整 Y 轴的坐标刻度和尺度范围，如图 3-27 所示。调整后的飞机完好率时间序列图如图 3-28 所示。

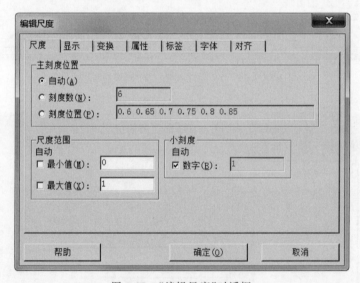

图 3-27　"编辑尺度"对话框

Step 04：在时间序列图空白处单击右键，选择"添加"命令，可以给序列图添加网格线、参考线(0.8)、数据标签等要素，如图 3-29 所示。

【结果分析】

结果图直观地显示出了飞机完好率的变化情况，前五个月呈现出一种下降的趋势，5 月份降到最低，之后 6 月份至 11 月份变化相对平稳，12 月份再次出现波动。根据得到的飞机

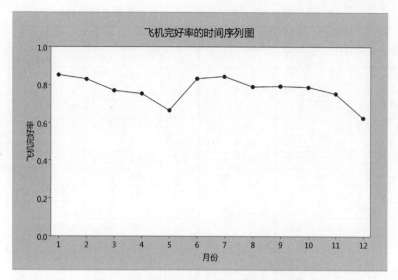

图 3-28　调整后的飞机完好率时间序列图

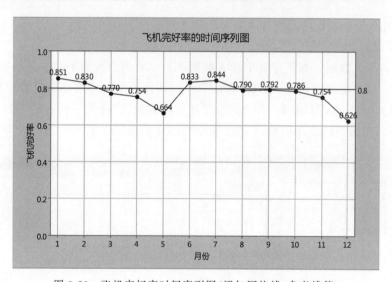

图 3-29　飞机完好率时间序列图(添加网格线、参考线等)

完好率时间序列图,质控人员可以结合实际情况具体地分析出现波动的原因,合理地调整后续工作计划,避免大的波动出现,使飞机完好率始终处于一种平稳的状态。

(2)分组简单时间序列图。

【例 3-7】　根据表 3-6 中的数据,绘制时间序列图按日统计某部 2016年下半年飞机日完好率数据。

例 3-7
讲解微视频

表 3-6　某部 2016 年下半年飞机日完好率数据统计表

| 日期 | 7月 | 8月 | 9月 | 10月 | 11月 | 12月 | 日期 | 7月 | 8月 | 9月 | 10月 | 11月 | 12月 |
|---|---|---|---|---|---|---|---|---|---|---|---|---|---|
| 1 | 0.88 | 0.83 | 0.71 | 0.75 | 0.75 | 0.63 | 16 | 0.88 | 0.79 | 0.88 | 0.83 | 0.83 | 0.58 |
| 2 | 0.88 | 0.83 | 0.71 | 0.75 | 0.71 | 0.63 | 17 | 0.88 | 0.75 | 0.83 | 0.79 | 0.71 | 0.67 |
| 3 | 0.88 | 0.83 | 0.71 | 0.75 | 0.71 | 0.63 | 18 | 0.88 | 0.75 | 0.83 | 0.79 | 0.71 | 0.67 |
| 4 | 0.88 | 0.83 | 0.71 | 0.75 | 0.79 | 0.75 | 19 | 0.88 | 0.75 | 0.83 | 0.83 | 0.71 | 0.67 |
| 5 | 0.88 | 0.79 | 0.71 | 0.75 | 0.79 | 0.75 | 20 | 0.88 | 0.75 | 0.83 | 0.83 | 0.71 | 0.67 |
| 6 | 0.88 | 0.79 | 0.71 | 0.75 | 0.83 | 0.63 | 21 | 0.88 | 0.75 | 0.83 | 0.83 | 0.71 | 0.58 |
| 7 | 0.83 | 0.79 | 0.71 | 0.75 | 0.88 | 0.63 | 22 | 0.88 | 0.75 | 0.83 | 0.83 | 0.71 | 0.63 |
| 8 | 0.79 | 0.79 | 0.79 | 0.75 | 0.79 | 0.63 | 23 | 0.88 | 0.75 | 0.83 | 0.83 | 0.71 | 0.63 |
| 9 | 0.79 | 0.79 | 0.79 | 0.75 | 0.79 | 0.63 | 24 | 0.88 | 0.75 | 0.83 | 0.83 | 0.71 | 0.58 |
| 10 | 0.79 | 0.79 | 0.79 | 0.75 | 0.83 | 0.67 | 25 | 0.88 | 0.75 | 0.79 | 0.79 | 0.71 | 0.58 |
| 11 | 0.79 | 0.79 | 0.79 | 0.88 | 0.83 | 0.67 | 26 | 0.88 | 0.79 | 0.75 | 0.71 | 0.71 | 0.58 |
| 12 | 0.79 | 0.79 | 0.79 | 0.83 | 0.83 | 0.63 | 27 | 0.83 | 0.79 | 0.75 | 0.75 | 0.71 | 0.58 |
| 13 | 0.79 | 0.79 | 0.88 | 0.83 | 0.83 | 0.63 | 28 | 0.83 | 0.79 | 0.75 | 0.75 | 0.71 | 0.58 |
| 14 | 0.75 | 0.75 | 0.88 | 0.83 | 0.83 | 0.58 | 29 | 0.83 | 0.75 | 0.75 | 0.71 | 0.63 | 0.58 |
| 15 | 0.83 | 0.75 | 0.88 | 0.83 | 0.83 | 0.58 | 30 | 0.83 | 0.75 | 0.75 | 0.75 | 0.63 | 0.58 |

下面利用 Minitab 软件绘制分组简单时间序列图。

【操作步骤】

Step 01：导入数据。在工作表中导入数据，C1～C6 列依次为 7—12 月的完好率数据。

Step 02：绘制时间序列图。选择"图形"→"时间序列图"→"简单"，设置序列为"7 月—12 月"，如图 3-30 所示，"多图形"选项卡设置显示图像变量"在同一图表的单独组块中"，如图 3-31 所示。单击"确定"按钮后，6 张时间序列图显示在同一张图中，如图 3-32 所示。

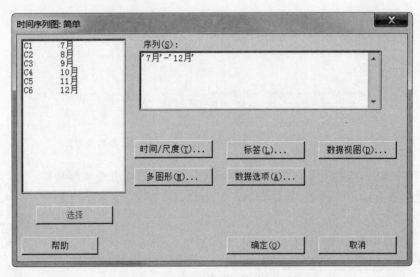

图 3-30　"时间序列图：简单"对话框

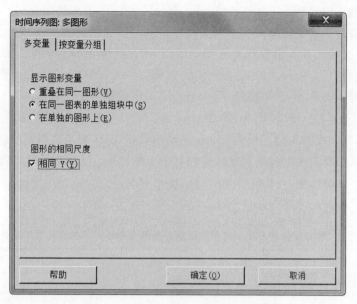

图 3-31　"时间序列图：多图形"对话框

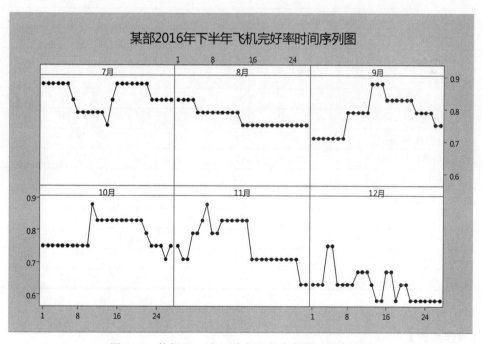

图 3-32　某部 2016 年下半年飞机完好率时间序列图

**【结果分析】**

将多个月份的飞机完好率时间序列图同时显示在一张图的单独组块中,并且设置为相同的纵坐标,可直观地显示出数据变化的连续性,有利于对数据进行宏观的分析。通过对比,可以明显地看出 12 月份飞机完好率偏低,数据波动大,质控人员可以重点分析这个时间段影响飞机完好率的原因,采取措施,避免下一年问题的重复。

例 3-8
讲解微视频

(3)多重时间序列图。

**【例 3-8】** 根据 Essex 基地的数据统计,美国海军陆战队主要装备的维修时间在实施精益维修后都有了大幅缩短。表 3-7 是精益维修前后美军部分装备维修时间的变化情况,试根据表格内容绘制多重时间序列图,展示维修时间变化的对比情况。

表 3-7 精益维修前后美国海军陆战队部分装备维修时间的变化数据统计表

| 装 备 类 型 | 精益维修前平均修复时间/天 | 精益维修后平均修复时间/天 |
|---|---|---|
| MK48 | 167 | 58 |
| LAV-25 | 212 | 120 |
| LAV-AT | 200 | 142 |
| LAV-C2 | 147 | 118 |
| LAV-L | 190 | 128 |
| LAV-M | 158 | 117 |
| LAV-R | 194 | 154 |
| MK14 拖车 | 56 | 30 |
| MK15 拖车 | 229 | 94 |
| MK16 拖车 | 126 | 41 |
| M9315t 抢救船 | 113 | 80 |
| M970 燃料补给船 | 282 | 122 |
| M149A2 拖船 | 40 | 33 |
| M88 坦克修理 | 213 | 171 |
| AAV-P7 | 66 | 68 |
| AAV-C7 | 66 | 72 |
| M105 拖救船 | 46 | 25 |
| 7.5t 起重机 | 175 | 69 |

下面利用 Minitab 软件绘制多重时间序列图。

**【操作步骤】**

Step 01:导入数据。在工作表中导入数据,C1~C3 列命名分别为"装备类型""精益维修前""精益维修后"。

Step 02：绘制时间序列图。选择"图形"→"时间序列图"→"多个"，选择序列为"精益维修前-精益维修后"，如图 3-33 所示，单击"时间/尺度"按钮，设置"标记"为"装备类型"，如图 3-34 所示，单击"确定"按钮后，得到时间序列图，如图 3-35 所示。

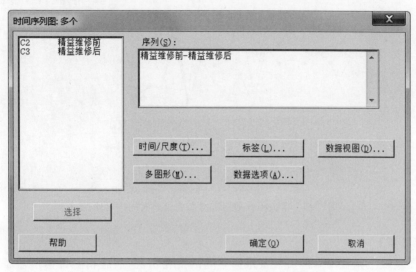

图 3-33　"时间序列图：多个"对话框

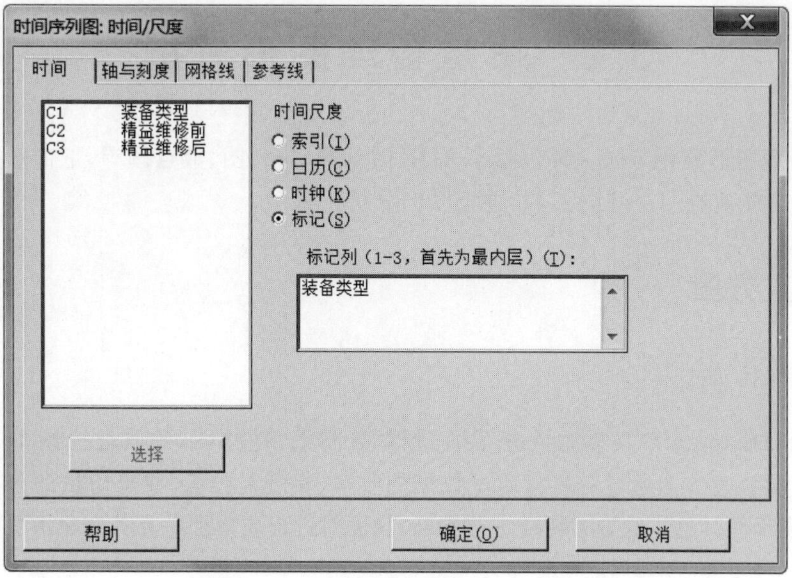

图 3-34　"时间序列图：时间/尺度"对话框

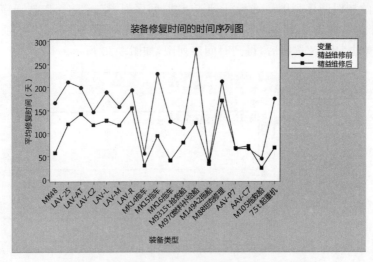

图 3-35　精益维修前后部分装备维修时间的对比图

【结果分析】

结果图反映了精益维修前后装备维修时间的变化情况,实施精益维修后装备的维修时间较以往大幅下降,这大大提高了装备的可用度。

# 3.2　质量管理图形分析

质量管理图形分析方法主要包括直方图、因果图、排列图、散点图等,下面重点介绍如何用 Minitab 方便地绘制这些图形,并进行图形分析。

## 3.2.1　直方图

### 1. 直方图的概念

直方图(Histogram)又称质量分布图、频数分布图、柱状图,是质量控制中常用的一种统计分析工具。直方图通过对大量质量数据的收集、整理与分析,找出质量的分布情况和统计规律,以便于对其总体的分布特征进行判断,从而对过程质量水平及其变化情况作出推断。

### 2. 直方图的用途

直方图是用来整理数据,找出其规律性的一种常用方法,其作用可以概括为以下三点:
(1) 显示各种质量特性值出现的频率;

（2）揭示质量数据的中心、分布及形状；

（3）初步判断质量数据的分布。

## 3. 直方图的观察与分析

常见直方图如表 3-8 所列。

表 3-8　直方图的基本形态与分析

| 直方图形态 | 分析和判断 |
|---|---|
| 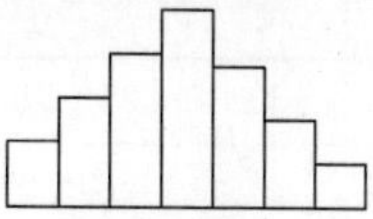 标准型 | 标准型直方图具有"中间高，两边低，左右对称"的特征。数据大体上呈正态分布，这时可判定工序处于稳定状态 |
| 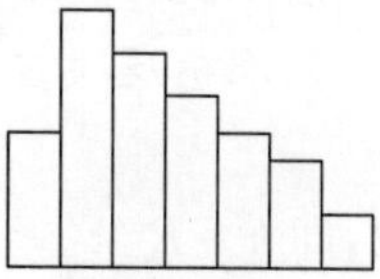 偏态型 | 偏态型直方图是指图的顶峰有时偏向左侧、有时偏向右侧。由于某种原因使下限受到限制时，容易发生偏左型。如用标准值控制下限或由于工作习惯都会造成偏左型。由于某种原因使上限受到限制时，容易发生偏右型。如用标准尺控制上限或由于工作习惯都会造成偏右型 |
| 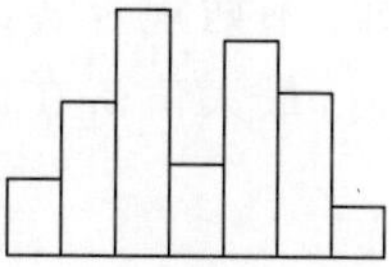 双峰型 | 直方图中出现了两个峰，这是由于观测值来自两个总体、两个分布的数据混合在一起造成的。如两种有一定差别的原料所生产的产品混合在一起，或者就是两种产品混在一起，此时应当加以分层 |
| 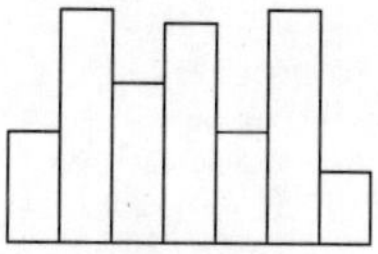 锯齿形 | 直方图出现凹凸不平的形状，这是由于作图时数据分组太多，测量仪器误差过大或观测数据不准确等造成的，此时应重新收集数据和整理数据 |
| 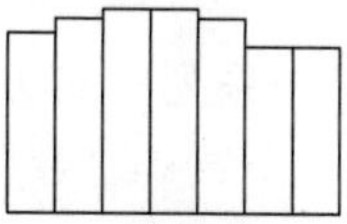 平顶型 | 直方图没有突出的顶峰，呈平顶型，形成这种情况一般有三种原因：①与双峰型类似，由于多个总体、多种分布混在一起；②由于生产过程中某种缓慢的倾向在起作用，如工具的磨损、操作者的疲劳等；③质量指标在某个区间中均匀变化 |
| 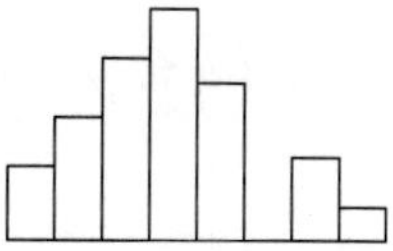 孤岛型 | 在主体直方图的左侧或右侧出现孤立的小块，像一个孤立的小岛。出现孤岛型直方图，说明有特殊事件发生（测量有误等） |

### 4. 直方图的绘制

（1）收集数据。一般都要随机抽取 50 个以上的质量特性数据，最少不得少于 30 个。

（2）求极差。找出数据中的最大值 $x_{max}$、最小值 $x_{min}$，并计算出极差 $R = x_{max} - x_{min}$。

（3）确定组数。组数通常用 $k$ 表示，$k$ 与数据量 $n$（样本容量）有关。通常，组数 $k$ 可参照表 3-9 确定。在 $n$ 很大时，亦可按斯特科（Sturges）经验公式 $k = 1 + 3.31 \lg n$ 或 $k = \sqrt{n}$ 来确定组数。

表 3-9　样本数和组数参考值

| 样本数 | 50 以内 | 50～100 | 100～250 | 250 以上 |
|---|---|---|---|---|
| 组数 | 5～7 | 6～10 | 7～12 | 10～20 |

**注意**：分组过少会掩盖数据的波动分布情况，不能准确绘出数据分布规律；分组过多会过分突出数据的随机性，可能使各子区间的数据频数参差不齐，亦不能准确反映整体的统计规律。由于正态分布是对称的，故常取组数为奇数。

（4）计算组距。组距即组与组之间的间隔量，等于极差除以组数，即 $h = R/k$。

（5）确定组限。组的上下界限值称为组限值，从含有最小值的直方起到含有最大值止，依次确定直方界限值。为了避免一个数据可能同时属于两个组，不妨规定各组区间为左闭右开（当然亦可规定左开右闭），并保证最小值落在第一组内，最大值落在最末一组内：$[a_0, a_1)$，$[a_1, a_2)$，$\cdots$，$[a_{k-1}, a_k]$。

在等距分组时，$a_1 = a_0 + h$，$a_2 = a_1 + h$，$\cdots$，$a_k = a_{k-1} + h$。

首先确定第一组的组限值，不妨取最小值 $x_{min}$ 为第一组下限值，$x_{min} + h$ 即为第一组上限值，同时，成为第二组的下限值，依次类推。

**注意**：为了避免数据落在组界上，组界值的最小单位可选取最小单位的一半。如本例中最小单位为 1，故可取组界的最小单位为 0.5，于是第一组的下界值可取 $x_{min} = -0.5$。

（6）统计各组的频数。确定分组和组限后，统计每组的频数，即落在每组中数据的个数，并列入表中。

（7）画出直方图。以纵坐标为频数（或频率），横坐标为组距，画出一系列的直方形就是直方图，图中直方形的高度为数据落入该直方形范围的个数（或频率）。

例 3-9
讲解微视频

### 5. 应用实例

**【例 3-9】** 某型飞机主液压泵在 200h 工作时间内，100 台发生故障的时间如表 3-10 所列。根据表中数据绘制频数直方图。

（1）收集数据。收集数据见表 3-10。

（2）求极差（$R$）。从表中数据可以看出 $x_{max} = 190$，$x_{min} = 10$，则 $R = x_{max} - x_{min} = 190 - 10 = 180$。

表 3-10　发动机液压泵故障时间　　　　　　　　　　　　　　　　　　　　　　h

| 71 | 152 | 82 | 50 | 175 | 133 | 99 | 161 | 181 | 28 |
| 110 | 126 | 92 | 155 | 48 | 88 | 22 | 153 | 126 | 110 |
| 155 | 134 | 91 | 73 | 89 | 54 | 149 | 127 | 138 | 15 |
| 64 | 45 | 99 | 123 | 87 | 125 | 125 | 76 | 12 | 10 |
| 170 | 116 | 148 | 93 | 56 | 144 | 106 | 87 | 95 | 24 |
| 151 | 102 | 59 | 64 | 137 | 48 | 91 | 68 | 136 | 35 |
| 37 | 51 | 105 | 88 | 133 | 33 | 65 | 98 | 63 | 79 |
| 112 | 95 | 43 | 190 | 39 | 53 | 53 | 141 | 39 | 77 |
| 61 | 75 | 115 | 91 | 127 | 86 | 39 | 102 | 75 | 101 |
| 179 | 115 | 109 | 112 | 102 | 158 | 147 | 146 | 162 | 119 |

（3）确定组数（$k$）。本例 $n=100$，取 $k=9$。

（4）计算组距（$h$）。组距 $h=\dfrac{x_{\max}-x_{\min}}{k}=\dfrac{190-10}{9}=20$。

（5）确定组限。采用等距分组，$[a_0,a_1)$，$[a_1,a_2)$，…，$[a_{k-1},a_k]$，本例中样本数据最小值 $x_{\min}=10$，不妨取 $a_0=x_{\min}=10$，则依据 $a_1=a_0+h$，$a_2=a_1+h$，…，$a_k=a_{k-1}+h$，依次类推 $a_1=30$，$a_2=50$，…。各组组限值见表 3-11。

表 3-11　频数统计表

| 组序 | 分组区间 | 频数 | 组序 | 分组区间 | 频数 |
| --- | --- | --- | --- | --- | --- |
| 1 | 10～30 | 6 | 6 | 110～130 | 15 |
| 2 | 30～50 | 10 | 7 | 130～150 | 12 |
| 3 | 50～70 | 13 | 8 | 150～170 | 8 |
| 4 | 70～90 | 14 | 9 | 170～190 | 5 |
| 5 | 90～110 | 17 | | | |

（6）统计各组的频数。即统计落在每组中数据的个数，如表 3-11 所列。

（7）画直方图。纵坐标为频数，横坐标为组限值，画出直方图，如图 3-36 所示。

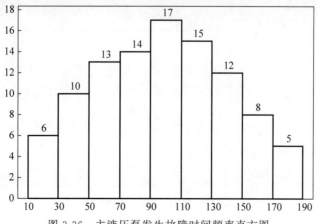

图 3-36　主液压泵发生故障时间频率直方图

由图 3-36 可以看出,该机型主液压泵故障时间变量很可能服从正态分布,维修过程处于控制状态,并为进一步推断准确分布提供了线索。

应用直方图,可以判断出维修质量是否在可控状态,是否存在问题,但若要分析原因,确定出存在的各种问题,需要应用因果分析图、散点图等。

下面利用 Minitab 软件绘制直方图。

【操作步骤】

Step 01:导入数据。将表 3-10 中的 100 个数据输入工作表的 C1 列,列名命名为"故障时间"。

Step 02:绘制直方图。选择"图形"→"直方图"命令,弹出"直方图"对话框,选择"简单",如图 3-37 所示;单击"确定"按钮进入"直方图:简单"对话框,如图 3-38 所示。将"故障时间"选为"图形变量"(功能是以 C1 列的数据绘制直方图),再单击"确定"按钮可得到直方图,如图 3-39 所示。

图 3-37 "直方图"对话框

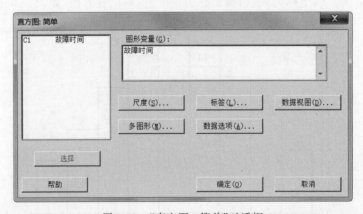

图 3-38 "直方图:简单"对话框

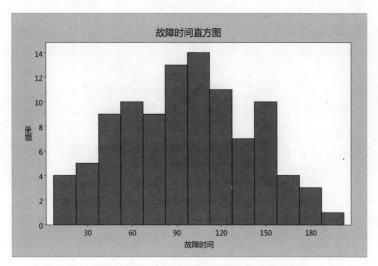

图 3-39　默认设置生成的直方图

Step 03：定制直方图。在直方图上双击"条形"，弹出"编辑条形"对话框。选择"区间"标签，设置"区间类型"为"割点"，"区间数"为 9，如图 3-40 所示；然后单击"确定"按钮，生成如图 3-41 所示直方图。

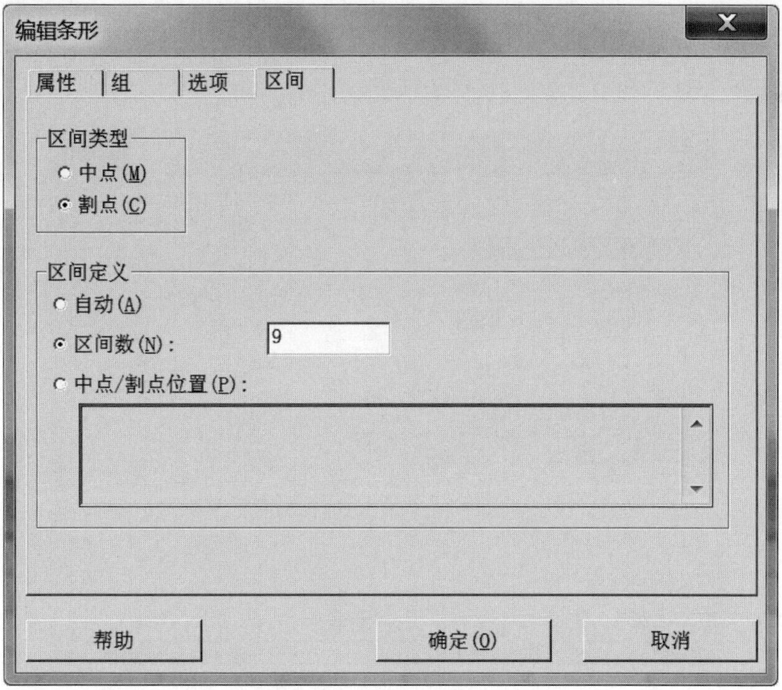

图 3-40　"编辑条形"对话框

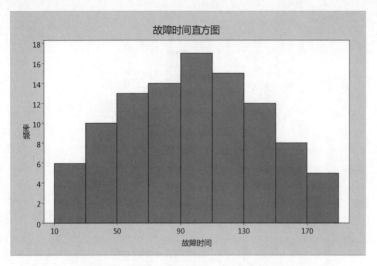

图 3-41　修改区间数设置后生成的直方图

**【结果分析】**

从图 3-41 中可以看出,该机型主液压泵故障时间变量很可能服从正态分布,为进一步推断准确分布提供了线索。为了显示数据与分布拟合程度,可以添加分布拟合曲线,选择"编辑器"→"添加"→"分布拟合值"命令,弹出"添加分布拟合"对话框,选择分布类型为"正态",如图 3-42 所示;单击"确定"按钮,生成如图 3-43 所示直方图。从图中可以看出,该数据分布服从均值为 96.98,标准差为 43.40 的正态分布。

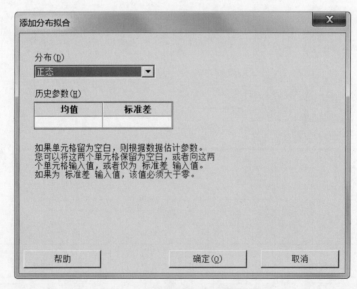

图 3-42　"添加分布拟合"对话框

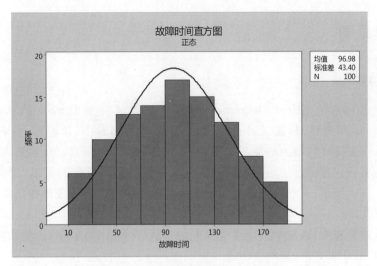

图 3-43　添加正态拟合曲线的直方图

**提示**：当然也可以在直方图上双击"拟合曲线"，选择其他拟合曲线类型，如威布尔（Weibull）分布，如图 3-44 所示。从图中可以看出，该数据分布也可以采用形状参数为 2.4、尺度参数为 109.2 的 Weibull 分布来拟合。

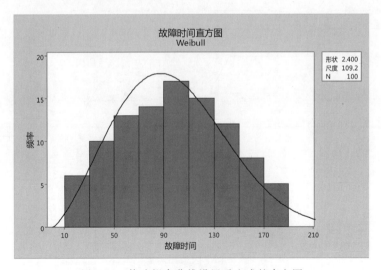

图 3-44　修改拟合曲线设置后生成的直方图

**思考**：当然，哪个拟合度更优？我们会在第 4 章具体介绍。

## 3.2.2 因果图

**1. 因果图的概念**

因果图（Cause & Effect Diagram）是由日本著名质量管理专家石川馨（Kaoru Ishikawa）于1943年提出的，故又名石川图，亦称为特性因素图、鱼刺图、鱼骨图、树枝图。因果图是表示质量特性与原因的关系的图，主要用于寻找质量问题产生的原因，并分析原因与结果之间的关系。即通过层层深入的分析研究来找出影响质量的原因，从交错复杂的大量影响因素中理出头绪，逐渐地把影响质量的主要的、关键的、具体原因找出来，从而明确所要采取的措施。

在航空维修管理中，对故障或维修中发生的问题，常用因果图从错综复杂的影响因素中全面查找原因，并从大到小，追根求源地找出问题产生的直接原因。

因果图由质量问题和影响因素两部分组成。图中主干箭头所指的为质量问题，主干上的大枝表示大原因，中枝、小枝、细枝等表示原因的依次展开，其基本图形如图3-45所示。在实际应用中，大部分问题的原因可归纳为六大类，即人（Man）、机（Machine）、料（Material）、法（Method）、测（Measurement）、环（Environment），简称5M1E。

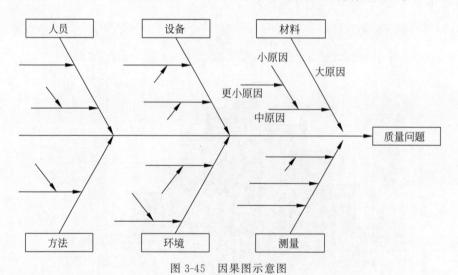

图 3-45 因果图示意图

**2. 因果图的绘制**

（1）确定待分析的质量问题，将其写在图右侧的方框内，画出主干，箭头指向右端。

（2）确定该问题中影响质量原因的分类方法。一般对于工序质量问题，常按5M1E进行分类。对应每一类原因画出大枝,箭头方向从左到右斜指向主干,并在箭头尾端写上原因分类项目。

（3）将各分类项目分别展开,每个大枝上分出若干中枝表示各项目中造成质量问题的一个原因。中枝平行于主干箭头,指向大枝。

（4）将中枝进一步展开成小枝。小枝是造成中枝的原因,依次展开,直至细到能采取措施为止。

（5）找出主要原因,并用符号明显地标出,作为质量改进的重点。

### 3. 绘制因果图的注意事项

（1）分析大原因时,主要采用 5M1E 方法。但在实际使用时,应根据具体情况适当增减项目,不限于 5M1E。

（2）最后细分出来的原因应是具体的,便于采取措施。

（3）发扬民主、集思广益、畅所欲言。一般以开展质量分析会的形式,对原因进行分析,力求分析结果无遗漏。

（4）如果主要原因不是特别明显,可以用排列图等方法来确定主要原因。

（5）针对主要原因可列出措施表,以便解决问题。

### 4. 应用实例

例 3-10
讲解微视频

【**例 3-10**】 以某部发生的 89 次机务责任飞行事故征候为研究对象作因果图,原因分类统计如表 3-12 所列。

表 3-12　机务责任飞行事故征候原因

| 错 装 忘 装 | 带外来物飞行 | 超 寿 使 用 | 排故不彻底 |
| --- | --- | --- | --- |
| 技术上不懂 | 岗位职责不明确 | 查阅文件不认真 | 技术水平低 |
| 交接不清 | 外部干扰 | 业务水平低 | 检查不全面 |
| 分工不具体 | 粗枝大叶 | | |
| 工作不认真 | | | |
| 未按规定检查复查 | | | |

其中,业务水平低包括不知道寿命件、不会算寿命期。

根据给出的数据绘制的因果图如图 3-46 所示。

从维修责任事故因果分析图可以看出,影响维修责任事故征候各层次的原因可以直观展现,为进一步从多角度、多侧面分析原因提供了用力的工具。

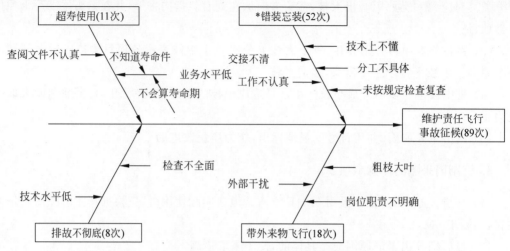

图 3-46　机务责任飞行事故征候因果图

下面利用 Minitab 软件绘制因果图。

**【操作步骤】**

Step 01：导入数据。将表 3-12 中的数据导入工作表的 C1～C5 列，如图 3-47 所示。

| ↓ | C1-T | C2-T | C3-T | C4-T | C5-T |
|---|------|------|------|------|------|
| | 错装忘装 | 带外来物飞行 | 超寿使用 | 排故不彻底 | 业务水平低 |
| 1 | 技术上不懂 | 岗位职责不明确 | 查阅文件不认真 | 技术水平低 | 不知道寿命件 |
| 2 | 交接不清 | 外部干扰 | 业务水平低 | 检查不全面 | 不会算寿命期 |
| 3 | 分工不具体 | 粗枝大叶 | | | |
| 4 | 工作不认真 | | | | |
| 5 | 未按规定检查复查 | | | | |
| 6 | | | | | |

图 3-47　机务责任飞行事故征候工作表

Step 02：绘制因果图。选择"统计"→"质量工具"→"因果"命令，弹出"因果图"对话框，在"原因"栏中选入"错装忘装""带外来物飞行""超寿使用""排故不彻底"，在"标签"栏下输入"错装忘装""带外来物飞行""超寿使用""排故不彻底"，在"效应"栏输入"机务责任飞行事故征候"，在"标题"栏输入"机务责任飞行事故征候因果图"，如图 3-48 所示；因为"超寿使用"中的"业务水平低"又进一步分支（子分支），单击"超寿使用"后的"子…"，弹出"因果图：子分支"对话框，在其中第 2 行（业务水平低）的"原因"空格中选入"业务水平低"，如图 3-49 所示；单击"确定"按钮，回到"因果图"对话框；再单击"确定"按钮，得到因果图，如图 3-50 所示。

**提示**：如果要进行修改，一般不要在因果图上直接修改，最好在工作表中修改原始数据，然后在菜单选择"编辑器"→"更新"命令即可完成对输出图形结果的修改。

图 3-48　"因果图"对话框

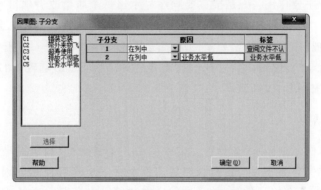

图 3-49　"因果图：子分支"对话框

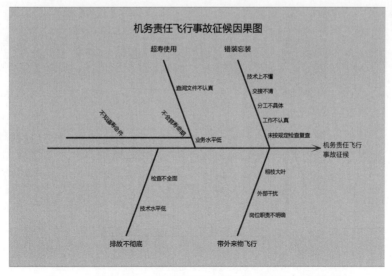

图 3-50　利用 Minitab 绘制的机务责任飞行事故征候因果图

## 3.2.3 排列图

### 1. 排列图的概念

排列图（Pareto Diagram）又称为主次因素分析图或帕累托图。它是将质量改进项目从最重要到最次要进行排队的一种简单的图形分析技术，是一种从影响产品质量的许多因素中找出主要因素的有效方法。排列图最早由意大利经济学家帕累托（Pareto）用于统计社会财富分布状况，他发现少数人占有大量财富，即所谓"关键的少数和次要的多数"的关系。后来被美国质量管理学家朱兰把这个原理运用到质量管理中，使其成为解决产品质量的主要问题的一种常用方法。

排列图有两个主要作用：一是按重要顺序显示出每个质量改进项目对整个质量问题的影响和作用；二是找出"关键的少数"，抓住关键问题，识别质量改进的机会。

在维修管理过程中，影响维修质量的因素是多种多样的，但是，影响较大的因素一般只有少数几个。因此，排列图可以帮助我们找出那些对维修质量影响较大的原因，以便有针对性地采取措施、解决问题、提高效率。

### 2. 排列图的结构

排列图的基本图形如图 3-51 所示。排列图由一个横坐标、两个纵坐标、若干个高低顺序排列的直方块和一条累积百分比折线组成。横坐标表示影响质量的因素或项目，左边的纵坐标表示频数（如不合格品件数、故障数等），右边的纵坐标表示频率（如不合格品率、故障

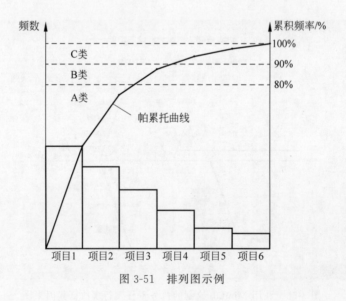

图 3-51　排列图示例

率等);直方块表示项目,其高度表示项目的频数(影响作用的大小)。折线由各个因素的累积频率连接而成,称为帕累托曲线。将影响因素按其重要性程度从大到小排列。某个因素累积频率是指前面所有因素的累积频率。

在实际应用中,通常把影响质量的因素分为以下三类:

(1) 主要因素。累积频率在 0~80% 的若干因素。它们是影响产品质量的关键原因,又称为 A 类因素。其个数为 1~2 个,一般不超过 3 个。

(2) 次要因素。累积频率在 80%~90% 的若干因素。它们对产品质量有一定影响,又称为 B 类因素。

(3) 一般因素。累积频率在 90% 以上的若干因素。它们对产品质量仅有轻微影响,又称为 C 类因素。

### 3. 排列图的绘制

(1) 确定分析对象。一般是指故障次数、器材消耗、维修质量、不合格率、废品件数、消耗工时等。

(2) 确定问题分类的项目。可按故障项目、缺陷项目、废品项目、零件项目、不同操作者等进行分类。

(3) 收集整理数据,列出频数统计表。先按照不同的项目进行数据分类,最后一项是无法进一步细分或明确划分的项目统一称为"其他"。然后列表汇总每个项目发生的数量,即频数,按照频数的大小进行项目排列,并计算频率、累积频率,一并列入表中。

(4) 画图。在坐标系的横轴上按频数大小从左向右依次标出各个原因;在横坐标的两端画两个纵坐标轴,在左边纵坐标轴上标上频数,在右边纵坐标轴的相应位置标上累积频率;然后在图上每个原因项的上方画一个矩形,其高度等于相应的频数;最后在每一个矩形的右侧或右侧延长线上打点,其高度为到该原因为止的累积频率,以原点为起点,依次连接上述各点,所得到的折线即为累积频率折线(帕累托曲线)。

(5) 依据排列图,确定主要因素、次要因素和一般因素。

### 4. 绘制排列图的注意事项

(1) 做好因素的分层。一个排列图上的分层项目应该是同一层次的并列关系。不要把不同层次的项目(因素)混杂在一起,以免造成分析错误。

(2) 主要因素不要过多。一般最终找出的主要因素最好是一二项,最多不要超过三项,否则将失去"找主要因素"的意义。

(3) 适当合并一般因素。可以将不太重要的因素合并为"其他"项,其频数通常以不超过总数的 10% 为宜。

(4) 注意与因果图的结合使用。对比较复杂的问题,要注意把排列图和因果图结合使用,以便分层次逐步展开,直到抓住能采取措施的主要项目为止。

（5）循环进行，反复使用。采取相关措施后，应重新收集数据作排列图，并将其与原排列图对比，以检验分析采取的措施是否确实有效。

### 5. 排列图的应用

（1）排列图指明了改善维修质量特性的重点。在维修质量控制中，为了获取更好的维修效果，应合理地确定所采取措施的对象。从排列图可以看出，直方柱高的前两三项对质量影响大，对它们采取措施，维修质量改善效果显著。

（2）排列图可以反复应用。在解决维修质量问题的过程中，排列图可以而且应该反复应用，以使问题逐步深化。例如，从排列图中发现维修事故征候的主要原因是错装和忘装机件，但无法采取具体措施，此时需要分析错装和忘装的原因，然后再作错装和忘装的原因排列图（第二层次的排列图）。一旦采取对策措施后，应重新收集数据再作排列图，并将其与原来的排列图对比，从而分析验证所采取措施的有效性。

### 6. 排列图和因果图的比较

因果图和排列图都可用于分析维修问题的原因，但两者又各有侧重。因果图主要用于找出大中小各个层次的原因，一张图可以包含多层次的原因，排列图则主要是从某个层次的原因中找出主要原因，因此，通常需将两者配合使用。仍以前述的 89 次机务责任飞行事故征候为例，如果再从机务人员的素质来分析，可以发现，机务责任飞行事故征候与人员的工作作风状况有重要关系，也与人员业务技术素质密切相关。为了有效地找出措施，该部又按专业和问题性质分别给出排列图，如图 3-52 和图 3-53 所示。由排列图可看出，要降低机务责任飞行事故征候，应重点抓机械专业，并以抓维护工作作风为主，同时应设法迅速提高机务人员的业务技术水平。

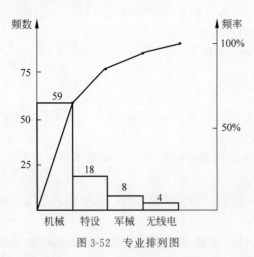

图 3-52  专业排列图

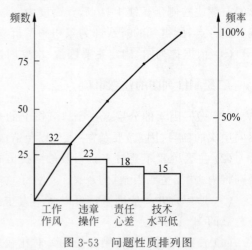

图 3-53  问题性质排列图

### 7. 应用实例

例 3-11
讲解微视频

【例 3-11】　某部为了找出影响机务责任飞行事故征候的主要因素,对 10 年间因机务责任造成的 89 次飞行事故征候,按四个方面进行了分类统计,如表 3-13 所示。利用排列图分析造成机务责任飞行事故征候的主要原因。

**表 3-13　机务责任飞行事故征候统计表**

| 原因 | 造成飞行事故征候的频数 | 频率/% | 累积频率/% |
|---|---|---|---|
| 错装忘装机件 | 52 | 58.4 | 58.4 |
| 带外来物飞行 | 18 | 20.2 | 78.6 |
| 机件超寿使用 | 11 | 12.4 | 91.0 |
| 排故不彻底 | 8 | 9.0 | 100.0 |
| 总计 | 89 | 100 | |

从图 3-54 中可以看出,错装忘装机件、带外来物飞行是造成机务责任飞行事故征候的主要原因,解决了这方面的问题便可大大减少机务责任飞行事故征候。

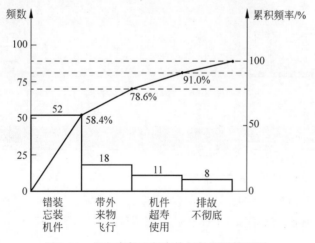

图 3-54　机务责任飞行事故征候原因排列图

下面利用 Minitab 软件绘制排列图。

【操作步骤】

Step 01:导入数据。将表 3-13 中的"原因"和"造成飞行事故征候的频数"两列数据导入工作表的 C1～C2 列,如图 3-55 所示。

| ↓ | C1-T | C2 | C3 |
|---|------|----|----|
| | 原因 | 造成飞行事故征候的频数 | |
| 1 | 错装忘装机件 | 52 | |
| 2 | 带外来物飞行 | 18 | |
| 3 | 机件超寿使用 | 11 | |
| 4 | 排故不彻底 | 8 | |

图 3-55　飞行事故征候原因工作表

Step 02：绘制排列图。选择"统计"→"质量工具"→"Pareto 图"命令，出现"Pareto 图"对话框，将"原因"选入"缺陷或属性数据在"，将"造成飞行事故征候的频数"选入"频率位于"，如图 3-56 所示。单击"选项"按钮，弹出"Pareto 图-选项"对话框，在"标题"栏输入"机务责任飞行事故征候原因排列图"，如图 3-57 所示，单击"确定"按钮，回到"Pareto 图"对话框；单击"确定"按钮，可得到排列图，如图 3-58 所示。

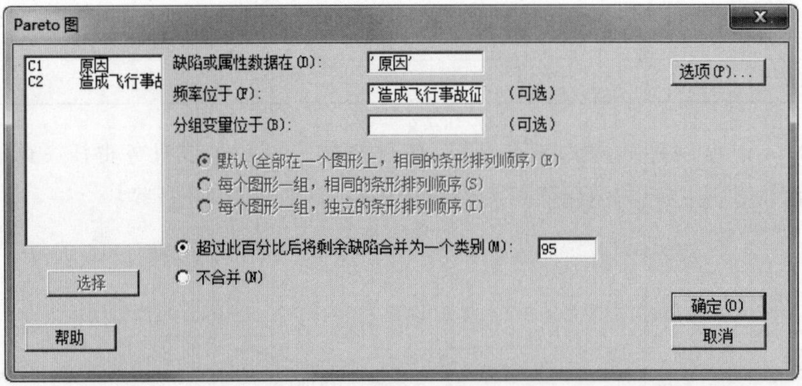

图 3-56　"Pareto 图"对话框

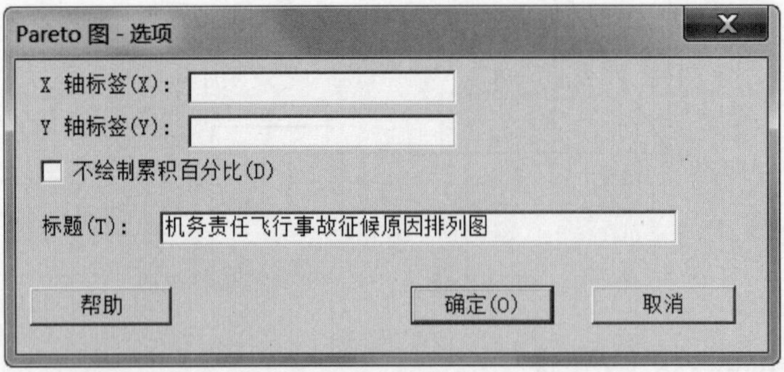

图 3-57　"Pareto 图-选项"对话框

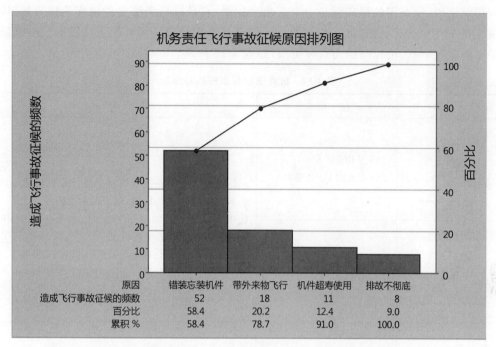

| 原因 | 错装忘装机件 | 带外来物飞行 | 机件超寿使用 | 排故不彻底 |
| --- | --- | --- | --- | --- |
| 造成飞行事故征候的频数 | 52 | 18 | 11 | 8 |
| 百分比 | 58.4 | 20.2 | 12.4 | 9.0 |
| 累积 % | 58.4 | 78.7 | 91.0 | 100.0 |

图 3-58　利用 Minitab 绘制的机务责任飞行事故征候排列图

## 3.2.4　散点图

### 1. 散点图的概念

散点图(Scatter Diagram)又称为相关图,是用来研究两个变量之间是否存在相关关系的一种图形。在质量问题的原因分析中,常会接触到各个质量因素之间的关系。这些关系中有的属于确定性关系,可用函数关系式来表达;有的变量之间虽然存在着关系,但却不能由一个变量的数值来精确地求出另一个变量的数值,这种关系称为相关关系。

散点图是通过分析研究代表两种因素的数据之间的关系,来控制影响产品质量的相关因素的一种有效方法。在维修质量控制中,散点图可用于诸如预防性维修与维修质量变化、维修费用趋势、备件储备趋势以及装备可用性趋势等领域。

### 2. 散点图的定性分析

如果我们通过分析得出两个变量 $x$ 和 $y$ 之间存在某种相关关系,其中 $y$ 的值随着 $x$ 的值变化而变化,那么我们称 $x$ 为自变量,称 $y$ 为因变量。然后,可以通过绘制关于 $x$ 和 $y$ 的散点图来分析它们之间的相关关系。

简单地说,散点图的形式就是一个直角坐标系,它是以自变量 $x$ 的值作为横坐标,以因变量 $y$ 的值为纵坐标,通过描点作图的方法在坐标系内形成一系列的点状图形。根据散点图中点的分布形状,可以归纳为六种类型,如表 3-14 所列。

表 3-14 散点图的基本形态与分析

| 图 形 | $x$ 与 $y$ 的关系 | 主 要 结 论 |
|---|---|---|
| 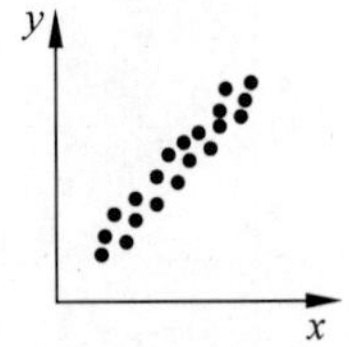 | 强正相关<br>$x$ 变大时,$y$ 也变大 | $x$ 是质量指标 $y$ 的重要因素。通过控制因素 $x$,可达到控制结果 $y$ 的目的(用于因素分析);<br>代用质量指标 $x$ 能很好反映真实质量指标 $y$(用于分析质量指标间的关系);<br>两因素 $x$、$y$ 有密切联系(用于因素间关系分析) |
| 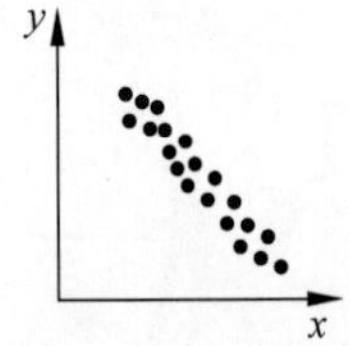 | 强负相关<br>$x$ 变大时,$y$ 变小 | |
| | 弱正相关<br>$x$ 变大时,$y$ 大致变大 | $x$ 是影响质量指标 $y$ 的因素,同时还应考虑其他因素(用于因果关系分析);<br>代用质量指标 $x$ 能在一定程度上反映真实质量指标 $y$ 的情况,应当再考察其他代用质量指标(用于分析质量指标间的关系);<br>两因素 $x$、$y$ 有一定联系(用于因素关系分析) |
| 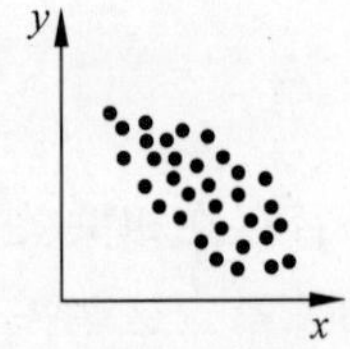 | 弱负相关<br>$x$ 变大时,$y$ 大致变小 | |
| | 不相关<br>$x$ 与 $y$ 无任何关系 | $x$ 不是影响质量指标 $y$ 的影响因素(用于因果分析);<br>$x$ 不能成为真实质量指标的代用质量指标(用于分析质量指标间的关系);<br>两因素 $x$、$y$ 无关(用于因素关系分析) |
| 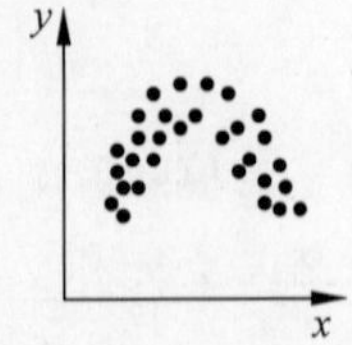 | 非线性相关 | 不存在相关系数 $r$,但是可以通过数学方法作相关变换,转化成线性相关的关系后,再作散点图 |

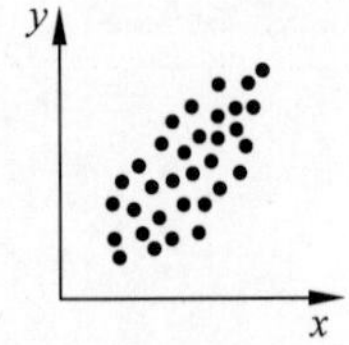

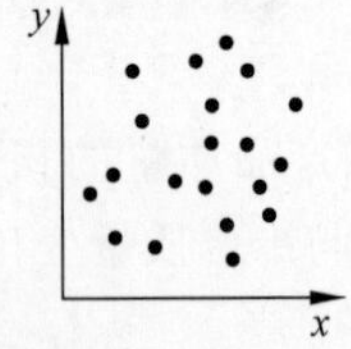

**3. 散点图的定量分析**

（1）求相关系数，进行相关性判断。

对照散点图的基本形态进行定性分析虽然简单直观，但它是很粗略的方法。为了更精确地进行相关判断，可以计算出相关系数。相关系数用 $r$ 表示，其计算公式为

$$r = \frac{L_{xy}}{\sqrt{L_{xx}L_{yy}}} = \frac{\sum_{i=1}^{n}(x_i - \bar{x})(y_i - \bar{y})}{\sqrt{\sum_{i=1}^{n}(x_i - \bar{x})^2 \cdot \sum_{i=1}^{n}(y_i - \bar{y})^2}} \tag{3-1}$$

其中：$L_{xy} = \sum_{i=1}^{n}(x_i - \bar{x})(y_i - \bar{y}) = \sum_{i=1}^{n}x_i y_i - \frac{1}{n}\left(\sum_{i=1}^{n}x_i\right)\left(\sum_{i=1}^{n}y_i\right)$；

$L_{xx} = \sum_{i=1}^{n}(x_i - \bar{x})^2 = \sum_{i=1}^{n}x_i^2 - \frac{1}{n}\left(\sum_{i=1}^{n}x_i\right)^2$；

$L_{yy} = \sum_{i=1}^{n}(y_i - \bar{y})^2 = \sum_{i=1}^{n}y_i^2 - \frac{1}{n}\left(\sum_{i=1}^{n}y_i\right)^2$。

**注意**：当样本容量 $n$ 值不大时，由相关系数计算公式算出 $r$ 值与真实的相关系数的误差一般较大，作研究分析参考还是可以的。若要确切知道相关或不相关，应进行相关性检验或不相关性检验。

可以根据相关系数 $r$ 的值来判断散点图中两个变量之间的关系，如表 3-15 所列。

表 3-15　相关系数 $r$ 的取值说明

| $r$ 值 | 两变量之间的关系 |
| --- | --- |
| $r=1$ | 完全正相关 |
| $0<r<1$ | 正相关（越接近 1，正相关性越强；越接近 0，正相关性越弱） |
| $r=0$ | 不相关 |
| $-1<r<0$ | 负相关（越接近 −1，负相关性越强；越接近 0，负相关性越弱） |
| $r=-1$ | 完全负相关 |

在实际相关关系分析时，一般来说相关关系密切程度等级如表 3-16 所列。

表 3-16　相关关系密切程度

| 相关系数绝对值 $|r|$ | 0.3 以下 | 0.3～0.5 | 0.5～0.8 | 0.8 以上 |
| --- | --- | --- | --- | --- |
| 相关密切程度等级 | 不相关 | 低度相关 | 显著相关 | 高度相关 |

**注意**：相关系数 $r$ 值所表示的两个变量之间的相关关系是指线性相关。因此，当 $r$ 的绝对值很小甚至等于 0 时，并不表示 $x$ 与 $y$ 之间就不存在任何关系，只能说明它们之间不存在线性相关关系。

（2）求线性回归方程。

设回归方程为直线方程：$y = ax + b$。根据给定公式有

$$a = \frac{\sum\limits_{i=1}^{n}(x_i - \bar{x})(y_i - \bar{y})}{\sum\limits_{i=1}^{n}(x_i - \bar{x})^2}, \quad b = \bar{y} - a\bar{x} = \frac{\sum\limits_{i=1}^{n} y_i}{n} - a\frac{\sum\limits_{i=1}^{n} x_i}{n} \tag{3-2}$$

### 4. 散点图的绘制

（1）选定分析对象。分析对象可以是质量特性值与影响因素之间的关系，也可以是质量特性值之间的关系，或者是影响因素之间的关系。

（2）收集数据。所要研究的两个变量如果一个为原因，另一个为结果，则一般取原因变量为自变量，取结果变量为因变量。通过抽样检测得到两个变量的一组数据序列。为保证必要的判断精度，数据一般不少于 30 对。

（3）在坐标上描点。在直角坐标系中，把上述对应的数据组序列以点的形式一一描出（当两对的数据值相同，即数据点重合时，可围绕数据点画同心圆表示，或在该点最近处画点）。一般来说，横轴与纵轴的长度单位选取要使两个变量的散点范围大致相等，以便分析两变量之间的相关关系。

### 5. 绘制散点图的注意事项

（1）绘制散点图时，首先要注意对不同性质的数据进行正确的分层，否则可能导致不正确的判断结论。

（2）对于图中出现明显偏离群体的点，要查明原因。对于被确定为异常的点应删除。

（3）坐标轴的划分刻度要适当，否则，图形变化太大，将使判断失误。

（4）散点图相关性规律的应用范围一般局限于观测值数据的范围内，不能任意扩大相关判断范围。在取值范围不同时，应再作相应的试验与分析。

### 6. 应用实例

例 3-12
讲解微视频

【例 3-12】 表 3-17 给出了某部飞机 12 个月的飞行小时与故障数。试绘制散点图并进行相关性分析。

表 3-17 飞行小时与故障数的统计数据

| 月 份 | 1 | 2 | 3 | 4 | 5 | 6 | 7 | 8 | 9 | 10 | 11 | 12 |
|---|---|---|---|---|---|---|---|---|---|---|---|---|
| 飞行小时 | 255 | 257 | 332 | 277 | 286 | 245 | 218 | 202 | 283 | 313 | 305 | 234 |
| 故障数 | 39 | 42 | 45 | 45 | 44 | 36 | 33 | 34 | 42 | 46 | 44 | 40 |

将飞行小时数视作 $x$，故障数视作 $y$，根据表 3-17 中数据，在坐标系中描点得到散点图，如图 3-59 所示。

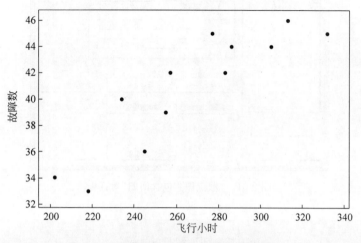

图 3-59　某部飞机飞行小时和故障数散点图

根据散点图观察分析两个变量之间有无相关关系，从图 3-59 中可以大致看出点围绕某直线方向散布，其中随着飞行时间的增长，故障数有增加趋势。

按表 3-17 的数据，由式(3-1)计算其相关系数 $r=0.892$，说明故障数与飞行小时数之间具有高度正相关关系。

值得注意的是，由式(3-1)计算出的相关系数，当样本容量较小(例如 $n<20$ 时)，与母体真实相关系数的误差一般较大，故只能将 $r$ 值作参考。当样本容量 $n$ 相当大(例如 $n>50$)时，作为母体真实相关系数的近似值才比较合适。

下面利用 Minitab 软件绘制散点图。

**【操作步骤】**

Step 01：导入数据。将表 3-17 中的"飞行小时"和"故障数"两列数据导入工作表的 C1 和 C2 列，列名分别命名为"飞行小时"和"故障数"。

Step 02：绘制散点图。选择"图形"→"散点图"命令，弹出"散点图"对话框，选择"包含回归"，如图 3-60 所示；单击"确定"按钮，弹出"散点图：包含回归"对话框，在"Y 变量"中选入"故障数"，在"X 变量"中选入"飞行小时"，如图 3-61 所示；单击"确定"按钮，可得到散点图，如图 3-62 所示。

Step 03：相关性分析。选择"统计"→"基本

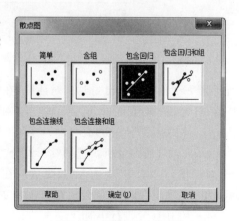

图 3-60　"散点图"对话框

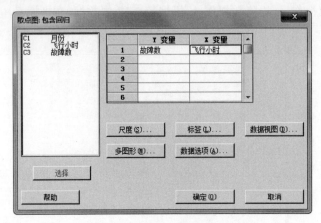

图 3-61  "散点图：包含回归"对话框

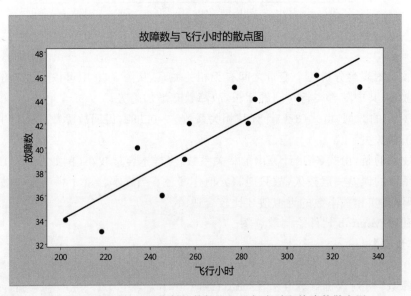

图 3-62  利用 Minitab 绘制的某部飞机飞行小时和故障数散点图

统计量"→"相关"，弹出"相关"对话框，在"变量"中选入"飞行小时"和"故障数"，选中"显示 P 值"复选框，如图 3-63 所示；单击"确定"按钮，在会话窗口输出相关性结果，可得到 Pearson 相关系数＝0.892。

Step 04：回归分析。选择"统计"→"回归"→"回归"→"拟合回归模型"命令，弹出"回归"对话框，在"响应"中选入"故障数"，在"连续预测变量"中选入"飞行小时"，如图 3-64 所示；单击"确定"按钮，在会话窗口输出如下回归分析结果，可得到回归方程为：故障数＝13.68＋0.1016×飞行小时。

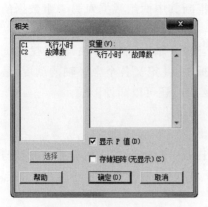

图 3-63　"相关"对话框

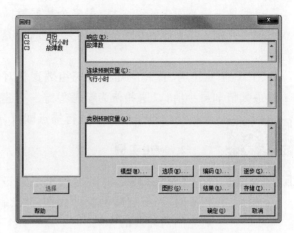

图 3-64　"回归"对话框

会话窗口输出结果：

**相关：飞行小时，故障数**

飞行小时 和 故障数 的 Pearson 相关系数 = 0.892

P 值 = 0.000

回归分析：故障数 与 飞行小时

方差分析

| 来源 | 自由度 | Adj SS | Adj MS | F 值 | P 值 |
|---|---|---|---|---|---|
| 回归 | 1 | 174.90 | 174.901 | 39.07 | 0.000 |
| 飞行小时 | 1 | 174.90 | 174.901 | 39.07 | 0.000 |
| 误差 | 10 | 44.77 | 4.477 | | |
| 合计 | 11 | 219.67 | | | |

模型汇总

| S | R-sq | R-sq(调整) | R-sq(预测) |
|---|---|---|---|
| 2.11580 | 79.62% | 77.58% | 70.16% |

系数

| 项 | 系数 | 系数标准误 | T 值 | P 值 | 方差膨胀因子 |
|---|---|---|---|---|---|
| 常量 | 13.68 | 4.39 | 3.12 | 0.011 | |
| 飞行小时 | 0.1016 | 0.0163 | 6.25 | 0.000 | 1.00 |

回归方程

故障数 = 13.68 + 0.1016 飞行小时

## 3.2.5　3D 散点图

### 1. 3D 散点图的简介

3D 散点图是可以研究成对出现的三组数据之间相关关系的三维立体图形。一个数据

$(x,y,z)$就是三维空间中的一个点,很多个数据就构成了三维空间中的点集,观察点集的分布状态便可判别三组数据两两之间的相关程度,或是推断其中两组数据对另一组数据的影响程度。

绘制 3D 散点图时,首先应建立与三组数据相对应的 $x$ 轴、$y$ 轴和 $z$ 轴,然后找出 $x$,$y$ 和 $z$ 的最大值和最小值,以这些值为参考界定三个坐标轴,并定义各个坐标轴的刻度,最后在这个三维坐标系中进行描点即可,必要时还可以画投影线。

例 3-13
讲解微视频

### 2. 应用实例

【例 3-13】 表 3-18 给出了某部 1997—2012 年的飞机轮胎消耗量与飞行小时、飞行起落的统计数据,试绘制 3D 散点图分析飞行小时与飞行起落对轮胎消耗量的影响。

表 3-18  某型轮胎 1997—2012 年的消耗数量及相关飞行参数统计表

| 年份 | 飞行小时 | 飞行起落 | 消耗数量 | 年份 | 飞行小时 | 飞行起落 | 消耗数量 |
| --- | --- | --- | --- | --- | --- | --- | --- |
| 1997 | 2596 | 1982 | 112 | 2005 | 3246 | 2442 | 133 |
| 1998 | 2798 | 1996 | 114 | 2006 | 3321 | 2515 | 137 |
| 1999 | 3033 | 2005 | 117 | 2007 | 3546 | 2616 | 142 |
| 2000 | 3053 | 2169 | 122 | 2008 | 3496 | 2596 | 141 |
| 2001 | 3088 | 2246 | 125 | 2009 | 3683 | 2768 | 149 |
| 2002 | 3106 | 2277 | 127 | 2010 | 3607 | 2722 | 146 |
| 2003 | 3256 | 2436 | 133 | 2011 | 3802 | 2824 | 152 |
| 2004 | 3189 | 2383 | 131 | 2012 | 3895 | 2923 | 156 |

下面利用 Minitab 软件绘制 3D 散点图。

【操作步骤】

Step 01:将表 3-18 中的飞行小时、飞行起落、消耗数量三列数据分别导入工作表的 C1～C3 列,列名分别命名为"飞行小时""飞行起落""消耗数量"。

Step 02:选择"图形"→"3D 散点图"命令。

Step 03:选择"简单",然后单击"确定"。

Step 04:在"Z 变量"中选入"消耗数量",在"Y 变量"中选入"飞行起落",在"X 变量"中选入"飞行小时",如图 3-65 所示。

Step 05:单击"数据视图"。在数据显示下,选中"投影线"复选框。在每个对话框中单击"确定"按钮,可得到 3D 散点图,如图 3-66 所示。

【结果分析】

从图 3-66 中可以看出,各点大致在一条直线上,说明轮胎消耗量与飞行小时、飞行起落基本存在线性关系,轮胎消耗量随着飞行小时、飞行起落的增大而增加。因此,可以用线性回归进行拟合。添加投影线可直观显示每个点在三维空间中的位置。

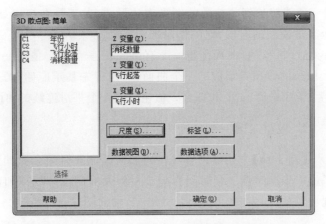

图 3-65　"3D 散点图：简单"对话框

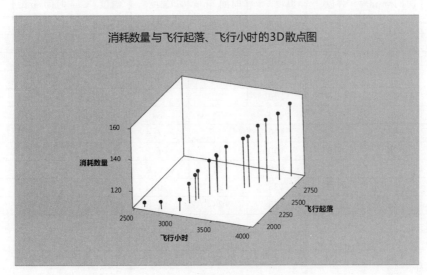

图 3-66　3D 散点图

如果对 3D 散点图的三维立体效果不满意,还可以选择"工具"→"工具栏"→"3D 图形工具"命令,用此工具栏上的按钮进行编辑处理,以便旋转图形并从不同角度进行查看也会有所帮助。

## 3.2.6　3D 曲面图

### 1. 3D 曲面图简介

用于研究成对出现的三组数据之间相互关系的图形不仅有 3D 散点图,3D 曲面图(3D

Surface Plot)是另一种能够达到此功效的图形表达形式,尤其是在探索如何用因素变量对响应变量构建一个合适模型的时候,它的作用特别突出。

与 3D 散点图类似,制作 3D 曲面图也需要有 $x$、$y$、$z$ 三个轴。值得一提的是,图形中的曲面不是直接连接原始的数据点形成的一个曲面,而是首先基于原始的三维数据用插值法生成拟合 $z$ 值,然后再用 $x$ 值、$y$ 值和拟合 $z$ 值生成的一个平滑连续的曲面图。

例 3-14
讲解微视频

### 2. 应用实例

【例 3-14】 某种设备材料的加工温度和时间会对其强度产生影响,为了进一步了解温度和时间影响该材料强度的总体规律和趋势,收集了一批现场数据,如表 3-19 所列。试用 3D 曲面图进行分析。

表 3-19 某材料强度与温度、时间统计表

| 温度/℃ | 时间/min | 强度 | 温度/℃ | 时间/min | 强度 | 温度/℃ | 时间/min | 强度 |
|---|---|---|---|---|---|---|---|---|
| 350 | 24 | 0.1 | 400 | 24 | 0 | 450 | 24 | 0.4 |
| 350 | 26 | 0.2 | 400 | 26 | 0.7 | 450 | 26 | 1.9 |
| 350 | 28 | 1.1 | 400 | 28 | 1.4 | 450 | 28 | 5 |
| 350 | 30 | 1.5 | 400 | 30 | 3.8 | 450 | 30 | 7.2 |
| 350 | 32 | 3.8 | 400 | 32 | 6.8 | 450 | 32 | 7.8 |
| 350 | 34 | 5.4 | 400 | 34 | 8 | 450 | 34 | 7.2 |
| 350 | 36 | 6.9 | 400 | 36 | 7.4 | 450 | 36 | 5.7 |
| 350 | 38 | 6.6 | 400 | 38 | 7.2 | 450 | 38 | 3.9 |
| 375 | 24 | 0.2 | 425 | 24 | 0.2 | 475 | 24 | 0.3 |
| 375 | 26 | 0.2 | 425 | 26 | 0.2 | 475 | 26 | 4.4 |
| 375 | 28 | 0.7 | 425 | 28 | 1.8 | 475 | 28 | 6.7 |
| 375 | 30 | 2.9 | 425 | 30 | 4.8 | 475 | 30 | 6.9 |
| 375 | 32 | 5.2 | 425 | 32 | 6.5 | 475 | 32 | 5.8 |
| 375 | 34 | 6.9 | 425 | 34 | 8.5 | 475 | 34 | 4.1 |
| 375 | 36 | 7 | 425 | 36 | 8.4 | 475 | 36 | 0.4 |
| 375 | 38 | 6.9 | 425 | 38 | 7.3 | 475 | 38 | 0.2 |

下面利用 Minitab 软件绘制 3D 曲面图。

【操作步骤】

Step 01:将表 3-19 中的数据分别导入工作表的 C1~C3 列,列名分别命名为"温度""时间""强度"。

Step 02:选择"图形"→"3D 曲面图"命令。

Step 03:选择"线框",然后单击"确定"按钮。

Step 04:在 Z 变量中,选入"强度";在 Y 变量中,选入"时间";在 X 变量中,选入"温度",如图 3-67 所示。

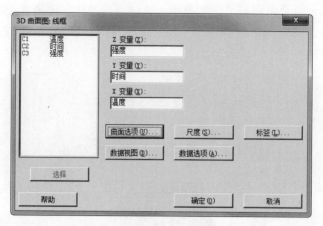

图 3-67　"3D 曲面图：线框"对话框

Step 05：单击"数据视图"。在数据显示下，选中"曲面""符号"复选框。在每个对话框中单击"确定"按钮，可得到 3D 曲面图，如图 3-68 所示。

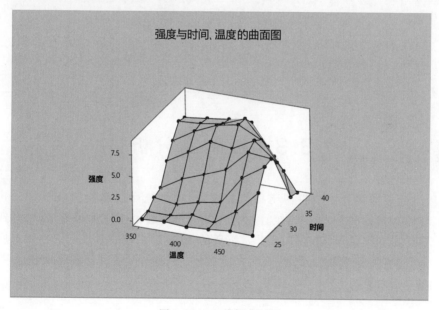

图 3-68　3D 线框曲面图

【结果分析】

从图 3-68 中可以看出，该曲面能够较好地表现温度和时间对材料强度的影响关系，强度实际值与拟合值的误差较小。加热时间太短会使火候不够，导致材料强度较低。但是，如果在太高的温度下加热时间过长，也会因为火候过度而导致材料强度偏低。最佳设置应该是在 400～450℃之间加热 30～36min。

向线框图中添加符号可揭示实际数据值。旋转图形以从不同角度查看曲面以便直观看到曲面的峰谷。为了得到光滑的曲面图，也可选择"曲面"模式，添加适当的光照效果，如图 3-69 所示。

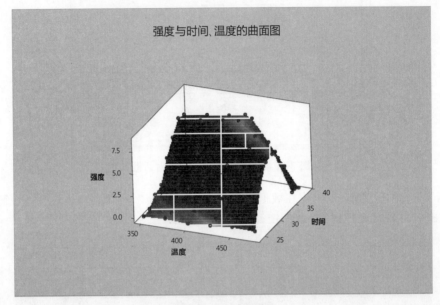

图 3-69　3D 曲面图

# 3.3　控制图分析

自 1924 年美国学者休哈特博士首创控制图，提出统计过程控制（Statistical Process Control，SPC）的理论和方法以来，统计过程控制无论是理论还是实际应用，均得到了不断发展和完善。控制图在质量控制中是非常重要的，而且应用也非常广泛。在维修质量控制中，控制图可用于装备可用性、质量控制、故障次数、停机时间、备件储备等领域，是装备维修质量控制的核心工具。

## 3.3.1　控制图的概念

控制图是根据假设检验原理构造的一种图，利用科学方法对工作过程（如生产过程、维修过程）质量进行测定、记录，区分质量特性值的波动是由于偶然原因还是系统原因所引起的，从而判明工作过程是否处于控制状态，是统计质量管理的一种重要手段和工具。

控制图的基本结构是在直角坐标系中画三条平行于横轴的直线，中间一条实线为中心线(表示样本均值),上下两条虚线分别为上、下控制界限。横轴表示按一定时间间隔抽取样本的次序;纵轴表示根据样本计算的、表达某种质量特征的统计量的数值。在控制过程中,按计划定时抽取样本,把测得的样本点按时间顺序描在图上,点与点之间用实线段相连接。控制图的基本样式如图 3-70 所示。

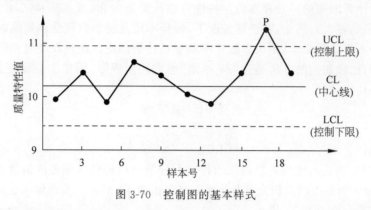

图 3-70　控制图的基本样式

## 3.3.2　控制图的分类

一般情况下,质量管理工作中收集到的信息都是一些数据。根据采用数据统计特性的不同,控制图可分为计量值控制图和计数值控制图,其中计数值控制图又可分为计件值控制图和计点值控制图。按照国家标准 GB/T 4091—2001《常规控制图》,常规控制图的基本类型如表 3-20 所列。

表 3-20　控制图类别一览表

| 数据类型 | 数据 | 分布类型 | 控制图种类 | 记号 | 说　　明 |
|---|---|---|---|---|---|
| 计量型 | 计量值 | 正态分布 | 平均值-极差控制图 | $\overline{X}$-$R$ 图 | 子组为计量数据。标出子组的均值或中位数,以及子组极差或者子组标准差 |
| | | | 平均值-标准差控制图 | $\overline{X}$-$S$ 图 | |
| | | | 中位数-极差控制图 | $\widetilde{X}$-$R$ 图 | |
| | | | 单值-移动极差控制图 | $I$-$MR$ 图 | 单个计量数据,标出观测值移动极差 |
| 计数型 | 计件值 | 二项分布 | 不合格品率控制图 | $P$ 图 | 计件数据,如不合格品数等 |
| | | | 不合格品数控制图 | $NP$ 图 | |
| | 计点值 | 泊松分布 | 单位不合格数控制图 | $U$ 图 | 计点数据,如缺陷数、瑕疵数等 |
| | | | 不合格数控制图 | $C$ 图 | |

注:国家标准 GB/T 4091—2001《常规控制图》中,计数型控制图分别记为 $p$ 图、$np$ 图、$u$ 图、$c$ 图,为了和 Minitab 软件一致和叙述方便,本书分别记为 $P$ 图、$NP$ 图、$U$ 图、$C$ 图。

### 3.3.3　控制图的原理

　　控制图中的控制界限是判断工作过程状态是否存在异常因素的标准尺度,它是根据数理统计的原理计算出来的。若样本质量特性值服从正态分布(或虽服从二项分布或泊松分布,但样本容量足够大),那么,在正常情况下,各样本质量特性值仅受偶然原因的影响,将只有很少一部分不合质量要求,绝大多数样本质量特性值都应该出现在控制界限之内。因此,在质量控制中,比较通用的方法是按"$3\sigma$ 原则"确定控制界限,而把中心线定为受控对象质量特性值的平均值,即

$$\begin{cases} \text{UCL} = \mu + 3\sigma \\ \text{CL} = \mu \\ \text{LCL} = \mu - 3\sigma \end{cases} \tag{3-3}$$

　　正态分布时,在正态曲线下总面积的特定百分数可以用标准偏差的倍数表示。例如,正态曲线下以 $\mu \pm \sigma$ 为界限的面积为正态曲线下总面积的 68.27%。类似地,$\mu \pm 2\sigma$ 为 95.45%,$\mu \pm 3\sigma$ 为 99.73%,如图 3-71 所示。

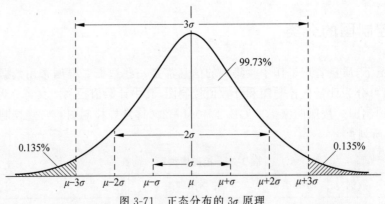

图 3-71　正态分布的 $3\sigma$ 原理

　　在正常情况下按"$3\sigma$ 原则"的质量特性值落在控制界限之外的概率是 0.27%。这就是说,在 1000 次中约有 3 次把正确的误断为不正确的错误,称为第 I 类错误,或称为"弃真"错误,发生这种错误的概率通常记为 $\alpha$;若把界限扩大为 $\mu \pm 4\sigma$,第 I 类错误的概率为0.0006%,这就是指在 10 万次中约有 6 次误断错误,概率显然是非常小的。可是把控制界限如此扩大,失去发现异常原因而引起的质量变动的机会也扩大了,即把不正确的误断为正确的错误增大了,称为第 II 类错误,或称为"纳伪"错误,发生这种错误的概率通常记为 $\beta$。由于控制图是通过抽样来控制过程质量的,所以两类错误不可避免。对于控制图,中心线一般是对称轴,上下控制界限是平行的,因此所能变动的只是上下控制界限的间距。若将间距增大,则 $\alpha$ 减小而 $\beta$ 增大;反之,则 $\alpha$ 增大而 $\beta$ 减小,因此,只能根据这两类错误造成的总损失最小来确定上下控制界限。实践经验证明,应用 $3\sigma$ 原则确定的控制界限能使两类错误造成的损失最小,这也就是为什么取 $\mu \pm 3\sigma$ 作为控制界限的原因。

## 3.3.4　控制图的判读

控制图是在过程处于稳定状态,即点在界内的假设下作显著性检验,点出界则判为异常。用数学语言描述,就是看小概率事件是否发生。因此,利用控制图判断过程有无异常,其实质是一个概率计算问题。

**1. 判稳准则**

判稳准则就是接受过程处于稳定状态的假设,即小概率事件未曾发生。国家标准 GB/T 4091—2001《常规控制图》规定:收集 25 组大小为 4 或 5 的子组(计量值控制图),如果满足:①样本点在中心线周围随机分布;②样本点在控制界限内;③无异常模式或趋势;④过程稳定可预测,就说明过程处于统计过程控制状态。

**2. 判异准则**

判异的基本准则是:点出界以及点在界内不是随机地排列。就其本质而言,判异就是拒绝过程处于稳定状态的假设,使小概率事件发生。国家标准 GB/T 4091—2001《常规控制图》明确给出了 8 种判异准则。为了应用这些准则,在 $\pm\sigma$、$\pm2\sigma$ 处增加了辅助控制限,从而将控制图划分为 6 个区域,中心线向外依次为 C 区、B 区、A 区,如图 3-72 所示。

图 3-72　控制图的分区

准则 1:一个点落在 A 区之外,如图 3-73 所示;

准则 2:连续 9 点落在中心线同一侧,如图 3-74 所示;

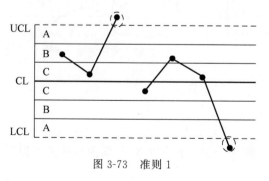

图 3-73　准则 1

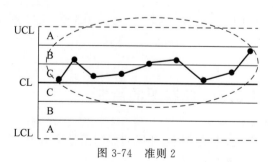

图 3-74　准则 2

准则 3：连续 6 点递增或递减，如图 3-75 所示；

准则 4：连续 14 点中相邻点上下交替，如图 3-76 所示；

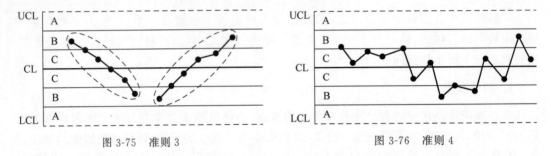

图 3-75　准则 3　　　　　　　　　　图 3-76　准则 4

准则 5：连续 3 点中有 2 点落在中心线同一侧的 B 区以外，如图 3-77 所示；

准则 6：连续 5 点中有 4 点落在中心线同一侧的 C 区以外，如图 3-78 所示；

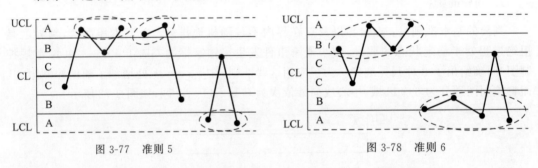

图 3-77　准则 5　　　　　　　　　　图 3-78　准则 6

准则 7：连续 15 点落在中心线两侧的 C 区以内，如图 3-79 所示；

准则 8：连续 8 点落在中心线两侧且无 1 点在 C 区以内，如图 3-80 所示。

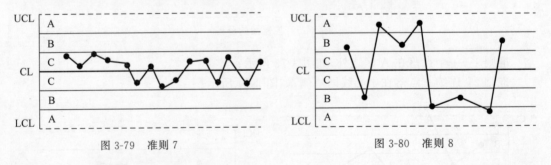

图 3-79　准则 7　　　　　　　　　　图 3-80　准则 8

## 3.3.5　控制图的绘制

在控制图中，常用的控制图是均值-极差图，即 $\overline{X}\text{-}R$ 图，下面以 $\overline{X}\text{-}R$ 图为例来说明控制图的绘制过程。

### 1. 收集数据

按照控制图判稳准则的要求,数据的收集组数应不低于 25 组,每组内部数据不少于 2 个,收集过程中要确保人员、设备、材料、方法、测量、环境处于相对稳定状态。

### 2. 计算所需统计量

统计量是用于计算控制界限的量,控制图类型不同,所需计算的统计量也不同。对于计量值 $\overline{X}$-$R$ 控制图来说,需要计算的统计量有子组的平均值、数据总平均值(子组平均值 $\overline{X}$ 的平均值)$\overline{\overline{X}}$、子组极差值 $R$(子组内最大值与最小值之差)以及子组极差的平均值。

### 3. 计算控制界限

由于控制图是以 $3\sigma$ 原则为基础所构建的,所以尽管不同类型控制图控制界限的计算公式不同,但是基本都遵循 $3\sigma$ 的原则,即:中心线 CL 为 $\mu$,表示样本均值,上控制限 UCL 为 $\mu+3\sigma$,下控制限 LCL 为 $\mu-3\sigma$。在应用时,如果参数均已知,直接代入公式 $\mu\pm3\sigma$ 即可,若未知需要进行估计,具体估计公式参照国家标准 GB/T 4091—2001《常规控制图》查找(见表 3-21),公式中的系数可从常规计量控制图控制限系数表(见表 3-22)中查出。

表 3-21　常规计量控制图控制限公式表

| 统计量 | 标准值未给定 | | 标准值给定 | |
|---|---|---|---|---|
| | 中心线 | UCL 与 LCL | 中心线 | UCL 与 LCL |
| $\overline{X}$ | $\overline{X}$ | $\overline{X}\pm A_2\overline{R}$ | $X_0$ 或 $\mu$ | $X_0\pm A\sigma_0$ |
| $R$ | $\overline{R}$ | $D_3\overline{R}, D_4\overline{R}$ | $R_0$ 或 $d_2\sigma_0$ | $D_2\sigma_0, D_1\sigma_0$ |

注:$X_0$、$R_0$、$s_0$、$\mu$、$\sigma_0$ 为给定的标准值,系数由表 3-22 中查得。

表 3-22　常规计量控制图控制限系数表

| 子组大小 $n$ | 均值控制图 | | | 极差控制图 | | | | | | |
|---|---|---|---|---|---|---|---|---|---|---|
| | 控制限系数 | | | 控制限系数 | | | | | 中心线系数 | |
| | $A$ | $A_2$ | $A_3$ | $D_1$ | $D_2$ | $D_3$ | $D_4$ | $d_3$ | $d_2$ | $1/d_2$ |
| 2 | 2.121 | 1.880 | 2.659 | 0 | 3.686 | 0 | 3.267 | 0.853 | 1.128 | 0.8865 |
| 3 | 1.732 | 1.023 | 1.954 | 0 | 4.358 | 0 | 2.574 | 0.888 | 1.693 | 0.5907 |
| 4 | 1.500 | 0.729 | 1.628 | 0 | 4.698 | 0 | 2.282 | 0.880 | 2.059 | 0.4857 |
| 5 | 1.342 | 0.577 | 1.427 | 0 | 4.918 | 0 | 2.114 | 0.864 | 2.326 | 0.4299 |
| 6 | 1.225 | 0.483 | 1.287 | 0 | 5.078 | 0 | 2.004 | 0.848 | 2.534 | 0.3946 |
| ⋮ | ⋮ | ⋮ | ⋮ | ⋮ | ⋮ | ⋮ | ⋮ | ⋮ | ⋮ | ⋮ |

**4. 绘制控制图**

依据计算得到的控制限数值,在坐标轴上绘制出 CL、UCL、LCL。有时为了更精确地控制过程的变化,还要在 $\pm\sigma$、$\pm2\sigma$ 处增加辅助控制限,然后选取每个子组作为一个样本点,将子组的均值按时间顺序标记在控制图中,彼此间用实线段相连。

## 3.3.6 控制图的应用

**1. 均值-极差控制图($\overline{X}$-R 图)**

$\overline{X}$-R 控制图是计量值控制图中最常用的一种质量控制工具。它是由均值控制图($\overline{X}$ 控制图)和极差控制图($R$ 控制图)联合使用的。正态分布 $N(\mu,\sigma^2)$ 的总体参数有均值 $\mu$ 和标准差 $\sigma$,均值控制图用来控制 $\mu$ 的变化,即过程的集中趋势;极差控制图用来控制 $\sigma$ 的变化,即过程的离散程度。这样,应用均值-极差控制图就完全可以对计量型数据的异常波动进行控制了。

例 3-15
讲解微视频

【**例 3-15**】 选取某部第四季度飞机完好率数据 90 个,以时间先后排列,3 个数据分为一组,共 30 组,如表 3-23 所列。试用 $\overline{X}$-R 控制图对飞机完好率做简要分析。

**表 3-23 某部第四季度飞机完好率数据表**

| 子组号 | 飞机完好率/% | | | $\overline{X}$ | $R$ | 子组号 | 飞机完好率/% | | | $\overline{X}$ | $R$ |
|---|---|---|---|---|---|---|---|---|---|---|---|
| | $X_1$ | $X_2$ | $X_3$ | | | | $X_1$ | $X_2$ | $X_3$ | | |
| 1 | 88.4 | 88.1 | 87 | 87.83 | 1.40 | 16 | 92.1 | 92.1 | 92.3 | 92.17 | 0.20 |
| 2 | 89.2 | 89.2 | 87.7 | 88.70 | 1.50 | 17 | 92.4 | 93.4 | 93.9 | 93.23 | 1.50 |
| 3 | 84.7 | 84 | 84 | 84.23 | 0.70 | 18 | 93.6 | 85.4 | 84.5 | 87.83 | 9.10 |
| 4 | 83.9 | 84.2 | 87.2 | 85.10 | 3.30 | 19 | 86.4 | 86.7 | 89.5 | 87.53 | 3.10 |
| 5 | 89.6 | 89.6 | 89.4 | 89.53 | 0.20 | 20 | 89.3 | 89.4 | 91.4 | 90.03 | 2.10 |
| 6 | 88.7 | 88.8 | 88.8 | 88.77 | 0.10 | 21 | 88.8 | 88.7 | 90 | 89.17 | 1.30 |
| 7 | 88.8 | 88.7 | 88.7 | 88.73 | 0.10 | 22 | 88.3 | 88.5 | 85.6 | 87.47 | 2.90 |
| 8 | 90.9 | 93.2 | 90.7 | 91.60 | 2.50 | 23 | 86.6 | 86.6 | 88.9 | 87.37 | 2.30 |
| 9 | 90.3 | 91 | 91 | 90.77 | 0.70 | 24 | 86.4 | 86.6 | 90.5 | 88.47 | 3.90 |
| 10 | 91.8 | 93.1 | 92.9 | 92.60 | 1.30 | 25 | 88.1 | 90.2 | 90.5 | 89.60 | 2.40 |
| 11 | 90.5 | 92.2 | 92.2 | 91.63 | 1.70 | 26 | 88.7 | 86.7 | 84.5 | 86.63 | 4.20 |
| 12 | 93.5 | 93.3 | 93.3 | 93.43 | 0.20 | 27 | 84.7 | 87.5 | 89.3 | 87.17 | 4.60 |
| 13 | 93.6 | 92.8 | 93.5 | 93.30 | 0.80 | 28 | 89.5 | 85.7 | 87.1 | 87.43 | 3.80 |
| 14 | 93.5 | 93.4 | 93.4 | 93.43 | 0.10 | 29 | 86.4 | 85.3 | 84.7 | 85.47 | 1.70 |
| 15 | 93.5 | 93.3 | 93.4 | 93.40 | 0.20 | 30 | 86.2 | 84.7 | 85.3 | 85.40 | 1.50 |

（1）计算统计量。

计算每个子组的均值：$\overline{X} = (X_1 + X_2 + X_3)/3$，结果显示为表 3-23 中 $\overline{X}$ 列。

计算每个子组的极差：$R = \max(X_i) - \min(X_i)$，结果显示为表 3-23 中 $R$ 列。

计算 30 个子组的总均值：

$$\overline{\overline{X}} = \frac{1}{30}\sum_{i=1}^{30}\overline{X}_i = 89.27$$

计算 30 个子组极差的均值：

$$\overline{R} = \frac{1}{30}\sum_{i=1}^{30}R_i = 1.98$$

（2）计算控制界限。

按国家标准 GB/T 4091—2001 给出的公式（见表 3-21），可分别计算出 $\overline{X}$ 图和 $R$ 图的控制限，公式中系数 $A_2$、$D_4$ 可从常规计量控制图控制限系数表（见表 3-22）中查出。

对于 $\overline{X}$ 图来说，有

$$\mathrm{CL}_{\overline{X}} = \mu = \overline{\overline{X}} = 89.27 \tag{3-4}$$

$$\mathrm{UCL}_{\overline{X}} = \overline{\overline{X}} + A_2\overline{R} = 89.27 + 1.023 \times 1.98 = 91.29 \tag{3-5}$$

$$\mathrm{LCL}_{\overline{X}} = \overline{\overline{X}} - A_2\overline{R} = 89.27 - 1.023 \times 1.98 = 87.24 \tag{3-6}$$

对于 $R$ 图来说，有

$$\mathrm{CL}_R = \mu_R = \overline{R} = 1.98 \tag{3-7}$$

$$\mathrm{UCL}_R = D_4\overline{R} = 2.574 \times 1.98 = 5.10 \tag{3-8}$$

$$\mathrm{LCL}_R = D_3\overline{R} = 0 \times 1.98 = 0 \tag{3-9}$$

（3）绘制控制图。

根据所计算的 $\overline{X}$ 图和 $R$ 图的控制限，分别建立两张图的坐标系，并对各子组数据统计量、样本号相对应的数据，在控制图上打点、连线，即可得到 $\overline{X}$-$R$ 控制图，如图 3-81 所示。

下面利用 Minitab 软件绘制 $\overline{X}$-$R$ 控制图。

【操作步骤】

Step 01：将表 3-23 中 $X_1 \sim X_3$ 列的数据分别导入工作表的 C1～C3 列。

Step 02：选择"统计"→"控制图"→"子组的变量控制图"→"Xbar-R"命令，弹出"Xbar-R 控制图"对话框，选择"子组的观测值位于多列的同一行中"，然后输入"C1 C2 C3"，如图 3-82 所示。

Step 03：单击"Xbar-R 选项"按钮，打开"检验"选项卡，选择"执行所有的特殊原因检验"（自动执行控制图 8 条判异准则），如图 3-83 所示。

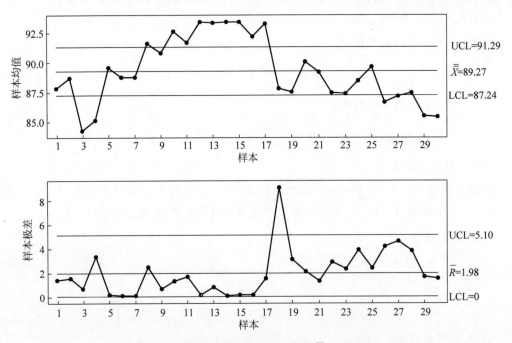

图 3-81　某部第四季度飞机完好率 $\overline{X}$-$R$ 控制图

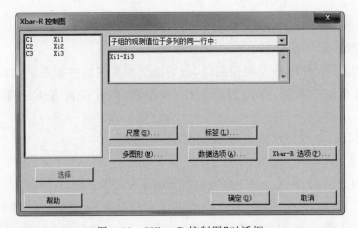

图 3-82　"Xbar-R 控制图"对话框

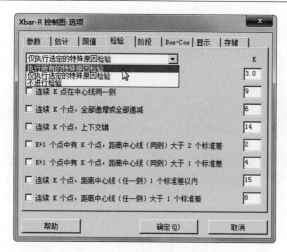

图 3-83　"Xbar-R 控制图：选项"对话框

**Step 04**：在每个对话框单击"确定"按钮，最后会话窗口输出如下结果，图形窗口输出如图 3-84 所示。

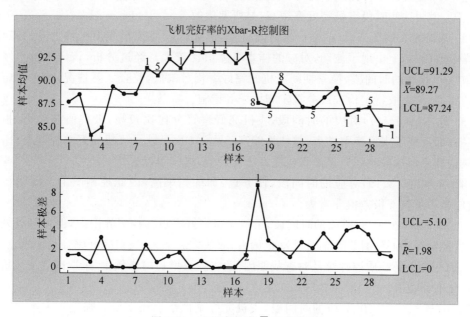

图 3-84　飞机完好率 $\overline{X}$-R 控制图

会话窗口输出结果：

**Xi1, ..., Xi3 的 Xbar 控制图检验结果**

检验 1。1 个点，距离中心线超过 3.00 个标准差。

检验出下列点不合格：　3, 4, 8, 10, 11, 12, 13, 14, 15, 16, 17, 26, 27, 29, 30

检验 2。连续 9 点在中心线同一侧。

检验出下列点不合格： 16, 17

检验 5。3 点中有 2 点,距离中心线超过 2 个标准差(在中心线的同一侧)

检验出下列点不合格： 3, 4, 9, 10, 11, 12, 13, 14, 15, 16, 17, 19, 23, 27, 28, 29, 30

检验 6。5 点中有 4 点,距离中心线超过 1 个标准差(在中心线的同一侧)

检验出下列点不合格： 11, 12, 13, 14, 15, 16, 17, 26, 27, 28, 29, 30

检验 8。行内连续 8 点距离中心线超过 1 个标准差(中心线的上方和下方)

检验出下列点不合格： 15, 16, 17, 18, 19, 20

**$X_{i1}, ..., X_{i3}$ 的 R 控制图检验结果**

检验 1。1 个点,距离中心线超过 3.00 个标准差。

检验出下列点不合格： 18

检验 2。连续 9 点在中心线同一侧。

检验出下列点不合格： 17

**【结果分析】**

(1) 样本组(3、4、26、27)低于控制下限,样本组(8、10~17)高于控制上限。依据控制图原理,只要样本落在控制界限外,过程即判为异常,在实际应用时,应当具体情况具体分析。飞机完好率,显然其百分比越高越好,也就是控制上限没有意义,样本组(8、10~17)超过了控制上限,说明这些时段飞机完好率很高,是所期望的。

(2) 从整个控制图来看,前面一段时间(样本组 1~17)整体呈现出一种上升的趋势,但是在样本组(3、4)上出现了波动,对应的样本极差值比较大。经过分析,该样本组正好对应 10 月初飞机换季的时间段,换季期间飞机的完好率相对偏低,符合实际情况,如果要避免出现大的波动,应采取特定检查或分批实施换季等措施。

(3) 样本组(5~17)对应的时间段,飞机完好率百分比比较高,极差值波动小、相对稳定。一方面反映了飞机换季结束,整体性能高;另一方面反映了飞机完好率控制得好,质控师应该认真总结这段时间内保证飞机完好率的经验,继续予以保持。

(4) 样本组(18、19)对应的时间段,任务重、训练频率高,因此控制图上出现明显的转折,对应样本组内部极差值非常大。

(5) 样本组(20~25)对应的时间段,虽然飞机完好率也在控制界限内,但大部分处于平均水平(控制图中心线)以下,而且波动也偏大,放任发展下去,飞机完好率会越来越差,将直接影响战斗力水平。质控师应及时查找原因,适当提议增加检修频率,采取措施使飞机完好率百分比有所提升。

(6) 样本组(26~30)对应的时间段,飞机完好率低于控制下限。临近年末,天气寒冷、飞行任务少、年底检查较多、人员管理相对松散等因素的存在,使得完好率一直处于比较低的一个水平。

监控飞机完好率是控制图在质控工作中最典型的应用,利用控制图不仅可以对过程的稳定性进行评价,还可以预测过程的发展趋势,看似受控的过程,经过分析,会发现一些不易察觉的问题,在这些问题刚刚露出苗头,还没造成严重后果时,应及时纠正,避免事故的发生,做到防患于未然。

## 2. 不合格品率控制图(P 图)

不合格品率控制图属于计件值控制图。过程处于稳态时,产品不合格品率为一常数,即任一单位产品的不合格品率均为 $p$。设随机抽取一个包含 $n$ 个样品的样本,其中不合格品数为 $X$,则 $X$ 服从参数为 $n$ 和 $p$ 的二项分布,即

$$P(X=k)=\mathrm{C}_n^k p^k (1-p)^{n-k}, \quad k=1,2,\cdots,n \tag{3-10}$$

样本的不合格品率为 $p=X/n$,随机变量 $X$ 的均值为 $np$,方差为 $np(1-p)$。因此,不合格品率的均值和方差是相互关联的。这样,我们只需要一张控制图就可以对过程进行控制了,该控制图就是 $P$ 控制图(简称 $P$ 图)。

【例 3-16】　某型飞机 2014 年和 2015 年两年的误飞统计数据如表 3-24 所列。试利用 $P$ 控制图分析从 2014 年 12 月起每月误飞千次率是否处于受控状态。

例 3-16
讲解微视频

表 3-24　飞机误飞数据统计表

| 日期(2014 年) | 1 | 2 | 3 | 4 | 5 | 6 | 7 | 8 | 9 | 10 | 11 | 12 |
|---|---|---|---|---|---|---|---|---|---|---|---|---|
| 起飞次数 | 332 | 497 | 421 | 488 | 653 | 400 | 392 | 508 | 594 | 484 | 544 | 381 |
| 误飞次数 | 4 | 2 | 4 | 0 | 0 | 5 | 3 | 1 | 0 | 4 | 2 | 3 |
| 累计起飞次数 | | | | | | | | | | | | 5694 |
| 累计误飞次数 | | | | | | | | | | | | 28 |
| P/‰ | | | | | | | | | | | | 4.92 |
| 日期(2015 年) | 1 | 2 | 3 | 4 | 5 | 6 | 7 | 8 | 9 | 10 | 11 | 12 |
| 起飞次数 | 317 | 268 | 413 | 539 | 510 | 408 | 406 | 433 | 391 | 473 | 398 | 353 |
| 误飞次数 | 1 | 2 | 2 | 1 | 1 | 2 | 1 | 3 | 5 | 4 | 3 | 8 |
| 累计起飞次数 | 5679 | 5450 | 5442 | 5493 | 5350 | 5358 | 5372 | 5297 | 5094 | 5083 | 4937 | 4909 |
| 累计误飞次数 | 25 | 25 | 23 | 24 | 25 | 22 | 20 | 22 | 27 | 27 | 28 | 33 |
| P/‰ | 4.40 | 4.59 | 4.23 | 4.37 | 4.67 | 4.10 | 3.72 | 4.15 | 5.30 | 5.31 | 5.67 | 6.72 |

下面利用 Minitab 软件绘制 $P$ 控制图。

【思路与方法】

为了克服季节性的影响,加大样本容量,累计某月以前共 12 个月的数据作为该月的统计数据,即得到表 3-24 中 2014 年 12 月以后各月的累计起飞次数、累计误飞次数和误飞千次率。因此,在 Minitab 的工作表中只需输入累计起飞次数和误飞次数即可。

【操作步骤】

Step 01:导入数据。将表 3-24 中的数据导入工作表的 C1～C2 列,如图 3-85 所示。

Step 02:选择"统计"→"控制图"→"属性控制图"→"P"命令。

| ↓ | C1 | C2 | C3 | C4 | C5 | C6 |
|---|------|------|----|----|----|----|
| | 误飞次数 | 起飞次数 | | | | |
| 1 | 28 | 5694 | | | | |
| 2 | 25 | 5679 | | | | |
| 3 | 25 | 5450 | | | | |
| 4 | 23 | 5442 | | | | |
| 5 | 24 | 5493 | | | | |
| 6 | 25 | 5350 | | | | |
| 7 | 22 | 5358 | | | | |
| 8 | 20 | 5372 | | | | |
| 9 | 22 | 5297 | | | | |
| 10 | 27 | 5094 | | | | |
| 11 | 27 | 5083 | | | | |
| 12 | 28 | 4937 | | | | |
| 13 | 33 | 4909 | | | | |

图 3-85　飞机误飞千次率数据

Step 03：将"误飞次数"选入"变量"，将"起飞次数"选入"子组大小"。

Step 04：单击"$P$ 控制图选项"按钮，再选择"检验"选项卡，选择"执行所有的特殊原因检验"。

Step 05：在每个对话框中单击"确定"按钮，得到 $P$ 控制图，如图 3-86 所示。

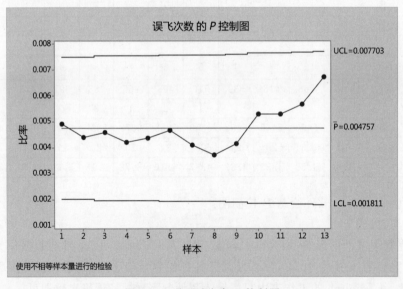

图 3-86　误飞千次率 $P$ 控制图

【结果分析】

由图知样本点全部落在界限以内，可以认为以误飞千次率表示的维修质量特性处于受控状态,不过也有越出界限的倾向,应该注意。

**注意**:从计算公式 $UCL_i = \bar{p} + 3\sqrt{\bar{p}(1-\bar{p})/n_i}$,$LCL_i = \bar{p} - 3\sqrt{\bar{p}(1-\bar{p})/n_i}$ 中可以看出,当诸样本大小 $n_i$ 不相等时,UCL、LCL 随 $n_i$ 的变化而变化,其图形为阶梯式的折线而非直线。为了方便,若有关系式 $n_{max} \leqslant 2\bar{n}$,$n_{min} \geqslant \bar{n}/2$ 同时满足,亦即 $n_i$ 相差不大时,可令 $n_i = \bar{n}$,使得上下限仍为常数,其图形仍为直线。本例中 $\bar{n} = 5320$,在"$P$ 控制图-选项"对话框中的"S 限制"选项的"假定所有子组大小"为 5320,即可得到上下控制限为直线的控制图,如图 3-87 所示。

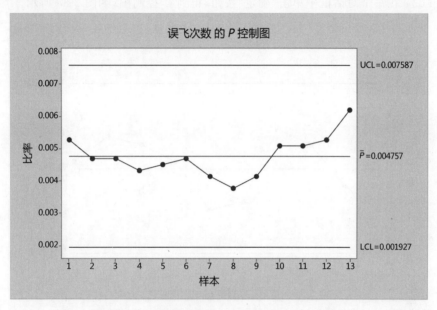

图 3-87　控制限为直线的误飞千次率 $P$ 控制图

### 3. 不合格数控制图($C$ 图)

不合格数控制图属于计点值控制图。缺陷是一个广义用语,在维修质量中,可以代表维修差错、故障、器材缺陷、漏检故障等。当每次统计的样本大小 $n$ 不变时,可把统计到的缺陷个数 $c$ 直接标在控制图上,简便直观。

【例 3-17】　对 10 个飞机机翼做焊接缺陷检查,每个机翼上的焊接缺陷数如表 3-25 所列,试利用 $C$ 控制图分析该过程是否处于稳定状态。

例 3-17
讲解微视频

表 3-25　飞机机翼缺陷数统计表

| 机翼 | 1 | 2 | 3 | 4 | 5 | 6 | 7 | 8 | 9 | 10 |
| --- | --- | --- | --- | --- | --- | --- | --- | --- | --- | --- |
| 缺陷数 | 7 | 10 | 15 | 17 | 8 | 7 | 13 | 15 | 16 | 13 |

下面利用 Minitab 软件绘制 $C$ 控制图。

**【操作步骤】**

Step 01：将表 3-25 中的数据导入工作表的 C1 列,列名命名为"缺陷数"。

Step 02：选择"统计"→"控制图"→"属性控制图"→"$C$"命令,出现"$C$ 控制图"对话框。

Step 03：在"变量"中,选入"缺陷数"。

Step 04：单击"$C$ 控制图选项"按钮,再选择"检验"选项卡,选择"执行所有的特殊原因检验"。

Step 05：在每个对话框中单击"确定"按钮,得到 $C$ 控制图,如图 3-88 所示。

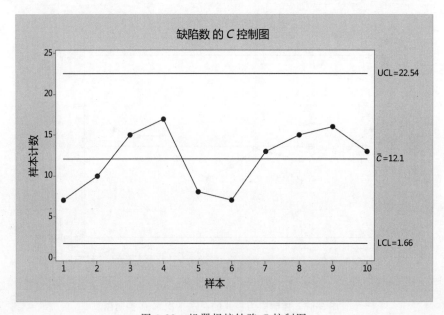

图 3-88　机翼焊接缺陷 $C$ 控制图

**【结果分析】**

由图 3-88 知每个机翼上的缺陷数落在上、下界限之内,所以该生产过程处于稳定状态。

# 思考与练习

1. 某部按专业统计故障分布情况如表 3-26 所列,试绘制饼图统计各故障的分布情况。

表 3-26　某型飞机更换零件统计表

| 专业 | 机械 | 军械 | 特设 | 综合航电 | 飞参 |
|------|------|------|------|----------|------|
| 故障 | 453 | 48 | 514 | 382 | 4 |

2. 某型飞机雷达故障统计如表 3-27 所列,根据表中数据绘制复式条形图比较各季度的故障情况。

表 3-27　某型飞机雷达故障统计表

| 故障性质 | 第 1 季度 | 第 2 季度 | 第 3 季度 | 第 4 季度 |
| --- | --- | --- | --- | --- |
| 一般故障 | 10 | 8 | 10 | 8 |
| 较大故障 | 4 | 6 | 6 | 4 |
| 重大故障 | 1 | 2 | 2 | 3 |
| 器材缺陷 | 2 | 3 | 5 | 2 |

3. 某型飞机更换零件统计如表 3-28 所列,根据表中数据绘制饼图统计各季度零件的消耗情况。

表 3-28　某型飞机更换零件统计表

| 名称 | 第 1 季度 | 第 2 季度 | 第 3 季度 | 第 4 季度 | 总计 |
| --- | --- | --- | --- | --- | --- |
| 螺栓 | 20 | 13 | 15 | 8 | 56 |
| 堵盖 | 4 | 8 | 6 | 2 | 20 |
| 销轴 | 12 | 33 | 23 | 10 | 78 |
| 衬套 | 10 | 8 | 9 | 7 | 34 |

4. 某部 2016 年、2017 年飞机完好率统计情况如表 3-29 所列,试绘制时间序列图分析两年数据的变化情况。

表 3-29　某型飞机更换零件统计表

| 年份 | 1 月 | 2 月 | 3 月 | 4 月 | 5 月 | 6 月 |
| --- | --- | --- | --- | --- | --- | --- |
| 2016 年 | 0.50 | 0.65 | 0.65 | 0.60 | 0.55 | 0.79 |
| 2017 年 | 0.85 | 0.83 | 0.77 | 0.75 | 0.66 | 0.83 |
| 年份 | 7 月 | 8 月 | 9 月 | 10 月 | 11 月 | 12 月 |
| 2016 年 | 0.80 | 0.67 | 0.69 | 0.61 | 0.75 | 0.76 |
| 2017 年 | 0.84 | 0.79 | 0.79 | 0.79 | 0.75 | 0.63 |

5. 已知某型机载雷达在 200h 工作时间内,有 52 部发生故障的时间如表 3-30 所列,试依此组子样数据作出频数直方图。

表 3-30　某型机载雷达故障时间统计表　　　　　　　　　　　　　　　　h

| | | | | | | | | | |
| --- | --- | --- | --- | --- | --- | --- | --- | --- | --- |
| 75 | 61 | 51 | 91 | 50 | 91 | 137 | 125 | 22 | 147 |
| 98 | 95 | 140 | 179 | 95 | 99 | 155 | 112 | 133 | 114 |
| 149 | 57 | 141 | 136 | 155 | 152 | 75 | 148 | 73 | 175 |
| 48 | 125 | 153 | 105 | 65 | 64 | 126 | 9 | 60 | 123 |
| 28 | 127 | 33 | 106 | 127 | 147 | 39 | 170 | 134 | 44 |
| 105 | 92 | | | | | | | | |

6. 某型装备 88 个故障时间如表 3-31 所列,根据表中数据作出频数直方图,并初步判断其概率分布类型。

表 3-31　某型装备故障时间统计表　　　　　　h

| 75 | 61 | 51 | 91 | 91 | 125 | 127 | 52 | 147 | 95 |
|----|----|----|----|----|-----|-----|----|-----|----|
| 140 | 179 | 95 | 140 | 99 | 155 | 112 | 187 | 114 | 149 |
| 141 | 136 | 152 | 75 | 148 | 73 | 175 | 125 | 153 | 102 |
| 63 | 128 | 4 | 126 | 60 | 123 | 127 | 33 | 106 | 127 |
| 147 | 39 | 169 | 44 | 105 | 93 | 48 | 140 | 102 | 91 |
| 76 | 140 | 80 | 108 | 10 | 14 | 76 | 14 | 75 | 151 |
| 45 | 82 | 43 | 64 | 89 | 86 | 65 | 87 | 126 | 141 |
| 106 | 115 | 88 | 87 | 88 | 69 | 68 | 28 | 47 | 102 |
| 92 | 109 | 190 | 100 | 12 | 110 | 115 | 125 | | |

7. 某型飞机刹车胶带故障发生后飞机起落次数统计如表 3-32 所列,利用直方图分析某型飞机刹车胶带的寿命分布规律。

表 3-32　某型飞机刹车胶带故障发生后飞机起落次数统计表

| 3 | 3 | 22 | 22 | 31 | 31 | 43 | 43 | 48 | 48 | 49 | 49 |
|---|---|----|----|----|----|----|----|----|----|----|----|
| 60 | 60 | 64 | 64 | 68 | 68 | 72 | 72 | 72 | 72 | 74 | 74 |
| 90 | 90 | 102 | 102 | 124 | 124 | 125 | 125 | 127 | 127 | 130 | 130 |
| 136 | 136 | 145 | 145 | 149 | 149 | 160 | 160 | 179 | 179 | 180 | 180 |
| 181 | 181 | 185 | 185 | 188 | 188 | 190 | 190 | 208 | 208 | 213 | 213 |
| 226 | 226 | 238 | 238 | 242 | 242 | 248 | 248 | 260 | 260 | 269 | 269 |
| 279 | 279 | 296 | 296 | 298 | 298 | 305 | 305 | 320 | 320 | 334 | 334 |
| 350 | 350 | 364 | 364 | 368 | 368 | 385 | 385 | 395 | 395 | 408 | 408 |
| 417 | 417 | 448 | 448 | 458 | 458 | 470 | 470 | 485 | 485 | 501 | 501 |
| 521 | 521 | 560 | 560 | 605 | 605 | 661 | 661 | 729 | 729 | 825 | 825 |

8. 为了找出引起某型飞机重大质量安全问题的主要因素,对 1998—2007 年 10 年间 36 起重大质量安全问题,按四个方面进行了分类统计,如表 3-33 所列。利用排列图分析造成重大质量安全问题的主要原因。

表 3-33　某型歼击机电子设备故障统计表

| 原　　因 | 重大质量安全问题频数 | 故障频率/% | 累积故障频率/% |
|----------|----------------------|------------|----------------|
| 制造质量 | 20 | 55.6 | 55.6 |
| 维护责任 | 8 | 22.2 | 77.8 |
| 空勤操纵 | 5 | 13.9 | 91.7 |
| 翻修质量 | 3 | 8.3 | 100.0 |
| 总　　计 | 36 | 100.0 | 100.0 |

9. 某型歼击机三年内记录的机载电子设备故障有 150 次,按各装备分类的主次表,如表 3-34 所列,绘制排列图并分析造成机载电子设备故障的主要原因。

**表 3-34　某型歼击机电子设备故障统计表**

| 机载电子设备 | 故障频数 | 累计故障频数 | 故障频率/% | 累积故障频率/% |
|---|---|---|---|---|
| 电台 | 40 | 40 | 26.7 | 26.7 |
| 高度表 | 32 | 72 | 21.3 | 48.0 |
| 护尾器 | 20 | 92 | 13.3 | 61.3 |
| 无线电罗盘 | 18 | 110 | 12.0 | 73.3 |
| 信标机 | 16 | 126 | 10.7 | 84.0 |
| 应答机 | 10 | 136 | 6.7 | 90.7 |
| 雷达 | 8 | 144 | 5.3 | 96.0 |
| 其他 | 6 | 150 | 4.0 | 100.0 |

10. 某部为分析机械故障与气象条件间的关系,得到如表 3-35 所列统计数据。试根据此组数据判断机械故障与月平均湿度是否独立。

**表 3-35　机械故障与平均湿度的统计数据**

| 月　　份 | 1 | 2 | 3 | 4 | 5 | 6 | 7 | 8 | 9 | 10 | 11 | 12 |
|---|---|---|---|---|---|---|---|---|---|---|---|---|
| 机械故障 | 72 | 51 | 65 | 118 | 97 | 59 | 81 | 59 | 67 | 107 | 85 | 79 |
| 平均湿度 | 57 | 63 | 59 | 67 | 66 | 58 | 74 | 78 | 82 | 76 | 75 | 59 |

11. 统计某部飞机 12 个月的飞行小时与故障数的数据,如表 3-36 所列。试绘出散点图分析,并进行相关性和回归性分析。

**表 3-36　飞行小时与故障数的统计数据**

| 月份 | 1 | 2 | 3 | 4 | 5 | 6 |
|---|---|---|---|---|---|---|
| 飞行小时 | 6250 | 5650 | 5710 | 5538 | 6639 | 4998 |
| 故障数 | 415 | 380 | 392 | 401 | 405 | 308 |
| 月份 | 7 | 8 | 9 | 10 | 11 | 12 |
| 飞行小时 | 4048 | 6100 | 5104 | 4682 | 5136 | 4359 |
| 故障数 | 307 | 398 | 351 | 361 | 375 | 269 |

12. 为某翻修厂研究年度送修飞机架数与年飞行时间的相关关系而收集的 19 年数据如表 3-37 所列。画出其散点图并分析其相关关系,若线性相关,则给出其线性方程。

表 3-37 飞行时间与送修飞机数统计表

| 序号 | 飞行时间 $X$/万 h | 送修飞机数 $Y$/架 | 序号 | 飞行时间 $X$/万 h | 送修飞机数 $Y$/架 |
|---|---|---|---|---|---|
| 1 | 8 | 90 | 11 | 17 | 220 |
| 2 | 9 | 110 | 12 | 18.4 | 200 |
| 3 | 10 | 130 | 13 | 19 | 210 |
| 4 | 10.5 | 120 | 14 | 20 | 265 |
| 5 | 11 | 115 | 15 | 21 | 283 |
| 6 | 12.5 | 170 | 16 | 22 | 265 |
| 7 | 13.7 | 150 | 17 | 23.7 | 260 |
| 8 | 14 | 190 | 18 | 25.7 | 340 |
| 9 | 15.4 | 165 | 19 | 26 | 320 |
| 10 | 16 | 185 | Σ | 312.9 | 3788 |

13. 统计某部 A、B 两型直升机 2006—2008 年每月飞行小时数和机载电子设备故障数,如表 3-38 所列。现以飞行小时数视作 $X$,故障数为 $Y$,绘出($X$,$Y$)的相关图。

表 3-38 某部 A、B 两型直升机机载电子设备故障数与飞行时数统计表

| 机型 | 年度 | 项目 | 月份 | | | | | | | | | | | |
|---|---|---|---|---|---|---|---|---|---|---|---|---|---|---|
| | | | 1 | 2 | 3 | 4 | 5 | 6 | 7 | 8 | 9 | 10 | 11 | 12 |
| A 型 | 2006 | 飞行小时 | 30 | 21 | 9 | 92 | 24 | 84 | 8 | 47 | 32 | 32 | 97 | 16 |
| | | 故障数 | 0 | 0 | 3 | 2 | 1 | 2 | 0 | 1 | 2 | 0 | 0 | 0 |
| | 2007 | 飞行小时 | 37 | 11 | 40 | 71 | 11 | 14 | 32 | 41 | 24 | 115 | 25 | 38 |
| | | 故障数 | 0 | 0 | 0 | 1 | 0 | 0 | 0 | 0 | 0 | 0 | 0 | 0 |
| | 2008 | 飞行小时 | 110 | 27 | 8 | 45 | 42 | 56 | 14 | 10 | 41 | 73 | 31 | 110 |
| | | 故障数 | 2 | 0 | 0 | 0 | 1 | 1 | 1 | 1 | 1 | 1 | 1 | 2 |
| B 型 | 2006 | 飞行小时 | 73 | 52 | 70 | 60 | 42 | 66 | 25 | 61 | 113 | 86 | 21 | 59 |
| | | 故障数 | 2 | 2 | 0 | 0 | 1 | 0 | 1 | 0 | 7 | 0 | 2 | 0 |
| | 2007 | 飞行小时 | 111 | 72 | 103 | 48 | 103 | 100 | 38 | 55 | 55 | 76 | 64 | 7 |
| | | 故障数 | 8 | 1 | 3 | 0 | 10 | 0 | 1 | 5 | 2 | 1 | 0 | |
| | 2008 | 飞行小时 | 36 | 51 | 48 | 159 | 66 | 102 | 44 | 96 | 116 | 121 | 36 | 36 |
| | | 故障数 | 0 | 0 | 1 | 12 | 5 | 4 | 1 | 7 | 4 | 5 | 0 | 0 |

14. 某类武器装备的研制费用与其发射重量、速度等因素有关,统计数据如表 3-39 所列。试用 3D 散点图和 3D 曲面图进行分析。

表 3-39　某类武器装备研制费用和参数数据统计表

| 序号 | 发射重量/kg | Ma | 费用/百万美元 |
|---|---|---|---|
| 1 | 4000 | 0.2 | 1.6894 |
| 2 | 4500 | 1 | 1.6672 |
| 3 | 3500 | 2 | 1.807 |
| 4 | 2500 | 1.5 | 1.297 |
| 5 | 2500 | 7 | 2.2967 |
| 6 | 2000 | 6 | 1.9053 |
| 7 | 100 | 7.7 | 1.4818 |
| 8 | 4118 | 7.2 | 3.0475 |
| 9 | 3518 | 6 | 2.5779 |
| 10 | 3018 | 5 | 2.1866 |
| 11 | 2518 | 4.2 | 1.7953 |
| 12 | 1000 | 1.5 | 0.6493 |

15. 现有某部月在队飞机完好率数据 70 个,如表 3-40 所列。试用 $\overline{X}$-R 控制图对在队飞机完好率做简要分析。

表 3-40　飞机完好率数据表

| 序号 | 数据值/% | | | | | $\overline{X}$ | R |
|---|---|---|---|---|---|---|---|
| | $X_1$ | $X_2$ | $X_3$ | $X_4$ | $X_5$ | | |
| 1 | 90.0 | 88.4 | 88.1 | 87.0 | 89.2 | 88.54 | 3.0 |
| 2 | 77.7 | 91.0 | 88.1 | 87.9 | 87.2 | 86.38 | 13.3 |
| 3 | 89.6 | 89.4 | 88.7 | 88.8 | 88.8 | 89.06 | 0.9 |
| 4 | 88.7 | 90.9 | 93.2 | 90.7 | 90.3 | 90.76 | 4.5 |
| 5 | 91.8 | 93.1 | 92.9 | 90.5 | 92.2 | 92.10 | 2.6 |
| 6 | 93.5 | 93.3 | 93.6 | 92.8 | 93.5 | 93.34 | 0.8 |
| 7 | 93.4 | 93.5 | 93.3 | 93.4 | 92.1 | 93.14 | 1.4 |
| 8 | 92.4 | 93.4 | 93.9 | 93.6 | 83.4 | 91.34 | 10.5 |
| 9 | 86.7 | 89.5 | 79.3 | 86.4 | 91.4 | 86.66 | 12.1 |
| 10 | 90.0 | 83.3 | 84.5 | 86.6 | 85.6 | 86.00 | 6.7 |
| 11 | 88.3 | 86.6 | 90.5 | 83.1 | 92.2 | 88.14 | 9.1 |
| 12 | 86.7 | 81.5 | 82.7 | 87.5 | 91.3 | 85.94 | 9.8 |
| 13 | 89.5 | 85.7 | 90.1 | 83.4 | 85.3 | 86.80 | 6.7 |
| 14 | 84.7 | 86.2 | 90.5 | 86.7 | 80.3 | 85.68 | 10.2 |
| 合　　计 | | | | | | 1243.9 | 91.6 |

16. 对某型飞机某机件全部进行加改装,要求其关键部位的配合间隙在 6.400~6.470mm 之间。试绘制 $\overline{X}$-R 控制图,对其加改装过程进行控制。统计数据如表 3-41 所列。

**表 3-41　某机件关键部位配合间隙分组列表**

| 序号 | 数据值$(X-6.4)\times10^3/mm$ | | | | | $\overline{X}$ | $R$ |
|---|---|---|---|---|---|---|---|
| | $X_1$ | $X_2$ | $X_3$ | $X_4$ | $X_5$ | | |
| 1 | 47 | 32 | 44 | 35 | 20 | 35.6 | 27 |
| 2 | 19 | 37 | 31 | 25 | 34 | 29.2 | 18 |
| 3 | 19 | 11 | 16 | 11 | 44 | 20.2 | 33 |
| 4 | 29 | 29 | 42 | 59 | 38 | 39.4 | 30 |
| 5 | 28 | 12 | 45 | 36 | 25 | 29.2 | 33 |
| 6 | 40 | 35 | 11 | 28 | 33 | 29.4 | 29 |
| 7 | 15 | 30 | 12 | 33 | 26 | 23.2 | 21 |
| 8 | 35 | 44 | 32 | 11 | 38 | 32.0 | 33 |
| 9 | 27 | 37 | 26 | 20 | 35 | 29.0 | 17 |
| 10 | 23 | 45 | 26 | 37 | 32 | 32.6 | 22 |
| 11 | 29 | 44 | 40 | 31 | 18 | 32.4 | 26 |
| 12 | 31 | 25 | 24 | 32 | 22 | 26.8 | 10 |
| 13 | 22 | 37 | 19 | 47 | 14 | 27.8 | 33 |
| 14 | 37 | 32 | 12 | 38 | 30 | 29.8 | 26 |
| 15 | 25 | 40 | 24 | 50 | 19 | 31.6 | 31 |
| 16 | 7 | 31 | 28 | 18 | 32 | 23.2 | 25 |
| 17 | 38 | 0 | 41 | 40 | 37 | 31.2 | 41 |
| 18 | 35 | 12 | 29 | 48 | 20 | 28.8 | 36 |
| 19 | 31 | 20 | 35 | 24 | 47 | 31.4 | 27 |
| 20 | 21 | 27 | 38 | 40 | 31 | 31.4 | 19 |
| 合　　计 | | | | | | 594.2 | 537 |

17. 在飞机生产过程中的最后检验中发现有漏掉铆钉的现象,其数目如表 3-42 所列。计算试验性管理界限并绘制 $C$ 控制图。

**表 3-42　飞机漏掉铆钉统计表**

| 飞机号 | 漏掉的铆钉数目 | 飞机号 | 漏掉的铆钉数目 | 飞机号 | 漏掉的铆钉数目 |
|---|---|---|---|---|---|
| 201 | 8 | 210 | 12 | 219 | 11 |
| 202 | 16 | 211 | 23 | 220 | 9 |
| 203 | 14 | 212 | 16 | 221 | 10 |
| 204 | 19 | 213 | 9 | 222 | 22 |
| 205 | 11 | 214 | 25 | 223 | 7 |
| 206 | 15 | 215 | 15 | 224 | 28 |
| 207 | 8 | 216 | 9 | 225 | 9 |
| 208 | 11 | 217 | 9 | | |
| 209 | 21 | 218 | 14 | | |

商鞅

强国知十三数……

欲强国，不知国十三数，

地虽利，民虽众，国愈弱至削。

——《商君书·去强》

# 第4章 航空维修可靠性分析技术

## 内容导读

　　所谓可靠性是指在规定的条件下和规定的时间内设备完成规定功能的能力。航空维修工程可靠性分析,在通用可靠性工程的基础上又有着自身的特点。因而将可靠性工程的基本概念及理论同航空维修工程有机结合,是理解维修可靠性分析的基础。本章主要介绍可靠性特征量、常用寿命/故障分布函数以及寿命/故障分布分析。

## 能力目标

* 理解可靠性特征量及其含义;
* 理解可靠性特征量在航空维修可靠性分析中的意义;
* 理解常用寿命/故障分布函数;
* 掌握寿命/故障分布分析及其应用。

## 思政案例

### 失效的 O 形环——小零件造成大悲剧

航天飞机发射与爆炸画面（来自互联网）

1986 年 1 月 28 日，美国"挑战者"号航天飞机进入发射状态，几分钟后，正当新闻报道它已进入轨道时，航天飞机在毁灭性的爆炸声中化成碎片，机上 7 名宇航员全部罹难，这是美国宇航史上最严重的一次事故，也是人类挑战太空以来的最大挫折之一。

事故发生后美国组织了一个特别委员会进行调查，认为事故的原因是右侧固体火箭助推器尾部的一个 O 形密封圈因为经受过低温而失效，使本应是密封的固体火箭助推器内的高压高热气体泄漏，这些气体导致毗邻的外储箱在高温烧灼下结构失效，同时也让右侧固体火箭助推器尾部脱落分离，最后高速飞行中的航天飞机在空气阻力的作用下于发射后的第 73 秒解体，造成这起事故。委员会中著名理论物理学家理查德·费曼认为，美国国家航空航天局（NASA）管理层对航天飞机安全与可靠性的评估，是粗糙且不切实际的。为此他在国会上当着所有人的面，将扭变形的 O 形密封圈用夹子夹住泡入冰水中，向公众揭示了"挑战者"号失事的根本原因——低温下 O 形橡胶环失去弹性。

发射前一晚天气预报发射时的气温为 −0.5℃（这是试验阶段从未出现的低温），制造维护公司的相关工程师和管理层同来自 NASA 的管理层就天气问题在远程会议上进行了讨论，部分工程师表达了对固体火箭助推器部件接缝处 O 形密封圈的担心，因为在此次失事前几次飞行中，曾发生过 O 形圈被腐蚀或气体泄漏事故，他们并不确定该型密封圈是否能承受低温，最后会议的结果是按计划发射，因为并没有确凿证据表明低温会对固体火箭推进器的性能产生影响，但恰恰因为低温导致了 O 形密封圈的失效，事后该公司也承认了问题出在 O 形密封环失效和动力原料的计量错误上，属于设计上存在的缺陷。

"挑战者"号事故发生后，美国航天飞机停飞了两年半，对其他 3 架航天飞机进行检修，大小技术改进达 400 多次，并组织重新设计航天飞机的整个固体火箭助推器部件，由委员会推荐的一个独立观察小组进行监督，同时也遵从委员会的建议，重新建立安全性、可靠性与质量保证办公室。

**资料来源**

[1] 李舰，海恩. 统计之美：人工智能时代的科学思维[M]. 北京：电子工业出版社，2019.
[2] 贾俊平. 统计学概论[M]. 北京：中国人民大学出版社，2011.

**思维导图**

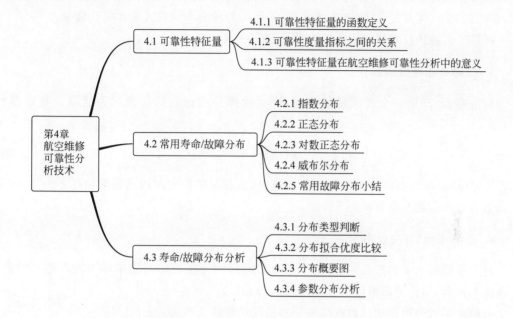

# 4.1　可靠性特征量

## 4.1.1　可靠性特征量的函数定义

**1. 可靠度函数**

可靠度(Reliability)是产品在规定时间内和规定条件下,完成规定功能的概率,通常以$R$表示。它是时间$t$的函数,表示为$R(t)$,即可靠度函数,也就是产品寿命大于规定时间的概率,有

$$R(t) = P(T > t) \tag{4-1}$$

**2. 故障分布函数(累计失效概率)**

故障是指产品不能执行规定功能的状态,通常指功能故障,产品从开始工作到首次故障前的一段工作时间$T$称为寿命。由于产品发生故障是随机的,所以寿命$T$是一个随机变量。不同产品、不同工作条件,寿命$T$值的统计规律性是不同的,设寿命$T$的分布函数为

$F(t)$，则

$$F(t) = P(T \leqslant t) \tag{4-2}$$

上式表示在规定条件下，产品寿命不超过 $t$ 的概率，或者说，产品在 $t$ 时刻前发生故障的概率，在可靠性中，将寿命 $T$ 的分布函数 $F(t)$ 称为故障分布函数或累计失效概率。

可靠度函数和故障分布函数的关系是 $F(t) + R(t) = 1$。

### 3. 故障分布密度函数

假设寿命 $T$ 是一个连续随机变量，那么故障分布函数的导数称为故障分布密度函数，即

$$f(t) = \frac{\mathrm{d}F(t)}{\mathrm{d}t} \tag{4-3}$$

实际上 $f(t)$ 是单位时间内 $t$ 时刻的故障概率，也就是单位时间内产品寿命在 $t \to t + \Delta t$ 的产品数占总产品数的百分比。

### 4. 故障率函数（失效率）

已工作到时刻 $t$ 的产品，在时刻 $t$ 后单位时间内发生故障的概率称为该产品在时刻 $t$ 的故障率函数，简称故障率或失效率，记为 $\lambda(t)$。

故障率函数与可靠度函数故障和分布密度函数的关系是

$$\lambda(t) = \frac{f(t)}{R(t)} \tag{4-4}$$

### 5. 平均寿命

在系统的寿命特征量中最常用的是平均寿命，对不可修复产品和可修复产品，平均寿命的含义是不同的。

对不可修复产品，寿命是指它失效前的工作时间。因此，平均寿命是指一批同类产品从开始使用到失效前的工作时间的平均值，也称为平均故障前时间，常用 MTTF（Mean Time To Failure）表示。而对可修复产品，是指产品两次相邻故障之间的工作时间平均值，即平均故障间隔时间，常用 MTBF（Mean Time Between Failure）表示。MTTF 与 MTBF 的理论意义和数学表达式的实际内容都是一样的。

平均寿命是产品故障前工作时间（故障间隔时间）的平均值。其数学含义是：如果寿命 $T$ 这一随机变量服从寿命分布 $F(t)$ 或密度分布 $f(t)$，那么，寿命 $T$ 的数学期望 $E(T)$ 称为平均寿命。

平均寿命与故障分布密度函数、可靠度函数的关系是

$$\mathrm{MTTF} = \mathrm{MTBF} = E(T) = \int_0^\infty t f(t) \mathrm{d}t = \int_0^\infty R(t) \mathrm{d}t \tag{4-5}$$

### 4.1.2　可靠性度量指标之间的关系

可靠度 $R(t)$、故障概率分布 $F(t)$、故障分布密度 $f(t)$、故障率 $\lambda(t)$ 是可靠性的四个基本指标，只要知道其中一个特征量的值，即可求出其余三个特征量。

**【例 4-1】**　已知某机载电子设备的故障密度函数 $f(t)=\lambda \mathrm{e}^{-\lambda(t-\gamma)}, t \geqslant \gamma$。试推导其故障分布函数、可靠度函数、故障率函数、平均寿命。

**解**：该设备的故障分布函数为

$$F(t)=\int_{\gamma}^{t} f(x)\,\mathrm{d}x=\int_{\gamma}^{t} \lambda \mathrm{e}^{-\lambda(x-\gamma)}\,\mathrm{d}x=-\mathrm{e}^{-\lambda(x-\gamma)}\big|_{\gamma}^{t}=1-\mathrm{e}^{-\lambda(t-\gamma)}$$

该设备的可靠度函数为

$$R(t)=1-F(t)=\mathrm{e}^{-\lambda(t-\gamma)}$$

该设备的故障率函数为

$$\lambda(t)=\frac{f(t)}{R(t)}=\frac{\lambda \mathrm{e}^{-\lambda(t-\gamma)}}{\mathrm{e}^{-\lambda(t-\gamma)}}=\lambda$$

该设备的平均寿命为

$$E(T)=\int_{\gamma}^{\infty} t f(t)\,\mathrm{d}t=\int_{\gamma}^{\infty} \lambda t \mathrm{e}^{-\lambda(t-\gamma)}\,\mathrm{d}t=-t\mathrm{e}^{-\lambda(x-\gamma)}\big|_{\gamma}^{\infty}+\int_{\gamma}^{\infty} \mathrm{e}^{-\lambda(t-\gamma)}\,\mathrm{d}t$$

$$=\gamma+\left(-\frac{1}{\lambda}\mathrm{e}^{-\lambda(t-\gamma)}\right)\Big|_{\gamma}^{\infty}=\gamma+\frac{1}{\lambda}$$

### 4.1.3　可靠性特征量在航空维修可靠性分析中的意义

可靠性特征量在航空维修可靠性分析中有着各自的意义。

可靠度及累积失效概率(不可靠度)是衡量航空装备性能状况的重要指标。可靠度低，意味着根据同类装备的历史使用数据分析，该装备发生故障的概率已经很大；此时需要采取预防性维修措施，以保障飞机飞行安全，或避免飞行不正常事件的发生。

失效率曲线通常用来描述总体寿命失效率的情况。典型的失效率曲线形象地称为浴盆曲线，如图 4-1 所示。失效率随时间变化分为早期失效期、偶然失效期和耗损失效期三段时期，每个时期都有其特点，导致故障的原因通常都具有一定规律。可靠性分析的工作之一便是针对不同的时期，采取相应的维护措施。

概率密度曲线能直观地表现出航空装备失效率同使用时间的关系，从而为维修计划的制定提供依据。通过曲线与横轴之间所围的面积，可以直观地判断在选定的使用时间时装备失效概率的大小。

MTTF 及 MTBF 是判断航空装备总体使用情况的参数。当比较同类航空装备或同种航空装备在不同单位使用的情况时，MTTF 或 MTBF 是重要的参考依据。

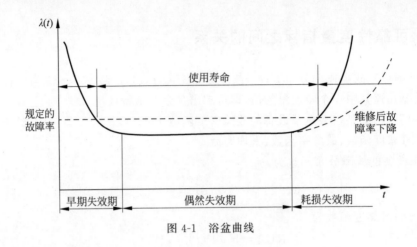

图 4-1　浴盆曲线

# 4.2　常用寿命/故障分布

## 4.2.1　指数分布

指数分布(Exponential Distribution)广泛应用于可靠性工程领域,它在研究寿命分布方面有特别重要的意义,大多数电子设备及元器件的寿命分布基本符合指数分布。

若连续型随机变量 $T$ 的概率密度函数满足

$$f(t)=\lambda e^{-\lambda t}, \quad 0 \leqslant t < +\infty \tag{4-6}$$

则称随机变量 $T$ 服从参数为 $\lambda$ 的指数分布,记为 $T \sim E(\lambda)$,其概率分布函数为

$$F(t)=1-e^{-\lambda t}, \quad 0 \leqslant t < +\infty \tag{4-7}$$

指数分布的参数为 $\lambda$,$\lambda$ 表示两个连续事件间的间隔,服从指数分布的随机变量 $T$ 的期望和方差分别为 $\frac{1}{\lambda}$ 和 $\frac{1}{\lambda^2}$,即 $E(T)=\frac{1}{\lambda}$,$\mathrm{var}(T)=\frac{1}{\lambda^2}$。指数分布的概率分布曲线如图 4-2 所示。

指数分布的概率密度函数还有另一种常用形式,即

$$f(t)=\frac{1}{\theta} e^{-\frac{t}{\theta}}, \quad 0 \leqslant t < +\infty \tag{4-8}$$

对应的概率分布函数为

$$F(t)=1-e^{-\frac{t}{\theta}}, \quad 0 \leqslant t < +\infty \tag{4-9}$$

事实上,上述两种形式是一样的,只需令 $\lambda=1/\theta$($\lambda$,$\theta$ 必须是正数)即可。这两种表达方式各有其物理意义:$\lambda$ 代表瞬时失效率(故障率),亦即某元器件今日尚在工作,明日突然失

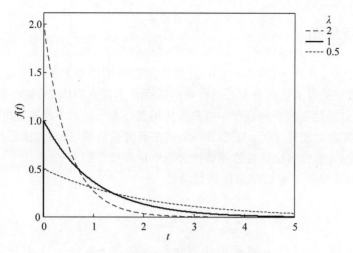

图 4-2　指数分布概率密度函数曲线

效的概率；$\theta$ 代表平均寿命。例如某装备部件瞬时失效率为 $\lambda = 0.0001/$天，则其平均寿命为 $\theta = 1/\lambda = 10000$ 天 $\approx 27$ 年。

从图 4-2 可以看出，单参数指数分布是以原点为其开始点的。实际上，我们可以增加考虑此分布从某个阈值(Threshold)开始，阈值有时也被称为"下界"。带有阈值 $\gamma$ 的指数分布被称为"双参数指数分布"，其概率密度函数为

$$f(t) = \frac{1}{\theta} \mathrm{e}^{-\frac{t}{\theta} - \gamma}, \quad t \geqslant \gamma \tag{4-10}$$

或者

$$f(t) = \lambda \mathrm{e}^{-\lambda t - \gamma}, \quad t \geqslant \gamma \tag{4-11}$$

这表示，寿命最短也有 $\gamma$，寿命失效至少要从 $\gamma$ 时刻开始，因此又被称为"最小保证寿命"。这时方差与单参数指数分布没有什么变化，期望则为

$$E(T) = \theta + \gamma = \frac{1}{\lambda} + \gamma \tag{4-12}$$

指数分布的一个重要特性是"无记忆性"，又称"无后效性"。其含义是指某产品寿命服从指数分布，那么在它经过一段时间 $t_0$ 的工作之后若仍然正常，则其依然和新的一样，即 $t_0$ 以后的剩余寿命仍然服从原指数分布，而与 $t$ 无关。该特性说明，寿命为指数分布的产品，无论过去工作了多久，其对现在和将来的寿命分布均不会产生影响。其实际意义是，若产品在 $t_0$ 时刻正常工作，产品寿命服从指数分布，则不管该产品以前工作了多久都是不必更换的，换言之，对这类产品采用定期拆卸维修是无意义的。

指数分布是可靠性工作中非常重要的一种分布，经常用于复杂的航空电子设备可靠性分析。它被用于描述瞬时失效率为常数的情况。

## 4.2.2 正态分布

正态分布(Normal Distribution)是自然界及工程技术中最常见的分布之一,大量的随机现象都服从或近似服从正态分布。当质量特性受许多因素影响,而又没有一个因素起主导作用时,该质量特性值的变异分布一般都服从正态分布。如电子产品的电参数、机械产品的压力参数、轴径的加工尺寸等。正态分布有许多良好的性质,这些性质是其他许多分布所不具备的。因此,正态分布也是维修可靠性分析中应用极广的分布。

若连续型随机变量 $T$ 的概率密度函数满足

$$f(t) = \frac{1}{\sqrt{2\pi}\sigma} e^{-\frac{(t-\mu)^2}{2\sigma^2}}, \quad -\infty < t < +\infty \tag{4-13}$$

则称随机变量 $T$ 服从参数为 $\mu$ 和 $\sigma^2$ 的正态分布,记为 $T \sim N(\mu, \sigma^2)$,其中 $\mu$ 为期望,$\sigma^2$ 为方差。其概率分布函数为

$$F(t) = \frac{1}{\sqrt{2\pi}\sigma} \int_{-\infty}^{t} e^{-\frac{(x-\mu)^2}{2\sigma^2}} \, \mathrm{d}x = \Phi\left(\frac{t-\mu}{\sigma}\right) \tag{4-14}$$

式中,$\Phi(\cdot)$ 为标准正态分布的分布函数,$t$ 为随机变量,即横坐标的值;e 为自然对数的底数;$\mu$ 为总体均值;$\sigma$ 为总体标准差。其概率密度函数分布曲线如图 4-3 所示。

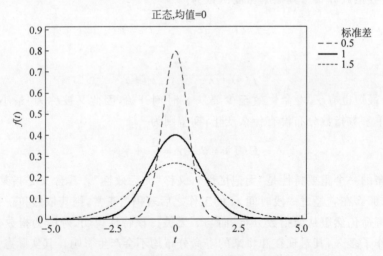

图 4-3 均值相等但方差不等的正态曲线

正态分布在航空维修可靠性工程中主要用于分析由于磨损而发生失效的附件,因为耗损失效分布往往接近正态分布。另外,寿命数据符合正态分布的装备,通常时间特性比较明显,在使用某个特定的时间后性能衰退较快,因而可以据此制定合理的维修计划。

### 4.2.3　对数正态分布

对数正态分布(Log-Normal Distribution)是对数为正态分布的任意随机变量的概率分布,即一个随机变量的对数服从正态分布,则该随机变量服从对数正态分布。

若 $X = \ln t \sim N(\mu, \sigma^2)$,则对数正态分布的密度函数为

$$f(t) = \frac{1}{\sqrt{2\pi}\sigma t} e^{-\frac{(\ln t - \mu)^2}{2\sigma^2}}, \quad 0 < t < +\infty \tag{4-15}$$

其累积分布函数为

$$F(t) = \int_0^t \frac{1}{\sqrt{2\pi}\sigma x} e^{-\frac{(\ln x - \mu)^2}{2\sigma^2}} \, \mathrm{d}x = \Phi\left(\frac{\ln t - \mu}{\sigma}\right) \tag{4-16}$$

式中,$\Phi(\cdot)$ 为标准正态分布的分布函数,对数正态分布的两个参数中,$\mu$ 为对数均值,$\sigma$ 为对数标准差。其概率密度函数分布曲线如图 4-4 所示。

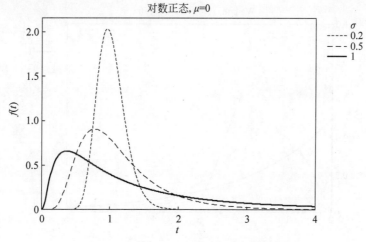

图 4-4　对数正态分布概率密度函数曲线

$\mu$ 与 $\sigma$ 分别是变量 $X$ 对数的均值与标准差。它的期望值是 $E(X) = e^{\mu + \frac{\sigma^2}{2}}$,方差为 $\text{var}(X) = (e^{\sigma^2} - 1) e^{2\mu + \sigma^2}$。

对数正态分布近年来在可靠性领域中受到重视,某些机械零件的疲劳寿命、半导体器件寿命、加速寿命试验数据等可用对数正态分布来分析,尤其对于维修时间的分布,一般都选用对数正态分布。

### 4.2.4　威布尔分布

威布尔分布(Weibull Distribution)是用于故障数据分析的最广泛分布之一,具有很强

的通用性,尤其适用于机电类产品的磨损累积失效的分布形式。由于它可以利用概率值很容易地推断出其分布参数,被广泛应用于各种寿命试验的数据处理。

威布尔分布有着各种不同的形式,包括单参数、双参数、三参数及混合型威布尔分布。其中三参数威布尔分布的概率密度函数为

$$f(t) = \frac{m}{\eta} \left( \frac{t - \gamma}{\eta} \right)^{m-1} e^{-\left( \frac{t-\gamma}{\eta} \right)^m}, \quad 0 \leqslant \gamma \leqslant t; \ m, \eta > 0 \tag{4-17}$$

其分布函数为

$$F(t) = 1 - e^{-\left( \frac{t-\gamma}{\eta} \right)^m}, \quad 0 \leqslant \gamma \leqslant t; \ m, \eta > 0 \tag{4-18}$$

式中,有三个参数,此时称为"三参数威布尔分布",$m$ 为形状参数,$\eta$ 为尺度参数,$\gamma$ 为位置参数。

形状参数 $m$ 是威布尔分布的本质性参数,决定着分布曲线形状。当 $m < 1$ 时,密度曲线与指数分布在形状上很相似,特别是当 $m = 1$ 时,则与指数分布相同;当 $m$ 取值较大时(如 $m > 3$),其密度曲线在一定程度上是对称的,类似正态分布;当 $1 < m < 3$ 时,密度曲线是倾斜的。$m$ 取不同值对概率密度函数的影响如图 4-5 所示。

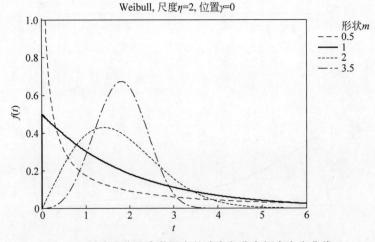

图 4-5  尺度和位置参数固定的威布尔分布概率密度曲线

就理论而言,不同的形状参数对应不同的故障类型:当 $m < 1$ 时属早期失效;当 $m = 1$ 时属随机失效;当 $1 < m < 4$ 时属早期损耗;当 $m > 4$ 时属快速损耗。

尺度参数 $\eta$ 影响概率密度函数的均值和广度,也称离散度。当 $m$ 和 $\gamma$ 固定时,概率密度曲线的形状基本相同,$\eta$ 不同时曲线将沿横轴压缩或伸长,相当于横坐标的尺度不同,这就是称其为尺度参数的原因。$\eta$ 取不同值对概率密度函数的影响如图 4-6 所示。

位置参数 $\gamma$ 也称为最小保证寿命,产品在时间 $t = \gamma$ 以前不发生失效。位置参数 $\gamma$ 决定着分布曲线的起始点,在威布尔分布中 $\gamma$ 还表示最弱环节的强度。图 4-7 给出了 $m, \eta$ 不变而 $\gamma$ 取不同值时的威布尔分布曲线,当 $\gamma$ 改变时,仅曲线起点的位置改变,而曲线的形状不变。

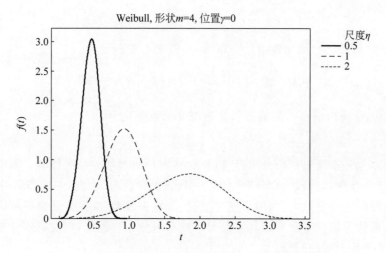

图 4-6　形状和位置参数固定的威布尔分布概率密度曲线

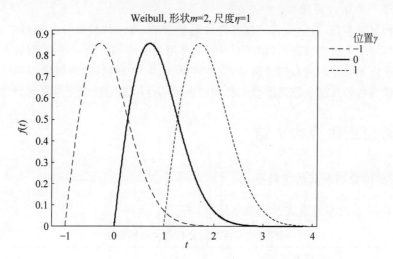

图 4-7　形状和尺度参数固定的威布尔分布概率密度曲线

威布尔分布其寿命的期望值,即平均寿命为

$$E(T) = \gamma + \eta \Gamma \left(1 + \frac{1}{m}\right) \tag{4-19}$$

威布尔分布的方差为

$$\mathrm{var}(T) = \eta^2 \left[ \Gamma \left(1 + \frac{2}{m}\right) - \left( \Gamma \left(1 + \frac{1}{m}\right) \right)^2 \right] \tag{4-20}$$

其中 $\Gamma(\cdot)$ 为伽马函数(Gamma 函数)。

当 $\gamma = 0$ 时,称其为"两参数威布尔分布"。其概率密度函数为

$$f(t) = \frac{m}{\eta}\left(\frac{t}{\eta}\right)^{m-1} e^{-\left(\frac{t}{\eta}\right)^m}, \quad m, \eta > 0 \tag{4-21}$$

当 $m=1$ 时,称其为"两参数指数分布"。其概率密度函数为

$$f(t) = \frac{1}{\eta} e^{-\left(\frac{t-\gamma}{\eta}\right)}, \quad 0 \leqslant \gamma \leqslant t; \eta > 0 \tag{4-22}$$

若取 $\gamma = 0, m=1, \lambda = \dfrac{1}{\eta}$,则威布尔分布密度函数简化为

$$f(t) = \lambda e^{-\lambda t} \tag{4-23}$$

此时,威布尔分布就是指数分布,所以指数分布是威布尔分布的特例。威布尔分布由于含有两个或三个参数,与指数分布相比多了一个形状参数 $m$,因此,它比指数分布适应能力强,对浴盆曲线的三个失效阶段,即早期失效型、偶然失效型、耗损失效型都可以适用。在航天产品中,普遍认为惯性平台产品其寿命服从威布尔分布。因此,用威布尔分布进行可靠性评估是一个必然要面对的问题。

**说明**:正是因为威布尔分布的形状和性质具有多样性,威布尔分布为现实中的众多故障数据提供了一个很好的模型。

作为一种复杂系统,航空装备的故障特性是复杂的,因而其故障分布也是多种多样的,上述几种分布都可用于航空装备故障特性分析,而且可揭示不同阶段、不同类别航空装备的故障特征规律。正由于威布尔分布的通用性,它非常适用于飞机附件寿命数据可靠性分析。威布尔分布的形状参数和尺度参数是维修工程中制定预防性维护措施以及维修计划的重要依据。

## 4.2.5　常用故障分布小结

### 1. 常用故障分布及其数字特征

常用故障分布的表示形式及其数字特征如表 4-1 所列。

表 4-1　常用故障分布及其数字特征

| 名　称 | 故障密度函数 | 均　值 | 方　差 |
|---|---|---|---|
| 指数分布 | $f(t) = \lambda e^{-\lambda t}, \quad t \geqslant 0, \lambda > 0$ | $\dfrac{1}{\lambda}$ | $\dfrac{1}{\lambda^2}$ |
| 正态分布 | $f(t) = \dfrac{1}{\sqrt{2\pi}\sigma} e^{-\frac{(t-\mu)^2}{2\sigma^2}}, \quad t \geqslant 0$ | $\mu$ | $\sigma^2$ |
| 对数正态分布 | $f(t) = \dfrac{1}{\sqrt{2\pi}\sigma t} e^{-\frac{(\ln t - \mu)^2}{2\sigma^2}}, \quad t > 0$ | $e^{\mu + \frac{\sigma^2}{2}}$ | $(e^{\sigma^2} - 1)e^{2\mu + \sigma^2}$ |
| 威布尔分布 | $f(t) = \dfrac{m}{\eta}\left(\dfrac{t-\gamma}{\eta}\right)^{m-1} e^{-\left(\frac{t-\gamma}{\eta}\right)^m}$ $0 \leqslant \gamma \leqslant t; m, \eta > 0$ | $\gamma + \eta \Gamma\left(1 + \dfrac{1}{m}\right)$ | $\eta^2 \left[\Gamma\left(1 + \dfrac{2}{m}\right) - \left(\Gamma\left(1 + \dfrac{1}{m}\right)\right)^2\right]$ |

**2. 常用故障分布的分布函数曲线及数学表达式**

常用故障分布的分布函数曲线及数学表达式如表 4-2 所列。

表 4-2　常用故障分布函数曲线

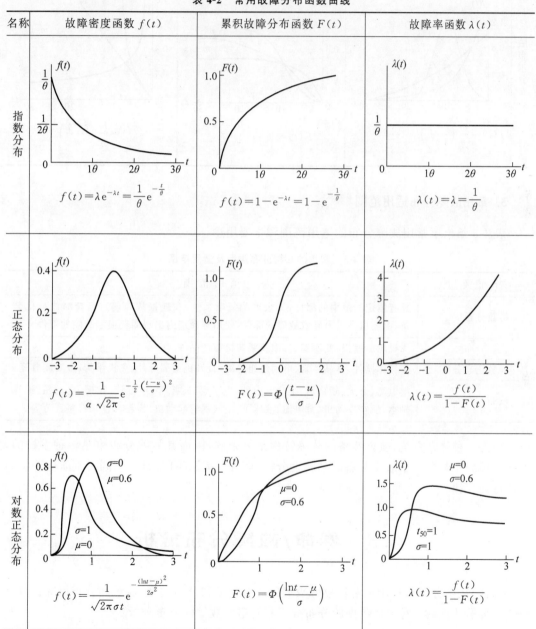

| 名称 | 故障密度函数 $f(t)$ | 累积故障分布函数 $F(t)$ | 故障率函数 $\lambda(t)$ |
|---|---|---|---|
| 指数分布 | $f(t) = \lambda e^{-\lambda t} = \dfrac{1}{\theta} e^{-\frac{t}{\theta}}$ | $f(t) = 1 - e^{-\lambda t} = 1 - e^{-\frac{1}{\theta}}$ | $\lambda(t) = \lambda = \dfrac{1}{\theta}$ |
| 正态分布 | $f(t) = \dfrac{1}{\alpha\sqrt{2\pi}} e^{-\frac{1}{2}\left(\frac{t-u}{\sigma}\right)^2}$ | $F(t) = \Phi\left(\dfrac{t-u}{\sigma}\right)$ | $\lambda(t) = \dfrac{f(t)}{1-F(t)}$ |
| 对数正态分布 | $f(t) = \dfrac{1}{\sqrt{2\pi}\sigma t} e^{-\frac{(\ln t - \mu)^2}{2\sigma^2}}$ | $F(t) = \Phi\left(\dfrac{\ln t - \mu}{\sigma}\right)$ | $\lambda(t) = \dfrac{f(t)}{1-F(t)}$ |

| 名称 | 故障密度函数 $f(t)$ | 累积故障分布函数 $F(t)$ | 故障率函数 $\lambda(t)$ |
|---|---|---|---|
| 威布尔分布 | 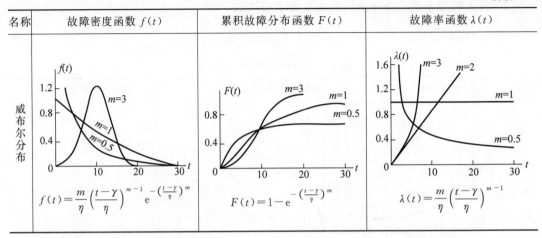$$f(t)=\frac{m}{\eta}\left(\frac{t-\gamma}{\eta}\right)^{m-1}\mathrm{e}^{-\left(\frac{t-\gamma}{\eta}\right)^{m}}$$ | $$F(t)=1-\mathrm{e}^{-\left(\frac{t-\gamma}{\eta}\right)^{m}}$$ | $$\lambda(t)=\frac{m}{\eta}\left(\frac{t-\gamma}{\eta}\right)^{m-1}$$ |

### 3. 常用故障分布适用范围

表 4-3 给出了常用故障分布的适用范围和主要用途。

**表 4-3  常用的几种分布类型及适用范围**

| 分布类型 | 适用范围 |
|---|---|
| 指数分布 | 具有恒定故障率的部件,无余度的复杂系统,在耗损故障前进行定时维修的装备,由随机高应力导致故障的部件,使用寿命期内出现弱耗损型故障的部件 |
| 正态分布 | 飞机轮胎磨损、变压器、灯泡及某些机械产品等 |
| 对数正态分布 | 半导体器件、硅晶体管、电动绕组绝缘、直升机旋翼叶片、飞机结构、金属疲劳等 |
| 威布尔分布 | 继电器、开关、断路器、某些电容器、电子管、磁控管、电位计、陀螺、电动机、滚珠轴承、航空发动机、蓄电池、液压泵、空气涡轮起动机、齿轮、活门、材料疲劳等 |

作为一种复杂系统,航空装备的故障特性是复杂的,因而其故障分布也是多种多样的,上述几种分布都可用于航空装备故障特性分析,而且可揭示不同阶段、不同类别航空装备的故障特征规律。

# 4.3  寿命/故障分布分析

寿命/故障分布分析用来解释故障数据的分布特征和分布类型,显示其分布情况。分布分析主要分为两种:对定量数据的分布分析和对定性数据的分布分析。

## 4.3.1　分布类型判断

### 1. 判断分布类型的方法

合理选择数据分布类型是可靠性数据分析中的核心问题。在获得故障信息数据后,首先根据对数据的宏观分析,用数理统计方法选择寿命/故障分布类型。利用 Minitab 软件判断分布类型的方法主要有以下几个步骤:

(1) 故障数据收集、整理。

(2) 绘制直方图,对其分布类型进行初步判断。

(3) 绘制概率图,对其分布类型进行定量判断。

### 2. 应用实例

【例 4-2】　统计某型飞机因橡胶密封皮碗密封不良造成漏油故障 30 起,故障前的密封皮碗使用时限如表 4-4 所列。利用 Minitab 检验密封皮碗工作时限服从何种分布,并预测其平均寿命。

例 4-2
讲解微视频

**表 4-4　密封皮碗工作时限统计表**　　　　　　　　　h

| 146 | 239 | 255 | 275 | 296 | 300 | 303 | 330 | 355 | 362 |
| --- | --- | --- | --- | --- | --- | --- | --- | --- | --- |
| 378 | 379 | 381 | 406 | 428 | 442 | 447 | 459 | 460 | 495 |
| 502 | 516 | 550 | 550 | 559 | 585 | 595 | 607 | 627 | 687 |

【思路与方法】

可利用 Minitab 先绘制直方图,对其分布类型进行初步判断,然后利用概率图对其进行定量分析。

【操作步骤】

Step 01:将表 4-4 中的数据导入工作表的 C1 列,列名命名为"工作时限"。

Step 02:选择"图形"→"直方图"命令,弹出"直方图"对话框,将"工作时限"选为"图形变量"。单击"确定"按钮可得到直方图,如图 4-8 所示。

提示:根据直方图可以初步判断密封皮碗工作时限可能服从正态分布,为了进一步确定服从正态分布,下面进行正态性检验。正态性检验方法主要有以下三种:Anderson-Darling 检验、Ryan-Joiner 检验、Kolmogorov-Smirnov 检验。

上述检验的 $P$ 值如果低于设定的 $\alpha$ 水平,则可拒绝原假设。如果对相同的数据同时进行三种正态性检验,任何一种检验方法拒绝原假设,则可以认为该数据不服从原假设分布。

Step 03:选择"统计"→"基本统计量"→"正态性检验"命令,弹出"正态性检验"对话框。

Step 04:在"变量"中,选择"工作时限","正态性检验"选择"Anderson-Darling",如图 4-9 所示。

Step 05:单击"确定"按钮,图形窗口输出如图 4-10 所示。

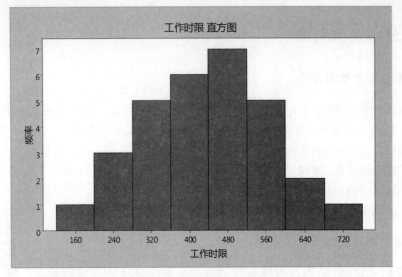

图 4-8　密封皮碗使用时限的直方图

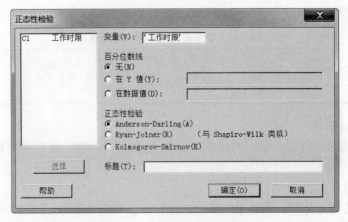

图 4-9　"正态性检验"对话框

【结果分析】

　　根据图 4-10 中 $P$ 值可以判定皮碗工作时限服从正态分布。其原假设是 $H_0$：数据服从正态分布；备择假设 $H_1$：数据不服从正态分布。根据假设检验规则，若 $P \leqslant 0.05$，则认为分布非正态；若 $P > 0.05$，则没有充分的理由拒绝原假设，因此，在 0.05 的显著性水平（95% 的置信区间）下，可以认为服从正态分布。

　　图 4-10 显示数据点大致在一条直线上，这条直线截距为 430.5，斜率为 131.7，说明均值为 430.5 且标准差为 131.7 的正态分布似乎与样本数据拟合得不错。Anderson-Darling 检验的 $P$ 值为 0.931，显著大于 0.05，这也进一步表明这组数据服从均值为 430.5、标准差为 131.7 的正态分布。

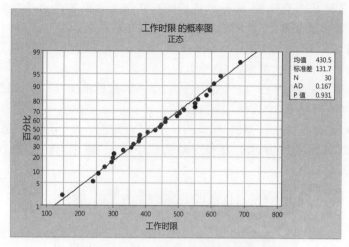

图 4-10　密封皮碗使用时限的正态概率图

**说明**：Minitab 概率图的输出中包含 Anderson-Darling 检验统计量的数值和相应的 $P$ 值，即 AD 值，如果 $P$ 值大于所选的检验的显著性水平 $\alpha$，则数据服从要检验的分布（显著性水平常选 0.05、0.10 等）。

详细的数据正态性检验结果可以选择"统计"→"基本统计量"→"图形化汇总"命令。单击"确定"按钮，图形窗口输出如图 4-11 所示。

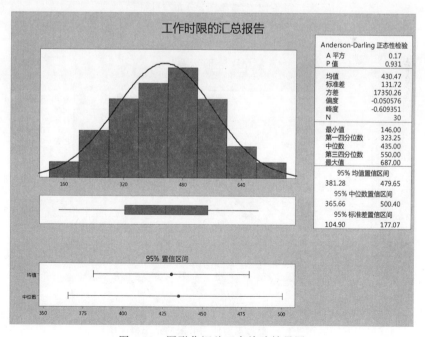

图 4-11　图形化汇总正态检验结果图

**思考**：若不是服从正态分布，该如何检验呢？根据直方图可以初步判断密封皮碗工作时限也可能服从威布尔分布，可以采用以下方法对其进行检验。

【操作步骤】

Step 01：选择"图形"→"概率图"命令。

Step 02：在弹出的"概率图"对话框中选择"单一"，然后单击"确定"按钮。

Step 03：在"图形变量"中选择"工作时限"。

Step 04：单击"分布"按钮，弹出"概率图：分布"对话框。在"分布"下选择需要的分布，本例选"Weibull"，如图 4-12 所示。在每个对话框中单击"确定"按钮，最后得到正态概率图，如图 4-13 所示。

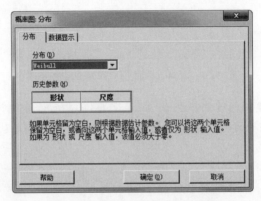

图 4-12　"概率图：分布"对话框

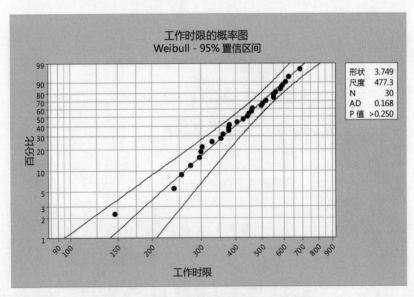

图 4-13　密封皮碗使用时限的正态概率图

**【结果分析】**

图 4-13 显示数据点大致在一条直线上，这说明威布尔分布与样本数据拟合得不错。Anderson-Darling 检验的 $P$ 值显著大于 0.05，进一步表明这组数据服从形状参数为 3.749、尺度参数为 477.3 的威布尔分布。

**思考**：对于上述实例，正态分布和威布尔分布哪个拟合效果更好呢？我们可以利用概率图检验其拟合度优劣。

## 4.3.2　分布拟合优度比较

### 1. 相关概念

若事先对总体分布一无所知，就要对数据按上述方法逐一去画各种分布的概率图，显然这样做比较繁琐。Minitab 软件能够简化这种做法，可以对质量数据同时作 11 种常见寿命及故障分布的概率图。这 11 种常见分布为：最小极值、Weibull、3 参数 Weibull、指数、2 参数指数、正态、对数正态、3 参数对数正态、Logistic、对数 Logistic 和 3 参数对数 Logistic，这样就可以通过比较这 11 种概率图上点与拟合线的距离远近来确定哪种分布与数据拟合得最好，从而确定数据所服从的分布。

### 2. 应用实例

**【例 4-3】**　以表 4-4 的故障数据为例，利用 Minitab 软件给出密封皮碗工作时限的最佳拟合分布。

**【思路与方法】**

可以利用 Minitab 的"分布 ID 图"功能分别给出 11 种常见分布的概率图，然后利用极大似然估计法的 Anderson-Darling 统计量或者最小二乘估计法的 Pearson 相关系数，确定最佳拟合分布。

例 4-3
讲解微视频

**【操作步骤】**

Step 01：将表 4-4 中的数据导入工作表的 C1 列，列名命名为"工作时限"。

Step 02：选择"统计"→"可靠性/生存"→"分布分析（右删失）"→"分布 ID 图"，弹出"分布 ID 图-右删失"对话框，在"变量"中选入"工作时限"，如图 4-14 所示。

Step 03：单击"选项"按钮，弹出"分布 ID 图：选项"对话框，选择"最小二乘"估计法，如图 4-15 所示。

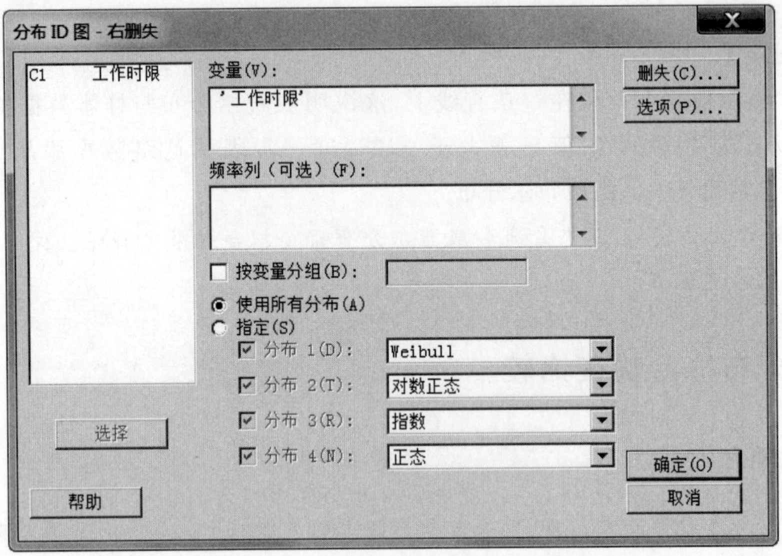

图 4-14 "分布 ID 图-右删失"对话框

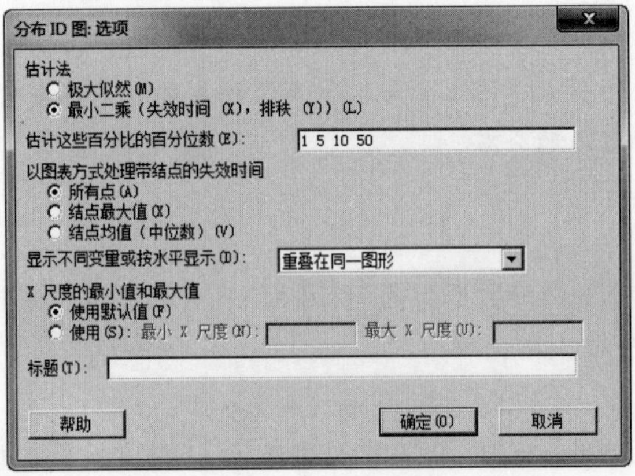

图 4-15 "分布 ID 图：选项"对话框

Step 04：在每个对话框中单击"确定"按钮，即可得到 11 种分布的概率图，如图 4-16～图 4-18 所示。

说明：使用分布 ID 图（右删失）可以比较以下分布的拟合优度：最小极值、Weibull、3 参数 Weibull、指数、双参数指数、正态、对数正态、3 参数对数正态、Logistic、对数 Logistic 或 3 参数对数 Logistic 分布。Minitab 既提供概率图又提供拟合优度统计量。

【结果分析】

由这 11 个概率图可以看出，正态分布和 3 参数对数正态分布拟合这组数据最好，因此最终可以选择正态分布或者 3 参数对数正态分布作为这组数据的总体分布。

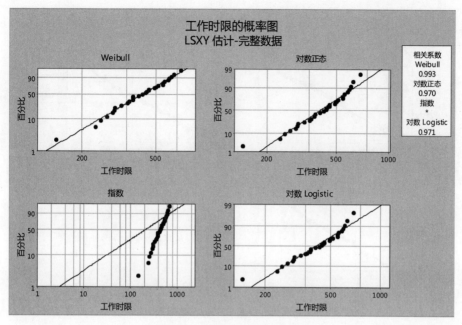

图 4-16　前四个分布的概率图

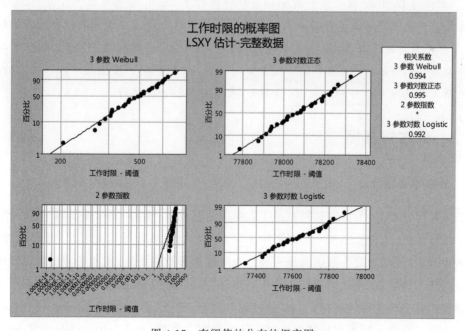

图 4-17　有阈值的分布的概率图

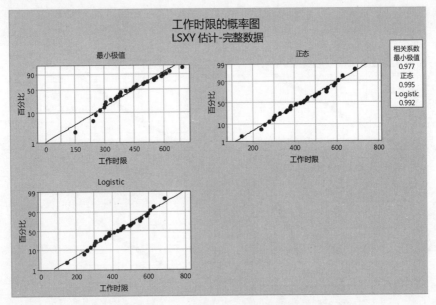

图 4-18   最后三个分布概率图

说明：Minitab 提供两种拟合优度统计量来评估分布拟合数据的情况：极大似然估计法的 Anderson-Darling 统计量和最小二乘估计法的 Pearson 相关系数。Anderson-Darling 统计量是对概率图中的图点与拟合线的距离的度量。该统计量是图点到拟合线的加权平方距离，而且越靠近分布的尾部，权重越大。Anderson-Darling 统计量越小，表示分布与数据拟合得越好。Pearson 相关系数用于度量概率图上 X 变量与 Y 变量之间线性关系的强度。该相关系数的范围介于 0 和 1 之间，值越大，表示分布拟合得越好。

### 4.3.3   分布概要图

**1. 分布概要图简介**

前面利用分布 ID 图识别和判断出了数据服从的分布，使用"分布概要图"对该分布可以生成一个汇总图，这样就能在一个图形中了解寿命数据的各种指标或特征（如可靠性函数、密度函数等）。可以通过为数据选择一种分布来绘制参数概要图，或者是非参数概要图。参数概要图显示包括概要图（用于所选分布）、生存（或可靠性）图、概率密度函数和故障图。非参数概要图取决于数据的类型：如果是右删失数据，则 Minitab 将显示 Kaplan-Meier 生存图和故障图或精算生存图和故障图；如果是任意删失数据，则 Minitab 将显示 Turnbull 生存图或精算生存图和故障图。这些函数都是描述失效时间数据分布的典型方法。

**2. 应用实例**

例 4-4
讲解微视频

【**例 4-4**】　以表 4-4 的故障数据为例,利用 Minitab 软件生成分布概要图。

【**操作步骤**】

Step 01:选择"统计"→"可靠性/生存"→"分布分析(右删失)"→"分布概要图"命令,弹出"分布概要图-右删失"对话框,在"变量"中输入"工作时限","分布"选择"正态",如图 4-19 所示。

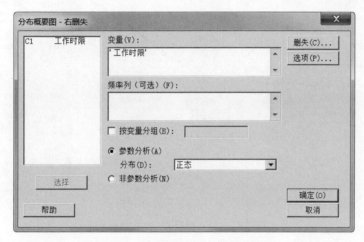

图 4-19　"分布概要图-右删失"对话框

Step 02:单击"选项"按钮,弹出"分布概要图:参数选项"对话框,"估计法"选择"最小二乘",如图 4-20 所示。

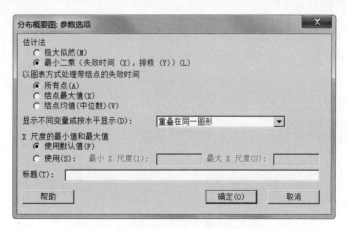

图 4-20　"分布概要图:参数选项"对话框

Step 03：在每个对话框中单击"确定"按钮，即可得到分布概要图，如图 4-21 所示。

说明：使用分布概要图（右删失）可执行以下操作：选择一个分布，可基于此分布查看四个图形，即概率图、概率密度函数、生存图和故障图，如图 4-21 所示；不选择分布，可使用非参数方法查看最多两个图形，即生存图和故障图，如图 4-22 所示。这些图形提供了数据分布的不同视图。

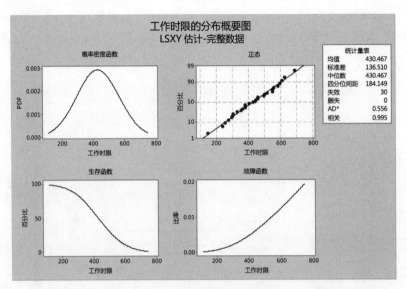

图 4-21　分布概要图（参数分析）

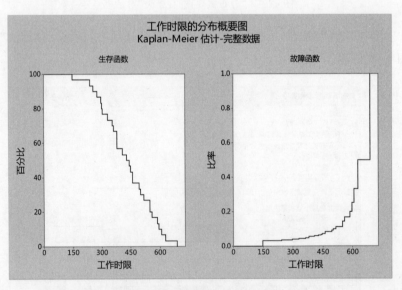

图 4-22　分布概要图（非参数分析）

## 4.3.4  参数分布分析

### 1. 参数分布分析简介

当确定分布类型后,使用参数分布分析可以将分布与数据相拟合,以获得描述产品可靠性的估计值。根据拟合分布,随后可以执行以下操作:显示参数估计值和分布特征,如平均故障时间间隔(MTTF);估计百分位数和生存概率;比较拟合分布与历史分布,或者比较两个或多个数据集的分布;显示概率图、生存图、累积失效图和故障图。

### 2. 应用实例

【例 4-5】  以表 4-4 的故障数据为例,试用最小二乘法和极大似然估计法分别求其平均寿命和寿命的标准差。

例 4-5
讲解微视频

【操作步骤】

Step 01:将表 4-4 中的故障时间数据导入工作表的 C1 列,列名命名为"工作时限"。

Step 02:选择"统计"→"可靠性/生存"→"分布分析(右删失)"→"参数分布分析"命令,弹出"参数分布分析-右删失"对话框,在"变量"中输入"工作时限","假定分布"选为"正态",如图 4-23 所示。

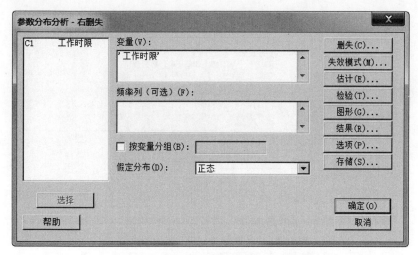

图 4-23  "参数分布分析-右删失"对话框

Step 03:单击"估计"按钮,弹出"参数分布分析:估计"对话框,"估计法"选择"最小二乘",如图 4-24 所示。

Step 04:单击"确定"按钮,返回"参数分布分析-右删失"对话框,单击"图形"按钮,弹出"参数分布分析:图形"对话框,设置如图 4-25 所示。

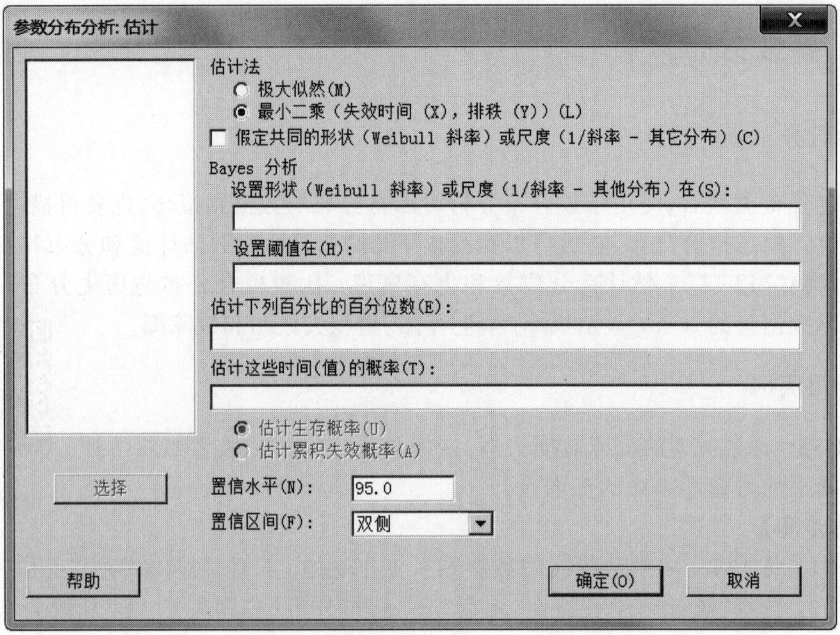

图 4-24　"参数分布分析：估计"对话框

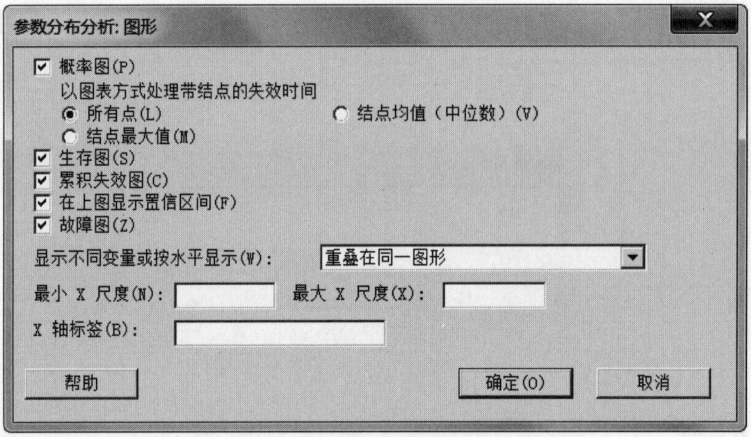

图 4-25　"参数分布分析：图形"对话框

Step 05：在每个对话框中单击"确定"按钮。在会话窗口中输出如下结果，图形窗口输出如图 4-26～图 4-29 所示。

会话窗口输出结果：

**分布分析：工作时限**

变量：工作时限

删失信息 计数
未删失值 30
估计法:最小二乘(失效时间 (X),秩 (Y))
分布: 正态
参数估计

| | | | 95.0%正态置信区间 | |
|---|---|---|---|---|
| 参数 | 估计 | 标准误 | 下限 | 上限 |
| 均值 | 430.467 | 24.9231 | 381.618 | 479.315 |
| 标准差 | 136.510 | 19.1147 | 103.747 | 179.619 |

对数似然 = -188.560
拟合优度
Anderson-Darling 统计量(调整) = 0.556
相关系数 = 0.995
分布特征

| | | | 95.0%正态置信区间 | |
|---|---|---|---|---|
| | 估计 | 标准误 | 下限 | 上限 |
| 均值(MTTF) | 430.467 | 24.9231 | 381.618 | 479.315 |
| 标准差 | 136.510 | 19.1147 | 103.747 | 179.619 |
| 中位数 | 430.467 | 24.9231 | 381.618 | 479.315 |
| 下四分位数(Q1) | 338.392 | 28.0603 | 283.395 | 393.390 |
| 上四分位数(Q3) | 522.541 | 28.0603 | 467.544 | 577.538 |
| 四分位间距(IQR) | 184.149 | 25.7853 | 139.952 | 242.302 |

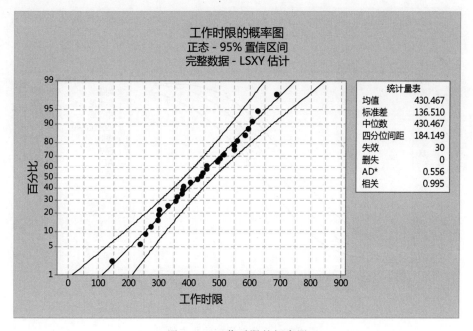

图 4-26 工作时限的概率图

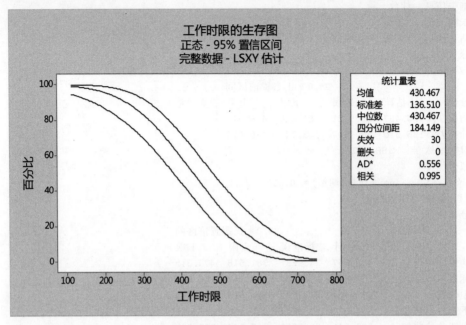

图 4-27　工作时限的生存图

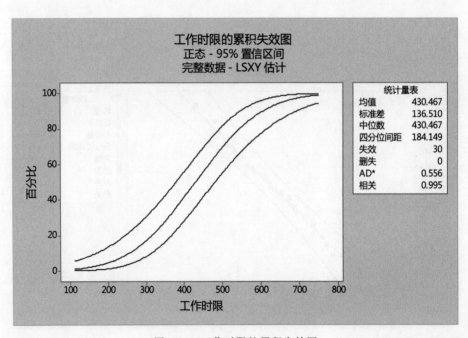

图 4-28　工作时限的累积失效图

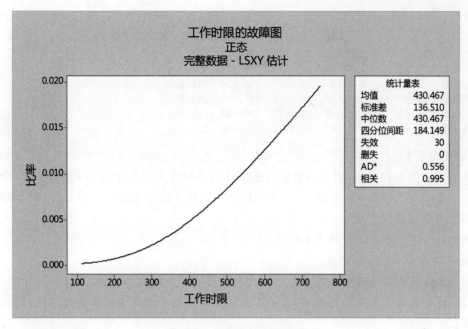

图 4-29　工作时限的故障图

## 【结果分析】

从以上结果可以看出,最小二乘法估计的平均寿命(MTTF)为 430.467,寿命的标准差为 136.510。

类似地,若采用极大似然估计,只需将上述 Step 03 改为:"估计法"选择"极大似然估计"即可。

这时,在会话窗口输出如下结果:

**分布分析:工作时限**
变量:工作时限
删失信息　计数
未删失值　　30
估计法:极大似然
分布:　正态
参数估计

| | | | 95.0% 正态置信区间 | |
|---|---|---|---|---|
| 参数 | 估计 | 标准误 | 下限 | 上限 |
| 均值 | 430.467 | 23.6445 | 384.124 | 476.809 |
| 标准差 | 129.506 | 16.7192 | 100.555 | 166.794 |

对数似然 = − 188.480
拟合优度
Anderson-Darling 统计量(调整) = 0.615

分布特征

| | 估计 | 标准误 | 95.0% 正态置信区间 下限 | 上限 |
|---|---|---|---|---|
| 均值(MTTF) | 430.467 | 23.6445 | 384.124 | 476.809 |
| 标准差 | 129.506 | 16.7192 | 100.555 | 166.794 |
| 中位数 | 430.467 | 23.6445 | 384.124 | 476.809 |
| 下四分位数(Q1) | 343.116 | 26.1961 | 291.773 | 394.459 |
| 上四分位数(Q3) | 517.817 | 26.1961 | 466.474 | 569.161 |
| 四分位间距(IQR) | 174.702 | 22.5539 | 135.646 | 225.002 |

**【结果分析】**

从以上结果可以看出,极大似然估计法估计的平均寿命(MTTF)为 430.467,寿命的标准差为 129.506。对于本例来说,极大似然估计法的标准误小于最小二乘估计法的标准误,这说明后者估计要优于前者。

**说明**：以下是每种方法的主要优点。

最小二乘（LSXY）估计法：

(1) 因为该线拟合到概率图上的点而使概率图有更好的图形显示。

(2) 对于具有少量删失的样本,最小二乘估计法比极大似然估计法更为准确,特别对于小样本。

极大似然（MLE)估计法：

(1) 分布参数估计值比最小二乘估计法更精确。

(2) 对于具有大量删失的样本,极大似然估计法比最小二乘估计法更为准确。

(3) 极大似然估计法允许在无失效时执行分析。当只有一个失效和一些右删失观测值时,威布尔分布可能会存在极大似然参数估计值。

(4) 极大似然估计法具有很好的数学性质。

例 4-6
讲解微视频

如果可能,这两种方法都应尝试一下。如果结果一致,将会为您的结论提供更多支持;如果不一致,可以使用更保守的估计值,或者考虑两种方法的优点,然后再针对问题做出选择。

**【例 4-6】** 某机载电子设备故障数据如表 4-5 所列。试用 2 参数指数分布拟合数据,并估计设备中 90% 的寿命是多少小时? 一件设备超过 1000h 的概率是多少?

**表 4-5 某机载电子设备故障数据统计表** h

| 162 | 200 | 271 | 320 | 393 | 508 | 539 | 629 | 706 | 162 |
|---|---|---|---|---|---|---|---|---|---|
| 777 | 884 | 1008 | 1101 | 1182 | 1463 | 1603 | 1984 | 2355 | 2880 |

**【操作步骤】**

Step 01：将表 4-5 中的故障数据导入工作表的 C1 列,列名命名为"故障数据"。

Step 02：选择"统计"→"可靠性/生存"→"分布分析(右删失)"→"参数分布分析"命令。

Step 03：在"变量"中输入"故障数据"，"假定分布"选为"2 参数指数分布"。

Step 04：单击"估计"按钮，弹出"参数分布分析：估计"对话框，"估计法"选择"极大似然"；在"估计下列百分比的百分位数"中输入 10；在"估计这些时间（值）的概率"中输入 1000，如图 4-30 所示。

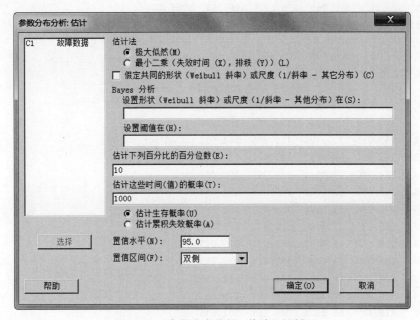

图 4-30　"参数分布分析：估计"对话框

Step 05：在每个对话框中单击"确定"按钮。在会话窗口输出如下结果，图形窗口输出如图 4-31 所示。

会话窗口输出结果：

**分布分析：故障数据**
变量：故障数据
删失信息　计数
未删失值　　20
估计法：极大似然
分布：　2 参数指数
参数估计

| | | | 95.0% 正态置信区间 | |
| 参数 | 估计 | 标准误 | 下限 | 上限 |
| --- | --- | --- | --- | --- |
| 尺度 | 836.153 | 186.969 | 539.451 | 1296.04 |
| 阈值 | 120.192 | 0 | 120.192 | 120.192 |

对数似然 = − 154.576
拟合优度
Anderson-Darling 统计量（调整）= 0.765

分布特征

| | 估计 | 标准误 | 95.0％正态置信区间 下限 | 上限 |
|---|---|---|---|---|
| 均值(MTTF) | 956.345 | 186.969 | 651.931 | 1402.90 |
| 标准差 | 836.153 | 186.969 | 539.451 | 1296.04 |
| 中位数 | 699.769 | 129.597 | 486.758 | 1006.00 |
| 下四分位数(Q1) | 360.738 | 53.7876 | 269.324 | 483.181 |
| 上四分位数(Q3) | 1279.35 | 259.194 | 860.074 | 1903.01 |
| 四分位间距(IQR) | 918.608 | 205.406 | 592.647 | 1423.85 |

百分位数表格

| 百分比 | 百分位数 | 标准误 | 95.0％ 正态置信区间 下限 | 上限 |
|---|---|---|---|---|
| 1 | 128.596 | 1.87910 | 124.965 | 132.332 |
| 2 | 137.085 | 3.77728 | 129.878 | 144.692 |
| 3 | 145.661 | 5.69492 | 134.916 | 157.262 |
| 4 | 154.326 | 7.63244 | 140.069 | 170.034 |
| 5 | 163.081 | 9.59025 | 145.328 | 183.004 |
| 6 | 171.930 | 11.5688 | 150.687 | 196.167 |
| 7 | 180.873 | 13.5685 | 156.141 | 209.521 |
| 8 | 189.912 | 15.5898 | 161.688 | 223.063 |
| 9 | 199.050 | 17.6332 | 167.324 | 236.793 |
| 10 | 208.290 | 19.6991 | 173.047 | 250.710 |
| 20 | 306.774 | 41.7209 | 234.994 | 400.481 |
| 30 | 418.427 | 66.6871 | 306.167 | 571.848 |
| 40 | 547.321 | 95.5085 | 388.781 | 770.510 |
| 50 | 699.769 | 129.597 | 486.758 | 1006.00 |
| 60 | 886.351 | 171.318 | 606.851 | 1294.58 |
| 70 | 1126.90 | 225.105 | 761.818 | 1666.93 |
| 80 | 1465.93 | 300.915 | 980.357 | 2192.00 |
| 90 | 2045.51 | 430.512 | 1354.10 | 3089.94 |
| 91 | 2133.60 | 450.211 | 1410.92 | 3226.45 |
| 92 | 2232.09 | 472.233 | 1474.44 | 3379.06 |
| 93 | 2343.74 | 497.199 | 1546.45 | 3552.08 |
| 94 | 2472.63 | 526.020 | 1629.59 | 3751.82 |
| 95 | 2625.08 | 560.109 | 1727.92 | 3988.06 |
| 96 | 2811.66 | 601.830 | 1848.27 | 4277.21 |
| 97 | 3052.21 | 655.617 | 2003.44 | 4650.00 |
| 98 | 3391.24 | 731.426 | 2222.14 | 5175.43 |
| 99 | 3970.82 | 861.023 | 2596.02 | 6073.69 |

生存概率表

| 时间摘录 (Time) | 概率 | 95.0％ 正态置信区间 下限 | 上限 |
|---|---|---|---|
| 1000 | 0.349165 | 0.195747 | 0.507204 |

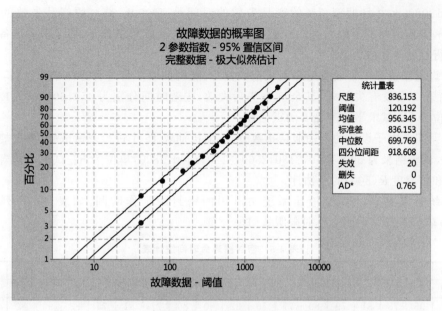

图 4-31　机载电子设备故障数据的正态概率图

**【结果分析】**

（1）从参数估计表可见：尺度 $\theta = 836.153$，阈值 $\gamma = 120.192$，故电子设备的失效密度函数为

$$f(t) = \frac{1}{\theta} e^{-\frac{1}{\theta} t - \gamma}, \quad t \geqslant \gamma$$

由于阈值＝120.192，所以开始的 120.192h 不失效；尺度＝836.153，表示从 120.192h 之后按照指数分布失效，指数分布的尺度参数是 836.153；这种设备的平均寿命是 120.192＋836.153＝956.345（h）。

（2）从百分位数表格可见：90％的设备寿命是 208.290h。

（3）生存概率表可见：设备超过 1000h 的概率是 0.349165。

# 思考与练习

1. 某装备元件的寿命服从阈值是 500（单位：h）、尺度是 1000（单位：h）的指数分布，求其平均寿命及寿命的标准差。

2. 设飞机的寿命 $T$ 具有指数分布，其可靠性函数为 $R(t) = e^{-\lambda t}$。若每次飞行任务为 10h，要求"万无一失"（即可靠性在 0.9999 以上），则其故障率 $\lambda$ 要求为多少？

3. 某工厂准备进行一项某产品的寿命试验来估计有 5％的产品失效的时间，计划试验周期是 100000h,并且期望 5% 的产品失效的时间是 40000h,15% 的产品失效的时间是 100000h,置信区间的下限为 20000,已知该产品寿命服从威布尔分布,那么需要准备多少件产品进行试验才比较合适?

4. 设某型机载电子设备寿命服从指数分布,随机抽取 7 台进行寿命试验,试验到 700h 停止,除第 7 台没有失效外,其余 6 台先后失效,失效时间分别为 450,600,530,120,450, 650,单位为 h。试求平均寿命 $\theta$ 的点估计。

5. 某机载电子设备的寿命服从指数分布,随机抽取 15 个进行寿命试验,事先规定失效数 $r=7$,试验结果为 500,1350,2130,2500,3120,3500,3800,单位为 h。试求平均寿命 $\theta$ 的点估计和可靠度 $R(500)$ 的点估计。

6. 统计某装备 120 个液压系统中所用的密封圈工作时间,如表 4-6 所列。利用 Minitab 软件检验密封圈工作时限服从何种分布。

表 4-6　密封圈寿命时间统计表　　　　　　　　　　$10^2$ h

| 86 | 83 | 77 | 81 | 81 | 80 | 79 | 82 | 82 | 81 | 75 | 79 | 85 | 75 | 74 | 71 | 88 | 82 | 76 | 85 |
|----|----|----|----|----|----|----|----|----|----|----|----|----|----|----|----|----|----|----|----|
| 82 | 78 | 80 | 81 | 87 | 81 | 77 | 78 | 77 | 78 | 81 | 79 | 77 | 78 | 81 | 87 | 83 | 65 | 64 | 78 |
| 77 | 71 | 95 | 78 | 81 | 79 | 80 | 77 | 76 | 82 | 80 | 80 | 77 | 81 | 75 | 83 | 90 | 80 | 85 | 81 |
| 84 | 79 | 90 | 82 | 79 | 82 | 79 | 86 | 76 | 78 | 82 | 84 | 85 | 84 | 82 | 85 | 84 | 82 | 85 | 84 |
| 82 | 78 | 73 | 83 | 81 | 83 | 89 | 81 | 87 | 77 | 77 | 80 | 82 | 83 | 75 | 82 | 82 | 86 | 81 | 81 |
| 78 | 84 | 84 | 84 | 81 | 81 | 74 | 78 | 78 | 80 | 74 | 78 | 78 | 78 | 78 | 73 | 78 | 75 | 82 | 77 |

7. 某型装备寿命服从正态分布,其故障数据如表 4-7 所列,试用最小二乘法和极大似然估计法分别求其平均寿命和寿命的标准差。

表 4-7　某型装备故障数据统计表　　　　　　　　　　h

| 序号 | 1 | 2 | 3 | 4 | 5 | 6 | 7 | 8 | 9 | 10 | 11 |
|------|------|------|------|------|------|------|------|------|------|------|------|
| 故障时间 | 1300 | 1692 | 2243 | 2278 | 2832 | 2862 | 2931 | 3212 | 3256 | 3410 | 3651 |

子思

凡事预则立，不预则废。

——《礼记·中庸》

# 第 5 章　航空维修预测分析技术

## 内容导读

在航空装备维修保障中有较多预测问题，对航空装备的技术状态、装备完好性、故障数量、备件消耗等做出科学预测，对于提高航空维修工作预见性、对策针对性和科学性，进而提高航空装备战备完好性和战时利用率水平具有非常重要的作用。本章主要介绍线性回归预测和时间序列预测。

## 能力目标

- 掌握一元回归预测及其应用；
- 掌握多元回归预测及其应用；
- 掌握移动平均预测及其应用；
- 掌握指数平滑预测及其应用。

## 思政案例

### 高尔顿"回归"——现代预测学的基础

弗朗西斯·高尔顿
(1822—1911)

"回归"是现代预测学的基础,对各种数据集的预测结果可以理解为对其回归函数的计算,最初"回归"的概念是由英国著名统计学家和遗传学家弗朗西斯·高尔顿(Francis Galton)在研究人类遗传问题时提出的。

高尔顿和他的学生卡尔·皮尔逊(Karl Pearson)通过观察1078对夫妇的身高数据,以每对夫妇的平均身高作为自变量,取他们的一个成年子女的身高作为因变量,发现这些数据的散点图大致呈现一条直线,也就是说父母的身高可以预测子女的身高,总的趋势是父母的身高增加时,子女的身高也倾向于增加,他将子女与父母身高的这种现象拟合出一种较好的线性关系,分析出子女的身高 $Y$ 与父母的身高 $X$ 大致可归结为方程: $Y=0.8567+0.516X$ (单位为米)。

这种趋势及回归方程表明父母身高每增加一个单位时,其成年子女的身高平均增加 0.516 个单位,假如父母的平均身高为 1.75 米,则预测子女的身高为 1.7597 米。有趣的是,高尔顿对实验数据进一步深入分析发现:矮个人的子女比其父母要高,身材较高的父母所生子女的身高将回降到普通人的平均身高。换言之,当父母身高走向极端(非常高或者非常矮)时,子女的身高不会像父母身高那样极端化,其身高要比父母的身高更接近普通人的平均身高。对于这一结论的解释是:大自然具有一种约束力,使人类身高的分布相对稳定而不产生两极分化,这种现象就是"回归均值"(regression toward the mean)现象,就好像有股力量在你走向极端时,就会被它拉回来。今天所说的"线性回归",作为根据一种变量预测另一种变量或多种变量关系的描述方法,就是从"均值回归"发展来的。

每一种非常规的变化事前一定有征兆,每一件事情都有迹可循,如果找到了征兆与变化之间的规律,让数据分析从"面向已经发生的过去"转向"面向即将发生的未来",就可以进行预测,这就是数据预测的逻辑基础。预测无法确定某件事情必然会发生,它更多是基于大量数据和预测模型预测未来某件事情发生的概率,预测得出的结果不仅可用于解释现实问题中的简单、客观的结论,进一步还能帮助人们进行辅助决策。

**资料来源**

[1] 杨轶莘. 大数据时代下的统计学[M]. 北京:电子工业出版社,2015.

[2] 郝丽,刘乐平,刘骏豪. 统计历史的发展与统计科学的智慧[J]. 统计与信息论坛,2017,32(11):118-126.

[3] 李清茹,吴俊,叶冬青. 相关和回归分析的创始人:弗朗西斯·高尔顿[J]. 中华疾病控制杂志,2018,22(9):981-983.

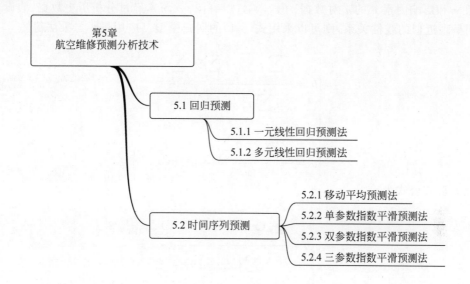

# 5.1　回　归　预　测

　　回归分析预测法,是在分析自变量和因变量之间相关关系的基础上,建立变量之间的回归方程,并将回归方程作为预测模型的一种预测方法。回归分析预测法有多种类型。依据相关关系中自变量的个数不同,可分为一元回归分析预测法和多元回归分析预测法;依据自变量和因变量之间的相关关系不同,可分为线性回归预测和非线性回归预测。

## 5.1.1　一元线性回归预测法

### 1. 回归模型

　　一元线性回归模型是针对一个自变量和一个因变量之间的近似线性关系,用一元线性方程去拟合,进而用得到的线性方程去预测。一元线性回归模型为

$$y = a + bx \tag{5-1}$$

式中,$y$ 为预测对象,称为因变量或被解释变量;$x$ 为影响因素,称为自变量或解释变量;$a$、$b$ 为待定的回归系数。

## 2. 参数估计

模型中的参数 $a$、$b$ 的估计,从曲线拟合的角度讲,可采用最小二乘法。假设收集到预测对象 $y$ 和影响因素 $x$ 的 $n$ 对数据:$(x_i,y_i)(i=1,2,\cdots,n)$,经过分析历史数据,假设 $y$ 和 $x$ 之间呈现近似的线性关系,则可以采用式(5-1)的回归模型。应用最小二乘法得

$$\begin{cases} b = \dfrac{n\sum\limits_{i=1}^{n}x_iy_i - \sum\limits_{i=1}^{n}x_i\sum\limits_{i=1}^{n}y_i}{n\sum\limits_{i=1}^{n}x_i^2 - \left(\sum\limits_{i=1}^{n}x_i\right)^2} \\[4mm] a = \dfrac{\sum\limits_{i=1}^{n}y_i - b\sum\limits_{i=1}^{n}x_i}{n} \end{cases} \tag{5-2}$$

离差形式公式为

$$\begin{cases} b = \dfrac{\sum\limits_{i=1}^{n}(x_i-\bar{x})(y_i-\bar{y})}{\sum\limits_{i=1}^{n}(x_i-\bar{x})^2} \\[4mm] a = \bar{y} - b\bar{x} \end{cases} \tag{5-3}$$

式中,$\bar{x} = \dfrac{1}{n}\sum\limits_{i=1}^{n}x_i$,称为 $x$ 的均值;$\bar{y} = \dfrac{1}{n}\sum\limits_{i=1}^{n}y_i$,称为 $y$ 的均值。

## 3. 模型检验

回归模型建立后,能否用模型进行预测,还需要进行模型的检验。常用的统计检验有标准离差检验、相关系数检验等。

(1)标准离差检验。标准离差 $s$ 用来检验回归预测模型的精度,计算公式为

$$s = \sqrt{\frac{1}{n-1}\sum_{i=1}^{n}(y_i - \hat{y}_i)^2} \tag{5-4}$$

式中,$\hat{y}_i$ 为预测对象实际值 $y_i$ 的估计值(或称模拟值)。

标准离差 $s$ 反映了回归预测模型所得到的估计值 $\hat{y}_i$ 与实际值 $y_i$ 之间的平均误差,所以希望 $s$ 的值越小越好。一般要求 $s/\bar{y}$ 的值在 $10\%\sim15\%$ 之间为宜。

(2)相关系数检验。相关系数,用来检验两个变量之间的线性相关的显著程度,计算公式为

$$r = \sqrt{1 - \frac{\sum\limits_{i=1}^{n}(y_i - \hat{y}_i)^2}{\sum\limits_{i=1}^{n}(y_i - \bar{y})^2}} \tag{5-5}$$

相关系数还有一种计算方法：积差法。该方法是利用自变量和因变量的离差乘积和离差平方来计算的，计算公式为

$$r = \frac{L_{xy}}{\sqrt{L_{xx}L_{yy}}} = \frac{\sum\limits_{i=1}^{n}(x_i - \bar{x})(y_i - \bar{y})}{\sqrt{\sum\limits_{i=1}^{n}(x_i - \bar{x})^2 \cdot \sum\limits_{i=1}^{n}(y_i - \bar{y})^2}} \tag{5-6}$$

一般情况下，通过相关系数判断变量间相关程度标准如下：

当 $r=0$ 时，$y$ 与 $x$ 之间不相关或不存在线性相关关系；

当 $0<|r|\leq0.3$ 时，$y$ 与 $x$ 为微弱相关；

当 $0.3<|r|\leq0.5$ 时，$y$ 与 $x$ 为低度相关；

当 $0.5<|r|\leq0.8$ 时，$y$ 与 $x$ 为中度相关；

当 $0.8<|r|<1$ 时，$y$ 与 $x$ 为高度相关；

当 $r=1$ 时，$y$ 与 $x$ 完全相关，实际值完全落在回归直线上。

一般只有当 $r$ 接近 1 时，才能用一元线性回归预测模型描述 $y$ 与 $x$ 之间的关系。$r$ 大到什么程度，回归预测模型才有实际意义呢？实际检验中是通过与临界相关系数 $r_a$（一般取显著性水平 $\alpha=0.05$）的比较来判断的，这个过程称为相关性检验。

例 5-1
讲解微视频

**4. 应用实例**

**【例 5-1】** 某部 2005—2009 年飞机起落次数与主轮胎消耗量如表 5-1 所列，试利用 Minitab 软件建立一元回归模型，对该部主轮胎消耗量进行预测。

**表 5-1　飞机起落次数与主轮胎消耗量统计表**

| 年份＼季度 | 飞机起落次数 | | | | 主轮胎消耗量 | | | |
|---|---|---|---|---|---|---|---|---|
| | 一季度 | 二季度 | 三季度 | 四季度 | 一季度 | 二季度 | 三季度 | 四季度 |
| 2005 | 623 | 239 | 289 | 302 | 70 | 26 | 36 | 33 |
| 2006 | 504 | 656 | 405 | 462 | 54 | 54 | 48 | 51 |
| 2007 | 745 | 543 | 648 | 432 | 83 | 76 | 60 | 44 |
| 2008 | 346 | 294 | 448 | 316 | 48 | 39 | 49 | 33 |
| 2009 | 672 | 592 | 503 | 572 | 78 | 62 | 53 | 54 |

**【操作步骤】**

先进行相关分析：

（1）将表 5-1 中的飞机起落次数与主轮胎消耗量的数据分别导入工作表的 C1 列与 C2 列，列名分别命名为"起落次数"和"轮胎消耗量"。

（2）选择"统计"→"基本统计量"→"相关"命令。

（3）在"变量"中，分别选入"起落次数"和"轮胎消耗量"。

（4）单击"确定"按钮，在会话窗口输出如下结果。

会话窗口输出结果：

**相关：起落次数，轮胎消耗量**
起落次数 和 轮胎消耗量 的 Pearson 相关系数 = 0.897
P 值 = 0.000

可以看到，相关系数 $r=0.897$，且 P 值为 $0<0.05$。所以，结论是飞机起落次数 $x$ 与轮胎消耗量 $y$ 是线性相关的。

再进行回归分析，即求 $x$、$y$ 的回归方程。

（1）选择"统计"→"回归"→"拟合线图"命令。

（2）将"轮胎消耗量"选入"响应"，将"起落次数"选入"预测变量"，如图 5-1 所示。

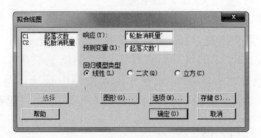

图 5-1　"拟合线图"对话框

（3）单击"确定"按钮，在图形窗口输出如图 5-2 所示。

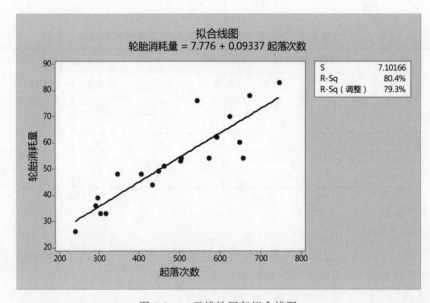

图 5-2　一元线性回归拟合线图

**【结果分析】**

由输出结果可知,回归方程为:轮胎消耗量 = 7.776 + 0.09337 × 起落次数,即 $y = 7.776 + 0.09337x$。回归方程拟合出来之后,还需要解决以下四个问题:

(1) 回归方程显著性检验——从总体上判定回归方程是否有效。

(2) 回归方程总效果度量——给出回归方程总效果好坏的度量标准。

(3) 各回归系数显著性检验——当回归方程效果显著时,进行各个回归系数的显著性检验,判定回归方程中哪些自变量是显著的,将效应不显著的自变量删除,以优化模型,这点尤其在多元回归当中至关重要。

(4) 残差诊断——检验数据是否符合我们对于回归的基本假定,检验整个回归模型与数据拟合得是否很好,是否能进一步改进回归方程以优化我们的模型。

下面仍以例 5-1 为例,利用 Minitab 进行上述四项工作,即回归方程的显著性检验、总效果度量、回归系数的显著性检验及残差诊断。

**【操作步骤】**

Step 01:选择"统计"→"回归"→"拟合线图"命令。

Step 02:将"轮胎消耗量"选入"响应",将"起落次数"选入"预测变量"。

Step 03:单击"图形"按钮,弹出"拟合线图:图形"对话框,选中"四合一"单选按钮,在"残差与变量"中输入自变量名称"起落次数",如图 5-3 所示。

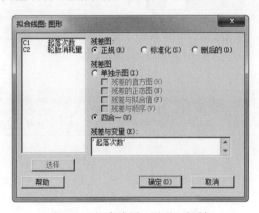

图 5-3 "拟合线图:图形"对话框

Step 04:单击"确定"按钮,在会话窗口输出如下结果,图形窗口输出如图 5-4 和图 5-5 所示。

会话窗口输出结果:

**回归分析:轮胎消耗量 与 起落次数**
回归方程为
轮胎消耗量 = 7.776 + 0.09337 起落次数
S = 7.10166  R-Sq = 80.4%  R-Sq(调整) = 79.3%

方差分析

| 来源 | 自由度 | SS | MS | F | P |
|------|--------|---------|---------|-------|-------|
| 回归 | 1 | 3729.14 | 3729.14 | 73.94 | 0.000 |
| 误差 | 18 | 907.81 | 50.43 | | |
| 合计 | 19 | 4636.95 | | | |

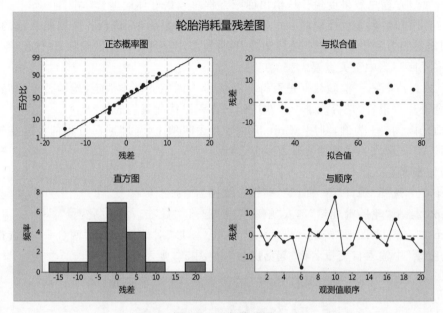

图 5-4　回归残差图

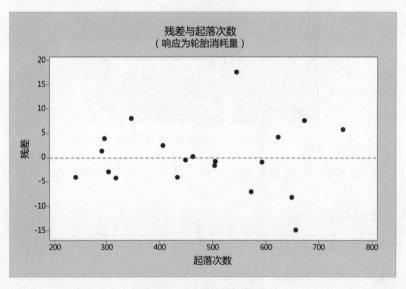

图 5-5　残差与自变量图

**【结果分析】**

(1) 回归方程的显著性检验：要先看方差分析表中的结果。其中对应 $F$ 统计量 73.94 的 $P$ 值＝0.000＜0.05，所以从整体上判定回归方程是显著有效的。

(2) 回归方程总效果的度量：R-Sq 与 R-Sq(调整)很接近，且 R-Sq(调整)＝79.3％，说明拟合的模型可以解释轮胎消耗量 $y$ 中 79.3％的变异，回归的效果还可以(但也不能说非常好)，所以模型拟合总效果还可以。

(3) 回归方程显著时，进行回归系数的显著性检验：自变量 $x$ 系数 $P$ 值为 0＜0.05，说明自变量 $x$ 是显著因子。常量 $P$ 值＝0.170＞0.05，说明常量是不显著的，回归方程中应当不含常量。

(4) 残差诊断：残差图如图 5-4 和图 5-5 所示。其诊断方法如下：

① 看右下角"残差与观测值顺序"：观察残差对于以观测值顺序为横轴的散点图，重点考察此图中残差值是否随机地在水平轴上下无规则地波动。若是随机波动，说明残差值间是相互独立的。本例中，残差值随机波动，彼此间是独立的。

② 看右上角"残差与拟合值"：重点考察此散点图中残差是否保持等方差性，即是否有"漏斗形"或"喇叭形"。若图形明显有漏斗形或喇叭形，说明对响应变量 $y$ 需要做某种变换，变换后重新拟合模型，拟合效果会更好。本例中，图形正常，残差是等方差的。

③ 看左上角的"正态概率图"：观察残差的正态概率图，看残差值是否符合正态分布。若残差呈正态分布，则此图中的点一般会形成一条直线。本例中，各点基本在一条直线上，可以认为残差是服从正态分布的；左下角的"残差直方图"可供辅助检查残差大致分布情况。如果有一个或两个条形与其他条形距离较远，这些点有可能是异常值。

④ 看残差对于以各自变量为横轴的散点图"残差与起落次数"(见图 5-5)：重点考察此图中是否有弯曲趋势。若残差虽保持等方差，但图形有明显的弯曲趋势，就应考虑增加自变量的高阶项才能使模型拟合得更好些。本例中，残差对于自变量"起落次数"的散点图是正常的，无弯曲趋势。

由于本例回归系数的显著性检验时，常量是不显著的，回归方程中应当不含常量。所以，下面修正回归模型后再进行回归分析。

选择"统计"→"回归"→"回归"→"拟合回归模型"命令，弹出"回归"对话框，如图 5-6 所示；输入变量后，再单击"模型"按钮，弹出"回归：模型"对话框，取消选中"包含模型中的常数项"复选框，如图 5-7 所示。

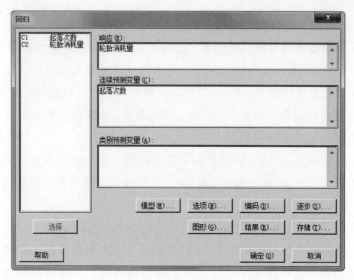

图 5-6 "回归"对话框

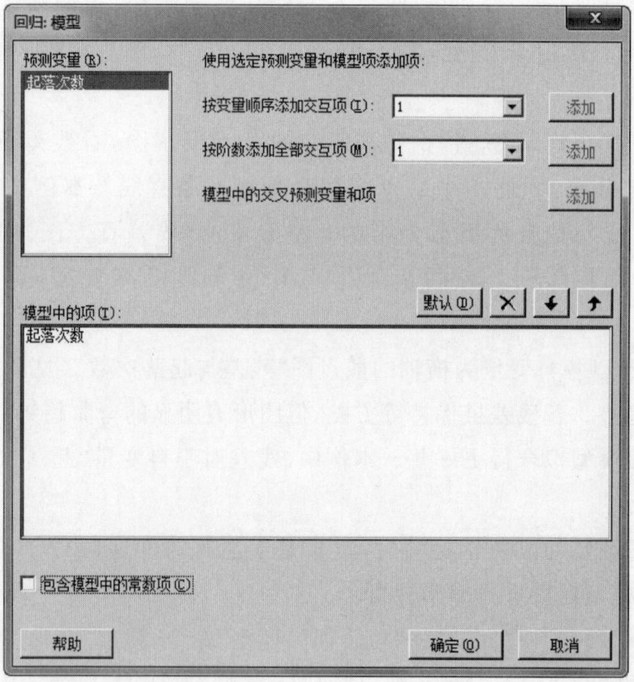

图 5-7 "回归：模型"对话框

单击"确定"按钮后,可得到下列输出结果:

**回归分析:轮胎消耗量与起落次数**
方差分析

| 来源 | 自由度 | Adj SS | Adj MS | F 值 | P 值 |
|---|---|---|---|---|---|
| 回归 | 1 | 58856 | 58856.3 | 1106.41 | 0.000 |
| 　起落次数 | 1 | 58856 | 58856.3 | 1106.41 | 0.000 |
| 误差 | 19 | 1011 | 53.2 | | |
| 合计 | 20 | 59867 | | | |

模型汇总

| S | R-sq | R-sq(调整) | R-sq(预测) |
|---|---|---|---|
| 7.29353 | 98.31% | 98.22% | 98.07% |

系数

| 项 | 系数 | 系数标准误 | T 值 | P 值 | 方差膨胀因子 |
|---|---|---|---|---|---|
| 起落次数 | 0.10820 | 0.00325 | 33.26 | 0.000 | 1.00 |

回归方程
轮胎消耗量 = 0.10820 起落次数
异常观测值的拟合和诊断

| 观测值 | 轮胎消耗量 | 拟合值 | 残差 | 标准残差 | |
|---|---|---|---|---|---|
| 6 | 54.00 | 70.98 | −16.98 | −2.43 | R |
| 10 | 76.00 | 58.75 | 17.25 | 2.44 | R |

R　残差大

【结果分析】

由输出结果可知,修正后的回归方程为:轮胎消耗量 $= 0.108 \times$ 起落次数,即 $y = 0.108x$。为了对比两种回归方程的拟合效果,分别给出两种预测结果的对比图和对比表,对比图如图 5-8 所示,对比表如表 5-2 和表 5-3 所列。

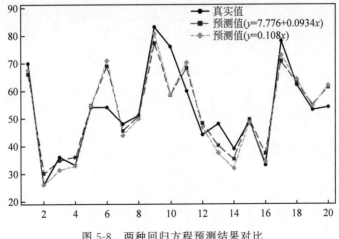

图 5-8　两种回归方程预测结果对比

表 5-2 轮胎消耗量预测表（回归方程：$y=7.776+0.0934x$）

| 序号 | 起落次数 | 轮胎消耗量 | 拟合值 | 拟合值标准误 | 残差 | 标准化残差 |
|---|---|---|---|---|---|---|
| 1 | 623 | 70 | 65.94 | 2.22 | 4.06 | 0.6 |
| 2 | 239 | 26 | 30.09 | 3.06 | −4.09 | −0.64 |
| 3 | 289 | 36 | 34.76 | 2.61 | 1.24 | 0.19 |
| 4 | 302 | 33 | 35.97 | 2.5 | −2.97 | −0.45 |
| 5 | 504 | 54 | 54.83 | 1.61 | −0.83 | −0.12 |
| 6 | 656 | 54 | 69.02 | 2.49 | −15.02 | −2.26R |
| 7 | 405 | 48 | 45.59 | 1.78 | 2.41 | 0.35 |
| 8 | 462 | 51 | 50.91 | 1.6 | 0.09 | 0.01 |
| 9 | 745 | 83 | 77.33 | 3.29 | 5.67 | 0.9 |
| 10 | 543 | 76 | 58.47 | 1.73 | 17.53 | 2.54R |
| 11 | 648 | 60 | 68.28 | 2.42 | −8.28 | −1.24 |
| 12 | 432 | 44 | 48.11 | 1.67 | −4.11 | −0.6 |
| 13 | 346 | 48 | 40.08 | 2.15 | 7.92 | 1.17 |
| 14 | 294 | 39 | 35.23 | 2.57 | 3.77 | 0.57 |
| 15 | 448 | 49 | 49.6 | 1.62 | −0.6 | −0.09 |
| 16 | 316 | 33 | 37.28 | 2.38 | −4.28 | −0.64 |
| 17 | 672 | 78 | 70.52 | 2.62 | 7.48 | 1.13 |
| 18 | 592 | 62 | 63.05 | 2 | −1.05 | −0.15 |
| 19 | 503 | 53 | 54.74 | 1.61 | −1.74 | −0.25 |
| 20 | 572 | 54 | 61.18 | 1.88 | −7.18 | −1.05 |

表 5-3 轮胎消耗量预测表（回归方程：$y=0.108x$）

| 序号 | 起落次数 | 轮胎消耗量 | 拟合值 | 拟合值标准误 | 残差 | 标准化残差 |
|---|---|---|---|---|---|---|
| 1 | 623 | 70 | 67.41 | 2.03 | 2.59 | 0.37 |
| 2 | 239 | 26 | 25.86 | 0.78 | 0.14 | 0.02 |
| 3 | 289 | 36 | 31.27 | 0.94 | 4.73 | 0.65 |
| 4 | 302 | 33 | 32.68 | 0.98 | 0.32 | 0.04 |
| 5 | 504 | 54 | 54.53 | 1.64 | −0.53 | −0.08 |
| 6 | 656 | 54 | 70.98 | 2.13 | −16.98 | −2.43R |
| 7 | 405 | 48 | 43.82 | 1.32 | 4.18 | 0.58 |
| 8 | 462 | 51 | 49.99 | 1.5 | 1.01 | 0.14 |
| 9 | 745 | 83 | 80.61 | 2.42 | 2.39 | 0.35 |
| 10 | 543 | 76 | 58.75 | 1.77 | 17.25 | 2.44R |
| 11 | 648 | 60 | 70.11 | 2.11 | −10.11 | −1.45 |
| 12 | 432 | 44 | 46.74 | 1.41 | −2.74 | −0.38 |
| 13 | 346 | 48 | 37.44 | 1.13 | 10.56 | 1.47 |
| 14 | 294 | 39 | 31.81 | 0.96 | 7.19 | 0.99 |

| 序号 | 起落次数 | 轮胎消耗量 | 拟合值 | 拟合值标准误 | 残差 | 标准化残差 |
|------|----------|------------|--------|--------------|------|------------|
| 15 | 448 | 49 | 48.47 | 1.46 | 0.53 | 0.07 |
| 16 | 316 | 33 | 34.19 | 1.03 | −1.19 | −0.17 |
| 17 | 672 | 78 | 72.71 | 2.19 | 5.29 | 0.76 |
| 18 | 592 | 62 | 64.06 | 1.93 | −2.06 | −0.29 |
| 19 | 503 | 53 | 54.43 | 1.64 | −1.43 | −0.2 |
| 20 | 572 | 54 | 61.89 | 1.86 | −7.89 | −1.12 |

**说明**：拟合值的标准误：估计一组给定的预测变量值、因子水平或分量的估计平均响应中的变异，并用于生成预测的置信区间。标准误越小，估计的平均响应越精确。

残差：观测值($y$)与其相应拟合值($\hat{y}$)之间的差。残差值在回归和方差分析过程中特别有用，因为残差值表示模型能在多大程度上解释观测数据中的变异。

标准化残差：标准化残差等于残差值除以其标准差的估计值。标准化残差有助于检测异常值。通常将大于2和小于−2的标准化残差视为较大，Minitab软件在异常观测值表以及拟合值与残差表中以"R"标记这些观测值。

## 5.1.2　多元线性回归预测法

### 1. 回归模型

如果研究对象受多个因素影响，而且各影响因素与被影响因素的关系是线性的，这时就需要建立多元线性回归模型。假定因变量 $Y$ 与自变量 $x_1, x_2, \cdots, x_p$ 具有线性关系，它们之间的线性回归模型可表示为

$$Y = \beta_0 + \beta_1 x_1 + \cdots + \beta_p x_p + \varepsilon \tag{5-7}$$

其中，$\varepsilon$ 为随机项，$E(\varepsilon) = 0$。

将 $n$ 组观测值代入式(5-7)可得

$$\begin{cases} Y_1 = \beta_0 + \beta_1 x_{11} + \cdots + \beta_p x_{1p} + \varepsilon_1 \\ Y_2 = \beta_0 + \beta_1 x_{21} + \cdots + \beta_p x_{2p} + \varepsilon_2 \\ \vdots \\ Y_n = \beta_0 + \beta_1 x_{n1} + \cdots + \beta_p x_{np} + \varepsilon_n \end{cases} \tag{5-8}$$

设

$$\boldsymbol{Y} = \begin{bmatrix} Y_1 \\ Y_2 \\ \vdots \\ Y_n \end{bmatrix}, \quad \boldsymbol{X} = \begin{bmatrix} 1 & x_{11} & x_{12} & \cdots & x_{1p} \\ 1 & x_{21} & x_{22} & \cdots & x_{2p} \\ \vdots & \vdots & \vdots & \ddots & \vdots \\ 1 & x_{n1} & x_{n2} & \cdots & x_{np} \end{bmatrix}, \quad \boldsymbol{\beta} = \begin{bmatrix} \beta_0 \\ \beta_1 \\ \vdots \\ \beta_p \end{bmatrix}, \quad \boldsymbol{\varepsilon} = \begin{bmatrix} \varepsilon_1 \\ \varepsilon_2 \\ \vdots \\ \varepsilon_n \end{bmatrix}$$

则方程组(5-8)可以表示为

$$Y = X\beta + \varepsilon \tag{5-9}$$

根据最小二乘原理,多元回归方程应使模型剩余离差平方和最小,即

$$Q(\beta) = \sum_{i=1}^{n} \varepsilon_i^2 = \sum_{i=1}^{n} (y_i - \beta_0 - \beta_1 x_{i1} - \cdots - \beta_p x_{ip})^2 \tag{5-10}$$

根据多元函数的极值原理可得

$$\begin{cases} \dfrac{\partial Q}{\partial \beta_0} = -2 \sum_{i=1}^{n} (y_i - \beta_0 - \beta_1 x_{i1} - \cdots - \beta_p x_{ip}) = 0 \\[2mm] \dfrac{\partial Q}{\partial \beta_1} = -2 \sum_{i=1}^{n} (y_i - \beta_0 - \beta_1 x_{i1} - \cdots - \beta_p x_{ip}) x_{i1} = 0 \\[2mm] \vdots \\[2mm] \dfrac{\partial Q}{\partial \beta_p} = -2 \sum_{i=1}^{n} (y_i - \beta_0 - \beta_1 x_{i1} - \cdots - \beta_p x_{ip}) x_{ip} = 0 \end{cases} \tag{5-11}$$

即

$$\begin{cases} n\beta_0 + \left(\sum_{i=1}^{n} x_{i1}\right)\beta_1 + \left(\sum_{i=1}^{n} x_{i2}\right)\beta_2 + \cdots + \left(\sum_{i=1}^{n} x_{ip}\right)\beta_p = \sum_{i=1}^{n} y_i \\[2mm] \left(\sum_{i=1}^{n} x_{i1}\right)\beta_0 + \left(\sum_{i=1}^{n} x_{i1}^2\right)\beta_1 + \left(\sum_{i=1}^{n} x_{i1} x_{i2}\right)\beta_2 + \cdots + \left(\sum_{i=1}^{n} x_{i1} x_{ip}\right)\beta_p = \sum_{i=1}^{n} x_{i1} y_i \\[2mm] \vdots \\[2mm] \left(\sum_{i=1}^{n} x_{ip}\right)\beta_0 + \left(\sum_{i=1}^{n} x_{ip} x_{i1}\right)\beta_1 + \left(\sum_{i=1}^{n} x_{ip} x_{i2}\right)\beta_2 + \cdots + \left(\sum_{i=1}^{n} x_{ip}^2\right)\beta_p = \sum_{i=1}^{n} x_{ip} y_i \end{cases} \tag{5-12}$$

其矩阵形式为

$$\begin{bmatrix} n & \sum_{i=1}^{n} x_{i1} & \sum_{i=1}^{n} x_{i2} & \cdots & \sum_{i=1}^{n} x_{ip} \\ \sum_{i=1}^{n} x_{i1} & \sum_{i=1}^{n} x_{i1}^2 & \sum_{i=1}^{n} x_{i1} x_{i2} & \cdots & \sum_{i=1}^{n} x_{i1} x_{ip} \\ \vdots & \vdots & \vdots & \ddots & \vdots \\ \sum_{i=1}^{n} x_{ip} & \sum_{i=1}^{n} x_{ip} x_{i1} & \sum_{i=1}^{n} x_{ip} x_{i2} & \cdots & \sum_{i=1}^{n} x_{ip}^2 \end{bmatrix} \begin{bmatrix} \beta_0 \\ \beta_1 \\ \beta_2 \\ \vdots \\ \beta_p \end{bmatrix} = \begin{bmatrix} 1 & 1 & 1 & \cdots & 1 \\ x_{11} & x_{21} & x_{31} & \cdots & x_{n1} \\ x_{12} & x_{22} & x_{32} & \cdots & x_{n2} \\ \vdots & \vdots & \vdots & \ddots & \vdots \\ x_{1p} & x_{2p} & x_{3p} & \cdots & x_{np} \end{bmatrix} \begin{bmatrix} y_1 \\ y_2 \\ \vdots \\ y_n \end{bmatrix} \tag{5-13}$$

亦即

$$\begin{bmatrix} 1 & 1 & 1 & \cdots & 1 \\ x_{11} & x_{21} & x_{31} & \cdots & x_{n1} \\ x_{12} & x_{22} & x_{32} & \cdots & x_{n2} \\ \vdots & \vdots & \vdots & \ddots & \vdots \\ x_{1p} & x_{2p} & x_{3p} & \cdots & x_{np} \end{bmatrix} \begin{bmatrix} 1 & x_{11} & x_{12} & \cdots & x_{1p} \\ 1 & x_{21} & x_{22} & \cdots & x_{2p} \\ 1 & x_{31} & x_{32} & \cdots & x_{3p} \\ \vdots & \vdots & \vdots & \ddots & \vdots \\ 1 & x_{n1} & x_{n2} & \cdots & x_{np} \end{bmatrix} \begin{bmatrix} \beta_0 \\ \beta_1 \\ \beta_2 \\ \vdots \\ \beta_p \end{bmatrix} = \begin{bmatrix} 1 & 1 & 1 & \cdots & 1 \\ x_{11} & x_{21} & x_{31} & \cdots & x_{n1} \\ x_{12} & x_{22} & x_{32} & \cdots & x_{n2} \\ \vdots & \vdots & \vdots & \ddots & \vdots \\ x_{1p} & x_{2p} & x_{3p} & \cdots & x_{np} \end{bmatrix} \begin{bmatrix} y_1 \\ y_2 \\ \vdots \\ y_n \end{bmatrix}$$

故矩阵式(5-13)可以表示为

$$\boldsymbol{X}^{\mathrm{T}} \boldsymbol{X} \boldsymbol{\beta} = \boldsymbol{X}^{\mathrm{T}} \boldsymbol{Y} \tag{5-14}$$

而回归系数列矩阵的计算公式为

$$\boldsymbol{\beta} = (\boldsymbol{X}^{\mathrm{T}} \boldsymbol{X})^{-1} \boldsymbol{X}^{\mathrm{T}} \boldsymbol{Y} \tag{5-15}$$

式中，$\boldsymbol{X}^{\mathrm{T}}$ 为矩阵 $\boldsymbol{X}$ 的转置矩阵；$(\boldsymbol{X}^{\mathrm{T}} \boldsymbol{X})^{-1}$ 为矩阵 $\boldsymbol{X}^{\mathrm{T}} \boldsymbol{X}$ 的逆矩阵。

例 5-2
讲解微视频

### 2. 应用实例

**【例 5-2】**　航材消耗与许多因素有关，但各种因素对航材消耗的影响程度不同。因此，应选出最主要的影响因素进行分析。如轮胎的消耗与飞机架数、飞行小时、飞行起落、跑道、气象、飞行员操纵等许多因素有关，但通过分析后得出影响轮胎消耗最重要的因素为飞机架数、飞行小时、飞行起落三种飞行参数。现有某场站 1997—2012 年的轮胎消耗量与飞机架数、飞行小时、飞行起落的统计数据，如表 5-4 所列，试利用 Minitab 软件建立多元回归模型，对轮胎消耗量进行预测。

表 5-4　某型轮胎 1997—2012 年的消耗数量及相关飞行参数统计表

| 年　份 | 飞 行 架 数 | 飞 行 小 时 | 飞 行 起 落 | 消 耗 数 量 |
|---|---|---|---|---|
| 1997 | 28 | 2596 | 1982 | 112 |
| 1998 | 30 | 2798 | 1996 | 116 |
| 1999 | 30 | 3033 | 2005 | 118 |
| 2000 | 31 | 3053 | 2169 | 124 |
| 2001 | 31 | 3088 | 2246 | 126 |
| 2002 | 32 | 3106 | 2277 | 128 |
| 2003 | 34 | 3256 | 2436 | 135 |
| 2004 | 33 | 3189 | 2383 | 133 |
| 2005 | 34 | 3246 | 2442 | 136 |
| 2006 | 35 | 3321 | 2515 | 139 |
| 2007 | 38 | 3546 | 2616 | 145 |
| 2008 | 38 | 3496 | 2596 | 143 |
| 2009 | 39 | 3683 | 2768 | 151 |
| 2010 | 38 | 3607 | 2722 | 149 |
| 2011 | 40 | 3802 | 2824 | 155 |
| 2012 | 42 | 3895 | 2923 | 159 |

**【操作步骤】**

Step 01：将表 5-4 中的数据分别导入工作表的 C1～C5 列，列名分别命名为"年份""飞机架数""飞行小时""飞行起落""消耗数量"。

Step 02：选择"统计"→"回归"→"回归"→"拟合回归模型"命令。

Step 03：将"消耗数量"选入"响应"，"飞机架数""飞行小时""飞行起落"分别选入"连续预测变量"。

Step 04：单击"图形"按钮，弹出"回归：图形"对话框选中"四合一"。

Step 05：单击"确定"按钮，在会话窗口输出如下结果，图形窗口输出如图 5-9 所示。

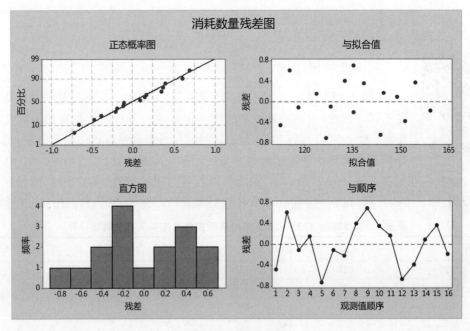

图 5-9　回归残差图

会话窗口输出结果：

**回归分析：消耗数量与飞机架数，飞行小时，飞行起落**

方差分析

| 来源 | 自由度 | Adj SS | Adj MS | F 值 | P 值 |
|---|---|---|---|---|---|
| 回归 | 3 | 3035.17 | 1011.72 | 4394.27 | 0.000 |
| 　飞机架数 | 1 | 0.24 | 0.24 | 1.02 | 0.331 |
| 　飞行小时 | 1 | 7.50 | 7.50 | 32.57 | 0.000 |
| 　飞行起落 | 1 | 52.68 | 52.68 | 228.79 | 0.000 |
| 误差 | 12 | 2.76 | 0.23 | | |
| 合计 | 5 | 3037.94 | | | |

模型汇总

```
       S       R-sq    R-sq(调整)   R-sq(预测)
  0.479831   99.91%    99.89%      99.80%
系数
                                                  方差膨
  项           系数    系数标准误   T 值    P 值   胀因子
  常量         15.80        1.25   12.63   0.000
  飞机架数      0.189       0.187    1.01   0.331   39.38
  飞行小时    0.01034     0.00181    5.71   0.000   27.45
  飞行起落    0.03256     0.00215   15.13   0.000   27.47
回归方程
  消耗数量 = 15.80 + 0.189 飞机架数 + 0.01034 飞行小时 + 0.03256 飞行起落
```

**【结果分析】**

（1）回归方程：消耗数量 $= 15.8 + 0.189 \times$ 飞机架数 $+ 0.01034 \times$ 飞行小时 $+ 0.03256 \times$ 飞行起落，即 $y = 15.8 + 0.189x_1 + 0.01034x_2 + 0.03256x_3$。

（2）回归方程的显著性检验：要先看方差分析表中的结果。其中对应 F 统计量 4394.27 的 $P$ 值 $= 0.000 < 0.05$，所以从整体上判定回归方程是显著有效的。

（3）回归方程总效果的度量：R-Sq 与 R-Sq（调整）非常接近，且 R-Sq（调整）$= 99.89\%$，说明拟合的模型可以解释轮胎消耗量 $y$ 中 99.9% 的变异，回归的效果非常好。

（4）回归方程显著时，进行回归系数的显著性检验：估计系数"飞行小时"和"飞行起落"的 $P$ 值均为 0.000，表明它们与"消耗数量"显著相关。"飞机架数"的 $P$ 值为 $0.331 > 0.05$，表明它在 $\alpha$ 水平为 0.05 时与"消耗数量"不相关。这说明只有变量"飞行小时"和"飞行起落"的模型可能更合适。

（5）残差诊断：残差图如图 5-9 所示。其诊断方法如下：

① 看右下角"残差与观测值顺序"：残差值随机地在水平轴上下无规则地波动，彼此间是独立的，无异常。

② 看右上角"残差与拟合值"：散点图中残差保持等方差性，图形正常。

③ 看左上角的"正态概率图"：各点基本在一条直线上，可以认为残差是服从正态分布的；左下角的"残差直方图"可供辅助检查残差大致分布情况，无异常值。

其回归拟合效果如图 5-10 所示，预测结果与误差分析如表 5-5 所列。

**表 5-5 某型轮胎消耗数量预测结果与误差分析表**

| 年份 | 实际值 | 拟合值 | 拟合值标准误 | 残差 | 标准化残差 |
|------|--------|--------|-------------|------|-----------|
| 1997 | 112 | 112.47 | 0.358 | $-0.47$ | $-1.47$ |
| 1998 | 116 | 115.392 | 0.324 | 0.608 | 1.72 |
| 1999 | 118 | 118.115 | 0.397 | $-0.115$ | $-0.43$ |
| 2000 | 124 | 123.851 | 0.196 | 0.149 | 0.34 |
| 2001 | 126 | 126.72 | 0.25 | $-0.72$ | $-1.76$ |
| 2002 | 128 | 128.105 | 0.157 | $-0.105$ | $-0.23$ |

续表

| 年份 | 实际值 | 拟合值 | 拟合值标准误 | 残差 | 标准化残差 |
|------|--------|--------|--------------|------|------------|
| 2003 | 135 | 135.211 | 0.153 | −0.211 | −0.46 |
| 2004 | 133 | 132.603 | 0.183 | 0.397 | 0.89 |
| 2005 | 136 | 135.303 | 0.163 | 0.697 | 1.55 |
| 2006 | 139 | 138.644 | 0.17 | 0.356 | 0.79 |
| 2007 | 145 | 144.827 | 0.203 | 0.173 | 0.4 |
| 2008 | 143 | 143.658 | 0.255 | −0.658 | −1.62 |
| 2009 | 151 | 151.381 | 0.184 | −0.381 | −0.86 |
| 2010 | 149 | 148.909 | 0.185 | 0.091 | 0.21 |
| 2011 | 155 | 154.624 | 0.219 | 0.376 | 0.88 |
| 2012 | 159 | 159.188 | 0.264 | −0.188 | −0.47 |

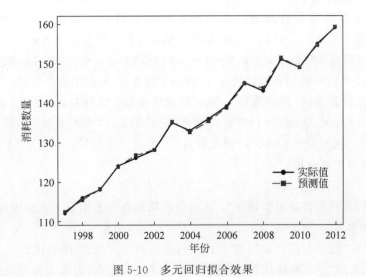

图 5-10　多元回归拟合效果

# 5.2　时间序列预测

　　时间序列是将某种统计指标的数值,按时间先后顺序排列所形成的数列,如图 5-11 为典型时间序列图。时间序列预测就是通过分析时间序列,根据时间序列所反映出来的发展过程、方向和趋势,进行类推或延伸,借以预测下一段时间或以后若干年内可能达到的水平。时间序列预测可用于短期预测、中期预测和长期预测。根据对数据分析方法的不同,可分为移动平均法、加权移动平均法、指数平滑法、趋势预测法、季节性趋势预测法等。

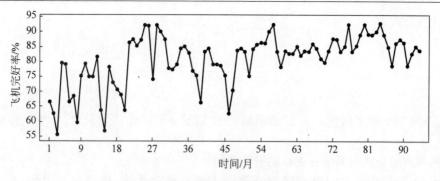

图 5-11　某型飞机完好率时间序列图

## 5.2.1　移动平均预测法

### 1. 简单一次移动平均预测法

简单一次移动平均预测法的基本思想是选择一定长度的移动间隔,对序列逐期移动求得平均数作为下一期的预测值,将最近 $k$ 期数据平均作为下一期的预测值。

设时间序列为 $\{y_t\}$,取移动平均的项数为 $k$,则第 $t+1$ 期预测值计算公式为

$$\hat{y}_{t+1}=M_t^{(1)}=\frac{y_t+y_{t-1}+\cdots+y_{t-k+1}}{k}=\frac{1}{k}\sum_{j=1}^{k}y_{t-k+j} \tag{5-16}$$

式中,$y_t$ 表示第 $t$ 期实际值;$M_t^{(1)}$ 表示第 $t$ 期一次移动平均数;$\hat{y}_{t+1}$ 表示第 $t+1$ 期预测值($t \geqslant k$)。

其预测标准误差为

$$S=\sqrt{\frac{\sum(y_{t+1}-\hat{y}_{t+1})^2}{n-k}} \tag{5-17}$$

式中,$n$ 为时间序列 $\{y_t\}$ 所含原始数据的个数;$k$ 表示移动平均的项数。

项数 $k$ 的数值,要根据时间序列的特点而定,不宜过大或过小。$k$ 过大会降低移动平均数的敏感性,影响预测的准确性;$k$ 过小,移动平均数易受随机变动的影响,难以反映实际趋势。一般 $k$ 的取值能包含季节变动和周期变动的时期,这样可消除其影响。对于没有季节变动和周期变动的时间序列,项数 $k$ 的取值可取较大的数;若历史数据的类型呈上升(或下降)型的发展趋势,则项数 $k$ 的数值应取较小的数,会取得较好的预测效果。

### 2. 加权一次移动平均预测法

简单一次移动平均预测法,是把参与平均的数据在预测中所起的作用同等对待,但参与平均的各期数据所起的作用往往是不同的。为此,需要采用加权移动平均法进行预测,加权一次移动平均预测法是其中比较简单的一种。

其计算公式为

$$\hat{y}_{t+1} = \frac{W_1 y_t + W_2 y_{t-1} + \cdots + W_k y_{t-k+1}}{W_1 + W_2 + \cdots + W_k} = \frac{\sum_{i=1}^{k} W_i y_{t-k+1}}{\sum_{i=1}^{k} W_i} \qquad (5\text{-}18)$$

式中，$y_t$ 表示第 $t$ 期实际值；$\hat{y}_{t+1}$ 表示第 $t+1$ 期预测值；$W_i$ 表示权数；$k$ 表示移动平均的项数。

预测误差的公式与简单一次移动平均相同。

Minitab 软件中提供的时间序列预测法主要有移动平均、单指数平滑、双指数平滑、Winters 方法、综合自回归移动平均（ARIMA）等。

例 5-3
讲解微视频

### 3. 应用实例

【例 5-3】 统计某部飞机 12 个月的飞机完好率数据，如表 5-6 所列。以前 11 个月的数据为已知样本、12 月份数据为验证样本，采用时间序列预测中的移动平均法预测第 12 个月飞机完好率，并比较其预测精度。

表 5-6 飞机完好率统计数据

| 月份 | 1 | 2 | 3 | 4 | 5 | 6 |
|---|---|---|---|---|---|---|
| 完好率/% | 0.741 | 0.767 | 0.691 | 0.776 | 0.796 | 0.825 |
| 月份 | 7 | 8 | 9 | 10 | 11 | 12 |
| 完好率/% | 0.783 | 0.826 | 0.829 | 0.839 | 0.857 | 0.856 |

【操作步骤】

Step 01：将表 5-6 中前 11 个月的数据导入工作表的 C1、C2 列，列名分别命名为"月份"和"飞机完好率"。

Step 02：选择"统计"→"时间序列"→"移动平均"命令，弹出"移动平均"对话框。在"变量"中输入"飞机完好率"；"移动平均长度"设为 3；选中"生成预测"复选框，然后在"预测点数"中输入 1，如图 5-12 所示。

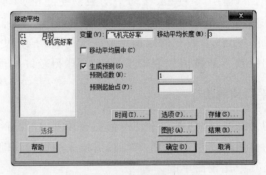

图 5-12 "移动平均"对话框

Step 03：单击"确定"按钮，会话窗口输出如下结果，图形窗口输出如图 5-13 所示。
会话窗口输出结果：

**飞机完好率的移动平均**

数据　　　　　　　　飞机完好率
计算字长（Length）　11
缺失数据数　　　　　0
移动平均
计算字长（Length）　3
准确度度量
平均百分误差（MAPE）4.23127
平均绝对误差（MAD）0.03442
平均偏差平方和　　　0.00150
预测
周期　　　预测　　　下限　　　上限
12　　0.841667　0.765737　0.917597

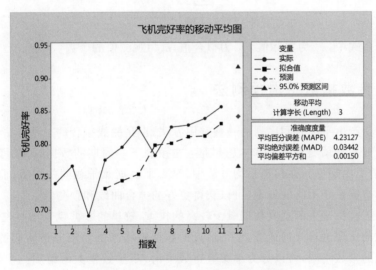

图 5-13　飞机完好率的移动平均图

**【结果分析】**

从会话窗口的输出结果可以看出，12 月份的飞机完好率预测值为 0.841667，预测误差
为 0.841667－0.856＝－0.014333。

同时，得到飞机完好率的移动平均图，如图 5-13 所示。图中给出了实际值、拟合值以及
预测值的序列图，还包括准确度度量信息等。注意，拟合值曲线落后于实际值曲线，原因在
于拟合值是来自前一时间单位的移动平均。

Minitab 提供三种拟合模型的准确度度量指标：MAPE、MAD 和 MSD。对于这三种度
量，值越小，表示模型拟合得越好。

MAPE（Mean Absolute Percentage Error）：平均百分误差，度量时间序列值拟合的准

确度。它以百分比表示准确度。

$$\text{MAPE} = \frac{\sum_{t=1}^{n} |(y_t - \hat{y}_t)/y_t|}{n} \times 100 \qquad (y_t \neq 0) \qquad (5\text{-}19)$$

MAD(Mean Absolute Deviation)：平均绝对误差，度量时间序列值拟合的准确度。它以与数据相同的单位表示准确度，从而有助于使误差量概念化。

$$\text{MAD} = \frac{\sum_{t=1}^{n} |y_t - \hat{y}_t|}{n} \qquad (5\text{-}20)$$

MSD(Mean Squared Deviation)：平均偏差平方和，度量时间序列值拟合的准确度。它以数据单位的平方量来表示准确性。与 MAD 相比，MSD 对异常较大的预测误差更为敏感。

$$\text{MSD} = \frac{\sum_{t=1}^{n} |y_t - \hat{y}_t|^2}{n} \qquad (5\text{-}21)$$

以上三个公式中，$y_t$ 为实际值，$\hat{y}_t$ 为拟合值，$n$ 为观测值的个数。

## 5.2.2 单参数指数平滑预测法

指数平滑是产生平滑时间序列的一种常用方法，也是曲线拟合的一种方法，同时还可以进行预测。指数平滑预测方法的基本思想是：在预测下一周期的数据时，既考虑本周期的数据，又考虑前面的数据。在移动平均方法中，对每个数据赋予相同的权重，而指数平滑可以根据参数对数据赋予不同的权重，可以获得更好的拟合曲线和预测结果。

指数平滑就是将最近的观察数据赋予较高的权重，较早的数据赋予相对较低的权重，权重以一个常数的比率进行几何递减，使得最近的数据对将来的预测分析所起的作用更大一些。根据选择的参数不同，可以分为单参数指数平滑、双参数指数平滑和三参数指数平滑，其中单参数指数平滑适合于具有平稳特性的时间序列数据，双参数指数平滑适合于具有趋势特性的时间序列数据，三参数指数平滑适合于具有趋势和季节特性的时间序列数据。

单参数指数平滑具有一个平滑参数，根据平滑次数不同，又包括一次指数平滑预测法、二次指数平滑预测法和三次指数平滑预测法等。

### 1. 一次指数平滑预测法

一次指数平滑预测法是以 $\alpha(1-\alpha)^i$ 为权数（$0 < \alpha < 1$），对时间序列 $\{y_t\}$ 进行加权平均的一种预测方法。$y_t$ 的权数为 $\alpha$，$y_{t-1}$ 的权数为 $\alpha(1-\alpha)$，$y_{t-2}$ 的权数为 $\alpha(1-\alpha)^2$，…，以此类推，其计算公式为

$$\hat{y}_{t+1} = S_t^{(1)} = \alpha y_t + (1-\alpha)S_{t-1}^{(1)} \qquad (5\text{-}22)$$

式中，$y_t$ 表示第 $t$ 期实际值；$\hat{y}_{t+1}$ 表示第 $t+1$ 期预测值；$S_{t-1}^{(1)}$，$S_t^{(1)}$ 分别表示第 $t-1$ 和 $t$ 期单指数平滑值；$\alpha$ 表示平滑系数，$0 < \alpha < 1$。初值 $S_0^{(1)}$ 常用时间序列的首项（适用于历史数据个数较多，如 50 个以上历史数据），若历史数据较少时，可以选择最初几期历史数据的平均值作为初值（在 Minitab 软件中，初值使用最开始的 6 个数据的平均值）。

其预测标准误差为

$$S = \sqrt{\frac{\sum\limits_{t=1}^{n-1}(y_{t+1} - \hat{y}_{t+1})^2}{n-1}} \tag{5-23}$$

式中，$n$ 为时间序列 $\{y_t\}$ 所含原始数据的个数。

平滑系数 $\alpha$ 的取值对预测值的影响是很大的，因此，利用指数平滑法进行预测，$\alpha$ 的选值是很关键的，但目前还没有一个很好的统一的选值方法，一般是根据经验来确定的。当时间序列数据是水平型的发展趋势类型时，$\alpha$ 可取较小的值，在 $0 \sim 0.3$ 之间；当时间序列数据是上升（或下降）的发展趋势类型时，$\alpha$ 应取较大的值，在 $0.6 \sim 1$ 之间。在进行实际预测时，可选不同的 $\alpha$ 值进行比较，从中选择一个比较合适的 $\alpha$ 值。

**注意：**如何选取 $\alpha$ 的值？按统计学家的建议，通常取 $\alpha = 0.2$ 效果会比较好，将兼顾到平滑和保真。当然，实际情况会很复杂，我们可以先用 $\alpha = 0.2$ 试验一下，如果需要更加平滑，可将 $\alpha$ 再调小一些；如果需要更加保真，可将 $\alpha$ 再调大一些。

### 2. 二次指数平滑预测法

当时间序列呈现出线性趋势时，用一次指数平滑法进行预测，仍存在明显的滞后偏差。因此，可进行必要修正，在一次指数平滑数列的基础上用同一平滑系数再作一次指数平滑，这就是二次指数平滑。其计算公式为

$$\begin{cases} S_t^{(1)} = \alpha y_t + (1-\alpha)S_{t-1}^{(1)} \\ S_t^{(2)} = \alpha S_t^{(1)} + (1-\alpha)S_{t-1}^{(2)} \\ \hat{y}_{t+T} = a_t + b_t T \end{cases} \tag{5-24}$$

其中，

$$\begin{cases} a_t = 2S_t^{(1)} - S_t^{(2)} \\ b_t = \dfrac{\alpha}{1-\alpha}(S_t^{(1)} - S_t^{(2)}) \end{cases} \tag{5-25}$$

式中，$S_t^{(1)}$ 表示第 $t$ 期的一次指数平滑值；$S_t^{(2)}$ 表示第 $t$ 期的二次指数平滑值；$y_t$ 表示第 $t$ 期实际值；$\hat{y}_{t+T}$ 表示第 $t+T$ 期预测值；$\alpha$ 表示平滑系数。初值 $S_0^{(2)}$ 的取值方法与 $S_0^{(1)}$ 的取法相同。其预测标准误差为

$$S = \sqrt{\frac{\sum\limits_{t=1}^{n}(y_t - \hat{y}_t)^2}{n-2}} \tag{5-26}$$

式中，$n$ 为时间序列 $\{y_t\}$ 所含原始数据的个数。

### 3. 三次指数平滑预测法

当时间序列呈现非线性趋势时,可以采用三次指数平滑法进行预测。其基本原理是在二次指数平滑的基础上,再进行一次指数平滑,即三次指数平滑。其计算公式为

$$\begin{cases} S_t^{(1)} = \alpha y_t + (1-\alpha)S_{t-1}^{(1)} \\ S_t^{(2)} = \alpha S_t^{(1)} + (1-\alpha)S_{t-1}^{(2)} \\ S_t^{(3)} = \alpha S_t^{(2)} + (1-\alpha)S_{t-1}^{(3)} \\ \hat{y}_{t+T} = a_t + b_t T + c_t T^2 \end{cases} \tag{5-27}$$

其中,

$$\begin{cases} a_t = 3S_t^{(1)} - 3S_t^{(2)} + S_t^{(3)} \\ b_t = \dfrac{\alpha}{2(1-\alpha)^2}\left[(6-5\alpha)S_t^{(1)} - 2(5-4\alpha)S_t^{(2)} + (4-3\alpha)S_t^{(3)}\right] \\ c_t = \dfrac{\alpha}{2(1-\alpha)^2}\left[S_t^{(1)} - 2S_t^{(2)} + S_t^{(3)}\right] \end{cases} \tag{5-28}$$

式中,$S_t^{(1)}$ 表示第 $t$ 期的一次指数平滑值;$S_t^{(2)}$ 表示第 $t$ 期的二次指数平滑值;$S_t^{(3)}$ 表示第 $t$ 期的三次指数平滑值;$y_t$ 表示第 $t$ 期实际值;$\hat{y}_{t+T}$ 表示第 $t+T$ 期预测值;$\alpha$ 表示平滑系数。一般来说,初值 $S_0^{(3)} = S_0^{(2)} = S_0^{(1)}$ 取时间序列的首项。

例 5-4
讲解微视频

### 4. 应用实例

【例 5-4】 针对例 5-3 中的数据,利用 Minitab 软件进行单指数平滑预测。

【操作步骤】

Step 01:将表 5-6 中前 11 个月的数据导入工作表的 C1、C2 列,列名分别命名为"月份"和"飞机完好率"。

Step 02:选择"统计"→"时间序列"→"单指数平滑"命令,弹出"单指数平滑"对话框。在"变量"中输入"飞机完好率";"预测点数"设为 1,如图 5-14 所示。

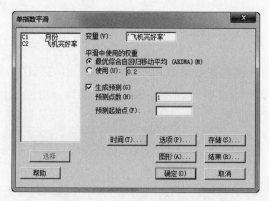

图 5-14 "单指数平滑"对话框

Step 03：单击"确定"按钮，会话窗口输出如下结果，图形窗口输出如图 5-15 所示。
会话窗口输出结果：

**飞机完好率的单指数平滑**

数据　　　　　　　　飞机完好率

计算字长 (Length)　　11

平滑常量

$\alpha$　0.583699

准确度度量

平均百分误差 (MAPE)　4.17576

平均绝对误差 (MAD)　0.03261

平均偏差平方和　　　　0.00139

预测

| 周期 | 预测 | 下限 | 上限 |
|---|---|---|---|
| 12 | 0.846545 | 0.766648 | 0.926441 |

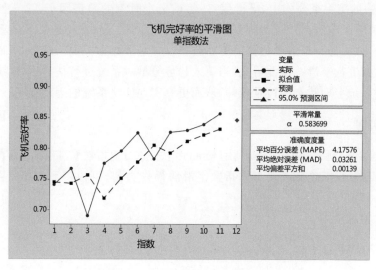

图 5-15　飞机完好率的单指数平滑图

**【结果分析】**

从会话窗口的输出结果可以看出，12 月份的飞机完好率预测值为 0.846545，预测误差为 0.846545－0.856＝－0.009455。

对于单指数平滑模型，三个准确度度量 MAPE、MAD 和 MSD 分别为 4.17576、0.03261 和 0.00139；而对于移动平均拟合，分别为 4.23127、0.03442 和 0.00150。由于单指数平滑的这些值较小，因此可以断定此方法对这些数据的拟合更好。

### 5.2.3 双参数指数平滑预测法

**1. 预测模型**

双参数指数平滑法又被称为霍特(Holt)指数平滑法,它是一种线性指数平滑方法。单参数指数平滑公式不适合对具有趋势的时间序列进行拟合和预测。双参数指数平滑对此引入了新的参数,适合于对具有趋势的时间序列进行拟合和预测。其计算公式为

$$\begin{cases} S_t = \alpha y_t + (1-\alpha)(S_{t-1} + T_{t-1}) \\ T_t = \gamma(S_t - S_{t-1}) + (1-\gamma)T_{t-1} \\ \hat{y}_t = S_{t-1} + T_{t-1} \end{cases} \quad (5\text{-}29)$$

式中,$S_t$ 为时间 $t$ 处的水平;$\alpha$ 为水平的权重;$T_t$ 为时间 $t$ 处的趋势;$\gamma$ 为趋势的权重;$y_t$ 为时间 $t$ 处的数据值;$\hat{y}_t$ 为时间 $t$ 处的拟合值(即向前一步的预测值)。

在式(5-29)的第一个公式中,平滑值 $S_t$ 将前一个时刻的趋势因子 $T_{t-1}$ 加上最近的平滑值,这样就消除了滞后,将 $S_t$ 调整到一个合理的值。第二个公式是关于最新的两个相邻平滑值差的表达式,是一个表示趋势的更新公式。在平滑数据中加入趋势,可以对具有趋势的时间序列数据进行平滑。由此可见,当引入趋势分量对系统进行估计后,系统取值可避免单指数方法对系统上期状态的严重依赖,从而更真实地反映系统的运动特征。

**2. 应用实例**

【例 5-5】 针对例 5-4 中的数据,利用 Minitab 软件进行双指数平滑预测。

在 Minitab 中双指数平滑法与单指数平滑法操作类似,可以得到以下结果以及图 5-16。

例 5-5
讲解微视频

会话窗口输出结果:

**飞机完好率的双指数平滑**

| 数据 | 飞机完好率 | | |
|---|---|---|---|
| 计算字长 (Length) | 11 | | |
| 平滑常量 | | | |
| α(水平) | 0.168938 | | |
| γ (趋势) | 0.436515 | | |
| 准确度度量 | | | |
| 平均百分误差 (MAPE) | 2.55777 | | |
| 平均绝对误差 (MAD) | 0.01919 | | |
| 平均偏差平方和 | 0.00087 | | |
| 预测 | | | |
| 周期 | 预测 | 下限 | 上限 |
| 12 | 0.864411 | 0.817407 | 0.911415 |

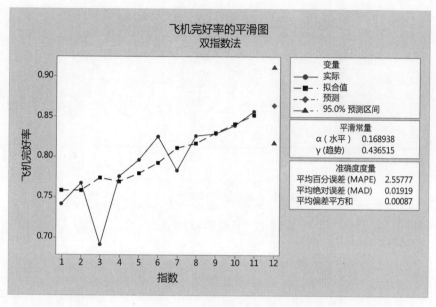

图 5-16　飞机完好率的双指数平滑图

**【结果分析】**

从会话窗口的输出结果可以看出,12 月份的飞机完好率预测值为 0.864411,预测误差为 0.864411－0.856＝0.008411,对于双指数平滑拟合,三个准确度度量 MAPE、MAD 和 MSD 分别为 2.55777、0.01919 和 0.00087;而对于单指数平滑拟合,分别为 4.17576、0.03261 和 0.00139。由于双指数平滑的这些值较小,因此可以断定此方法对这些数据的拟合更好。

就本例而言,双指数平滑预测效果最好,单指数平滑预测效果次之,移动平均预测效果最差。为了稳妥,我们亦可通过其残差图进一步对比,在图 5-24 的对话框中,单击"图形"按钮,弹出"移动平均-图形"对话框,在"残差图"栏中选中"残差与顺序"复选框,确定后即可得到移动平均的残差图,如图 5-17 所示。类似操作,可分别得到单参数指数平滑和双参数指数平滑的残差图,如图 5-18 和图 5-19 所示。通过对比其残差图易见:残差图形基本正常,双参数指数平滑的残差＜单参数指数平滑的残差＜移动平均的残差。可见,双参数指数平滑预测效果最好,移动平均预测效果最差。这与前面的分析是一致的。

**注意**:各种预测方法并无优劣之分,针对不同数据其预测效果亦不同,需要根据具体情况选择合适的方法。即使同一种预测方法,通过调整其平滑参数也可有效提高其预测效果。

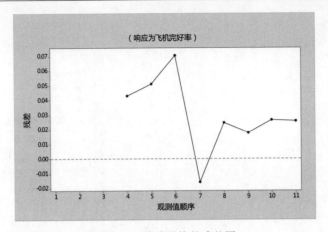

图 5-17　移动平均的残差图

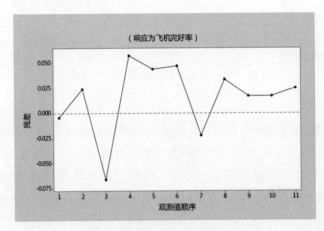

图 5-18　单参数指数平滑的残差图

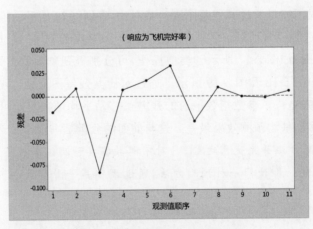

图 5-19　双参数指数平滑的残差图

## 5.2.4　三参数指数平滑预测法

### 1. 预测模型

双参数指数平滑虽然适合于具有趋势的时间序列数据的拟合和预测,但不适合具有季节(周期)特性的时间序列数据的拟合和预测,为了对具有季节(周期)特性的数据进行拟合和预测,需要引入新的参数。三参数指数平滑具有 3 个参数,适合于对具有趋势和季节(周期)特性的时间序列进行拟合和预测。

三参数指数平滑法又被称为温特(Winter)指数平滑法,该方法对于存在可加的或是可乘的趋势和季节性成分时,都能够适用。当水平和季节因素是乘在一起的,Winter 模型就是乘法的;当它们是加在一起的,Winter 模型就是加法的。当数据中季节模型的振动幅度依赖于数据值时,最好选择乘法模型,即季节模型的振动幅度值随数据值的增长而增长,随数据值的减少而减少;当数据季节模型的振动幅度值不依赖于数据值时,最好选择加法模型,即季节模型的量值并不随序列的增长或减少而变化。

Winter 指数平滑模型包含三个平滑参数 $\alpha, \gamma, \delta$(取值均在 0 和 1 之间)和四个方程,下面仅以乘法模型介绍其原理。

整体平滑:

$$S_t = \alpha \frac{Y_t}{I_{t-L}} + (1-\alpha)(S_{t-1} + T_{t-1}) \tag{5-30}$$

式中,$L$ 为季节周期的长度;$I$ 为季节调整因子;$\dfrac{Y_t}{I_{t-L}}$ 是用季节调整因子 $I_{t-L}$ 去除观测值 $Y_t$,以消除季节变动。

趋势平滑:

$$T_t = \gamma(S_t - S_{t-1}) + (1-\gamma)T_{t-1} \tag{5-31}$$

用参数 $\gamma$ 作为趋势增量($S_t - S_{t-1}$)的加权系数,用($1-\gamma$)作为前期趋势值 $T_{t-1}$ 的加权系数,以此来对趋势值进行修正。

季节平滑:

$$I_t = \delta \frac{Y_t}{S_t} + (1-\delta)I_{t-L} \tag{5-32}$$

式中,$Y_t/S_t$ 是根据季节变动来调整实际值,用参数 $\delta$ 加权这一调整值;用($1-\delta$)加权前一个季节数据 $I_{t-L}$,以此来调整季节影响。

未来第 $k$ 期的预测值:

$$F_{t+k} = (S_t + kT_t)I_{t-L+k} \tag{5-33}$$

简单指数平滑模型适合于对平稳序列(没有趋势和季节成分)的预测;Holt 指数平滑模型适合于含有趋势成分但不含季节成分序列的预测;如果时间序列中既含有趋势成分又

含有季节成分,则可以使用 Winter 指数平滑模型进行预测。Winter 方法要求数据是按季度或月份收集的,而且至少需要 4 个季节周期长度以上的数据。

例 5-6
讲解微视频

## 2. 应用实例

【例 5-6】 2008—2012 年某部某型航材备件消耗量如表 5-7 所列,考虑季节对航材消耗的影响,试用 Minitab 软件预测 2013 年 4 个季度的该备件的消耗量。

表 5-7　2008—2012 年某型航材备件消耗量统计表

| 年份＼季度 | 一季度 | 二季度 | 三季度 | 四季度 |
|---|---|---|---|---|
| 2008 | 137 | 186 | 274 | 175 |
| 2009 | 142 | 198 | 265 | 183 |
| 2010 | 131 | 193 | 247 | 169 |
| 2011 | 157 | 200 | 283 | 194 |
| 2012 | 149 | 214 | 276 | 185 |

通过绘制序列图(见图 5-20),可以看出该航材备件消耗量的历史数据呈现明显的季节(周期)特性,因此,可以采用 Winter 方法进行预测。

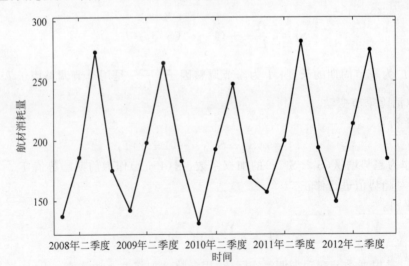

图 5-20　2008—2012 年某型航材备件消耗量序列图

【操作步骤】

Step 01:将表 5-7 中的数据导入工作表的 C1 列,列名命名为"航材消耗量"。

Step 02:选择"统计"→"时间序列"→"Winter 方法"命令,弹出"Winter 方法"对话框。在"变量"中输入"航材消耗量";"季节长度"设为 4;在"方法类型"下选择"乘法";"预测点数"设为 4,如图 5-21 所示。

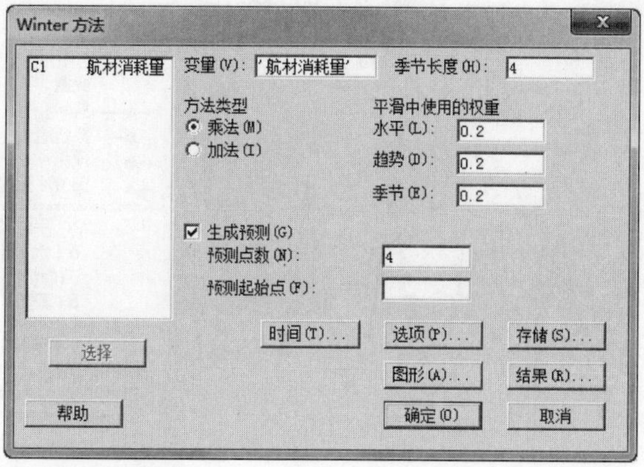

图 5-21　"Winter 方法"对话框

Step 03：单击"确定"按钮,会话窗口输出如下结果,图形窗口输出如图 5-21 所示。
会话窗口输出结果：

**航材消耗量的 Winter 法**
乘法
数据　　　　　　　航材消耗量
计算字长 (Length)　　20

平滑常量
α(水平)　0.2
γ (趋势)　0.2
δ (季节)　0.2
准确度度量
平均百分误差 (MAPE)　14.39
平均绝对误差 (MAD)　27.11
平均偏差平方和　　1283.85
预测
周期　　预测　　下限　　　上限
21　　153.957　87.539　220.374
22　　210.244　142.786　277.703
23　　281.963　213.344　350.582
24　　189.285　119.392　259.178

【结果分析】

从以上结果可以看出,2013 年 4 个季度的航材消耗量预测为 153.957,210.244,281.963,189.285,取整后分别为 154,211,282,190。

同时,得到航材消耗量的移动平均图,如图 5-22 所示。图中给出了实际值、拟合值以及预测值的序列图,还包括准确度度量信息等。

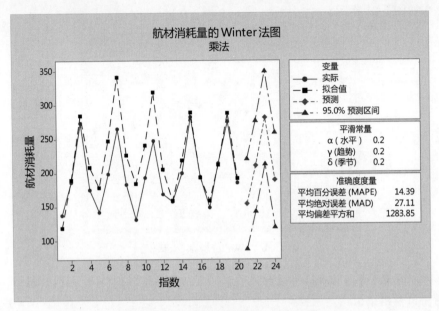

图 5-22　航材消耗量的 Winter 方法图

**说明**：适当调整平滑参数：$\alpha$（水平）、$\gamma$（趋势）、$\delta$（周期）的值可以提高预测精度，图 5-23 所示为调整平滑参数后航材消耗量的 Winter 方法图。

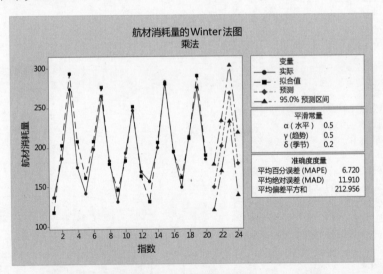

图 5-23　调整平滑参数后航材消耗量的 Winter 方法图

通过其残差图（见图 5-24 和图 5-25），可以看出平滑参数 $\alpha = \gamma = 0.5$、$\delta = 0.2$ 的残差图比平滑参数 $\alpha = \gamma = \delta = 0.2$ 的残差图有明显改善，这说明预测精度后者明显好于前者。

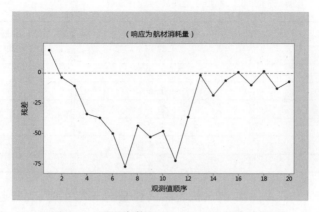

图 5-24　平滑参数 $\alpha = \gamma = \delta = 0.2$ 的残差图

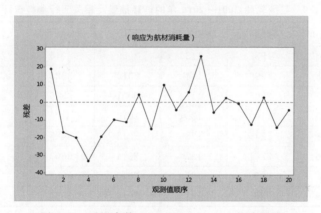

图 5-25　平滑参数 $\alpha = \gamma = 0.5$、$\delta = 0.2$ 的残差图

# 思考与练习

1. 为了预测某部装备维修经费与装备数量之间的关系,随机抽取了 10 个单位的样本,得到的数据如表 5-8 所列。对数据进行回归分析并预测拥有 1.5 万件装备的单位一年的装备维修经费。

表 5-8　某部维修经费与装备数量统计表

| 编号 | 装备数量/万件 | 维修经费/万元 |
| --- | --- | --- |
| 1 | 0.2 | 5.5 |
| 2 | 0.6 | 6.5 |
| 3 | 0.8 | 12 |

续表

| 编号 | 装备数量/万件 | 维修经费/万元 |
|---|---|---|
| 4 | 1 | 10 |
| 5 | 1.2 | 13 |
| 6 | 1.6 | 15 |
| 7 | 2 | 20 |
| 8 | 2.2 | 18 |
| 9 | 2.4 | 21 |
| 10 | 2.8 | 28 |

2. 现有某部2001—2016年的飞机轮胎消耗量与飞行小时、飞行起落的统计数据如表5-9所列,利用统计分析软件建立多元回归模型,并对2017年轮胎消耗量进行预测。

表5-9　某型轮胎2001—2016年的消耗数量及相关飞行参数统计表

| 年份 | 飞行小时 | 飞行起落 | 消耗数量 | 年份 | 飞行小时 | 飞行起落 | 消耗数量 |
|---|---|---|---|---|---|---|---|
| 2001 | 2596 | 1982 | 112 | 2009 | 3246 | 2442 | 133 |
| 2002 | 2798 | 1996 | 114 | 2010 | 3321 | 2515 | 137 |
| 2003 | 3033 | 2005 | 117 | 2011 | 3546 | 2616 | 142 |
| 2004 | 3053 | 2169 | 122 | 2012 | 3496 | 2596 | 141 |
| 2005 | 3088 | 2246 | 125 | 2013 | 3683 | 2768 | 149 |
| 2006 | 3106 | 2277 | 127 | 2014 | 3607 | 2722 | 146 |
| 2007 | 3256 | 2436 | 133 | 2015 | 3802 | 2824 | 152 |
| 2008 | 3189 | 2383 | 131 | 2016 | 3895 | 2923 | 156 |

3. 统计美国军用发动机研制费用与技术参数数据,如表5-10所列。试利用统计分析软件建立多元回归模型。表中各变量含义分别是:$X_1$为海平面静止状态最大额定推力(磅);$X_2$为最大飞行马赫数;$X_3$为最大涡轮进口温度(℃);$X_4$为发动机净重(磅);$X_5$为发动机压力项(磅/英尺$^2$);$X_6$为海平面静止状态最大额定推力下的耗油量(磅/时/磅推力);$X_7$为到达通过合格试车的时间(季度);$X_8$为最大额定推力下的发动机空气流量(磅/秒);$Y$为从型号设计到型号合格试车的发动机研制费用(百万美元)。

表5-10　美国军用飞机发动机技术参数

| 机型 | $Y$ | $X_1$ | $X_2$ | $X_3$ | $X_4$ | $X_5$ | $X_6$ | $X_7$ | $X_8$ |
|---|---|---|---|---|---|---|---|---|---|
| TF30 | 554.7 | 18500 | 2.2 | 2430 | 3580 | 51340 | 0.6 | 92 | 240 |
| TF33 | 133.7 | 17000 | 1 | 2060 | 3900 | 19240 | 0.5 | 71 | 458 |
| TF34 | 282 | 9275 | 1 | 2660 | 1420 | 16500 | 0.4 | 120 | 338 |
| TF39 | 496.5 | 40800 | 1 | 2840 | 7300 | 19500 | 0.3 | 109 | 1555 |

续表

| 机型 | $Y$ | $X_1$ | $X_2$ | $X_3$ | $X_4$ | $X_5$ | $X_6$ | $X_7$ | $X_8$ |
|------|------|-------|-------|-------|-------|-------|-------|-------|-------|
| J52 | 291.9 | 8500 | 1.8 | 2060 | 2050 | 12840 | 0.8 | 74 | 122 |
| J57 | 199.9 | 10000 | 1.4 | 2060 | 4160 | 11400 | 0.8 | 41 | 162 |
| J60 | 64.19 | 3000 | 1 | 2060 | 460 | 10360 | 1 | 71 | 50 |
| J65 | 124.9 | 7220 | 1.2 | 2030 | 2815 | 8500 | 0.9 | 46 | 117 |
| J71 | 252.1 | 9570 | 1.5 | 2160 | 4090 | 11000 | 0.9 | 47 | 155 |
| J75 | 416.9 | 23500 | 2 | 2060 | 5950 | 16724 | 0.8 | 59 | 252 |
| J79 | 405.6 | 15000 | 2 | 2160 | 3225 | 18056 | 0.9 | 57 | 162 |
| J85 | 330.4 | 3850 | 2 | 2100 | 570 | 10360 | 1 | 74 | 42 |

4. 获取到某型飞机 1996 年 9 月—1998 年 8 月两年时间内的故障率,如图 5-26 所列,试利用时间序列分析法对其进行拟合。

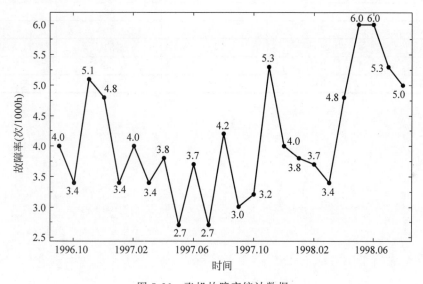

图 5-26　飞机故障率统计数据

5. 某部航材股统计最近 10 个月的某型备件消耗量如表 5-11 所列,试用时间序列分析法预测第 11 个月的该备件的消耗量。

表 5-11　某型备件消耗量统计表

| 月份 | 1 | 2 | 3 | 4 | 5 | 6 | 7 | 8 | 9 | 10 |
|------|------|------|------|------|------|------|------|------|------|------|
| 航材消耗量/件 | 38 | 36 | 38 | 47 | 51 | 48 | 50 | 50 | 53 | 46 |

6. 某航空维修器材在 16 个月中消耗量统计如表 5-12 所列,试用移动平均法、单指数平滑法和双指数平滑法对各期需求量进行预测,并比较其预测精度。

表 5-12　某航空维修器材在 16 个月中消耗量统计

| 月份 | 1 | 2 | 3 | 4 | 5 | 6 | 7 | 8 |
|---|---|---|---|---|---|---|---|---|
| 消耗量/件 | 20 | 20 | 20 | 21 | 24 | 23 | 24 | 26 |
| 月份 | 9 | 10 | 11 | 12 | 13 | 14 | 15 | 16 |
| 消耗量/件 | 26 | 28 | 30 | 28 | 30 | 32 | 34 | 36 |

7. 某部 2011—2016 年某型航材备件消耗量如表 5-13 所列,考虑季节对航材消耗的影响,试用 Winter 平滑法预测 2017 年 4 个季度的该备件的消耗量。

表 5-13　2011—2016 年某型航材备件消耗量统计表　　　　　　　件

| 年份 ＼ 季度 | 一季度 | 二季度 | 三季度 | 四季度 |
|---|---|---|---|---|
| 2011 | 25 | 32 | 37 | 26 |
| 2012 | 30 | 38 | 42 | 30 |
| 2013 | 29 | 39 | 50 | 35 |
| 2014 | 30 | 39 | 51 | 37 |
| 2015 | 29 | 42 | 55 | 38 |
| 2016 | 31 | 43 | 54 | 41 |

孙武

一曰度，二曰量，三曰数，四曰称，五曰胜。

地生度，度生量，量生数，数生称，称生胜。

——《孙子兵法·形篇》

# 第6章　航空维修多元分析技术

## 内容导读

多元统计分析是运用数理统计方法来研究解决多指标问题的理论和方法。航空维修保障过程中所涉及的因素非常多，包括装备信息、备件信息、故障信息、维修设施设备信息、维修人员信息等，如何从纷繁芜杂的数据中提取有价值的知识，为装备管理指挥人员筹划和组织装备维修保障行动提供及时、可靠的信息支持，是多元分析方法面对的首要问题。本章主要介绍在航空维修中使用频率较高的几种方法，包括聚类分析、主成分分析、因子分析等。

## 能力目标

- 理解多元分析的基本思想；
- 掌握聚类分析及其应用；
- 掌握主成分分析及其应用；
- 掌握因子分析及其应用。

## 思政案例

### 《红楼梦》作者是谁？——巧用多元分析进行文学"考证"

《红楼梦》是我国四大名著之首,存在很多悬而未解的问题,自从胡适作《红楼梦考证》认为前80回为曹雪芹所写,后40回为高鹗所续以来,这种看法一直饱受争议。复旦大学李贤平教授另辟蹊径,采用数理统计分析方法对《红楼梦》一书的作者进行了创新研究,他的主要研究思路是把全书120回各看作一个个对象(样本),从中提取出与情节无关的47个虚词,如"之、其、或、亦、呀、吗"等,以这些虚词出现的次数作为变量,从统计语言学的角度建立

电视剧《红楼梦》剧照(来自互联网)

识别特征。利用各种统计分析方法,探索各回写作风格的接近程度,并用聚类方法对各回进行分类,给出各回之间写作风格相近程度的精确描述。之所以要抛开情节,是因为在一般情况下,同一情节大家描述的都差不多,但由于个人写作特点和习惯的不同,所用的虚词是不会一样的。

利用多元分析中的聚类分析法进行聚类,果然将120回分成两大类,即前80回为一类,后40回为一类,很形象地证实了不是出自同一人的手笔。根据聚类分析的谱系图,前80回可以进一步分成三类,后40回可以进一步分成二类或三类。因此,李教授的观点是:《红楼梦》前80回是曹雪芹据《石头记》增删而成,其中曾插入他早年的小说《风月宝鉴》,并增写了具有深刻内涵的许多内容,而后40回非高鹗一个人所写,而是曹雪芹亲友根据其草稿整理而成的,宝黛故事为一人所写,贾府衰败情景当为另一人所写,等等。

李教授的论证从文本分析入手,不带有主观色彩,可信度还是比较高的,使红学界大为赞叹,当然也存在质疑的声音,这里我们不探讨他的研究结论是否精准,但是这种将近代科学所创造出来的数据分析方法引入《红楼梦》研究领域的做法就值得赞许。多元统计分析中的探索性数据分析,虽然很多方法还要在理论和实践中不断完善、发展,但它不仅可以在汉语言统计中,也可以在其他人文、社会科学及各类学科研究中取得许多新成果、新突破,这也证明了"文理渗透"、各学科之间的交叉融合,往往可以取得"杂交优势"而作出开拓性的贡献,数据分析方法只有通过实践才能达到一个新的高度,反过来实践进一步丰富和发展理论方法研究。

**资料来源**

[1] 李贤平.《红楼梦》成书新说[J]. 复旦学报:社会科学版,1987(5):3-16.

[2] 潘旭澜. 序《成书新说》[J]. 复旦学报:社会科学版,1987(5):17-18.

[3] 王庚. 统计科学及其文化魅力[J]. 科学,2010,62(6):54-58.

**思维导图**

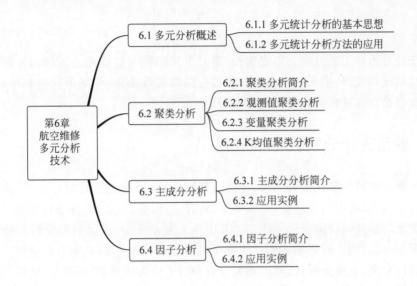

# 6.1 多元分析概述

多元分析是统计学中的一个重要分支,是单变量统计分析的发展和推广,主要探究多维数据的内在规律性,如多维随机变量间的相互依赖关系、结构关系等。根据数据类型的不同,多元统计分析可以分为连续型和离散型多元分析,前者包括多元正态分布的估计与检验、多变量线性回归、判别分析、典型相关分析、主成分分析、因子分析、聚类分析等,后者包括列联表分析、对数线性模型、对数单位模型、有序离散型多元变量的分析。1889 年,英国统计学家 F. 高尔顿(F. Galton,1822—1911)涉足多元分析方法,把双变量的正态分布方法运用于传统的统计学,创立了相关分析和线性回归方法。20 世纪 30 年代,我国学者开始做了一系列多元分析的奠基性工作,随后由于计算量大,其发展受到影响,70 年代初开始,多元分析在各个领域又受到极大的关注,目前多元统计和人工智能、数据库技术相结合,已经在金融、天文、军事、信息安全等方面得到成功应用。

## 6.1.1 多元统计分析的基本思想

多元统计分析是统计学中一个相对独立的部分,基本方法大多需要涉及矩阵工具,用矩阵能简明描述多元模型,而且在计算机上容易实现,属于统计学原理中要求较高的部分,通常将一个现象或事物的特征用 $p(\geqslant 1)$ 个变量进行记录，$p$ 个变量有 $n$ 个测量值，出现的多元数据可以用 $n$ 行 $p$ 列的矩阵来表示。

$$X = \begin{bmatrix} x_{11} & \cdots & x_{1p} \\ \vdots & \ddots & \vdots \\ x_{n1} & \cdots & x_{np} \end{bmatrix} \qquad (6\text{-}1)$$

多元统计分析以正态分布为前提假设，研究多元随机变量彼此之间的相互依赖关系及其变量自身的统计规律，多元正态总体的分布由两组参数决定，即均值向量和协方差矩阵，这两个参数也是在各种多元分析问题中常用的统计量。

## 6.1.2　多元统计分析方法的应用

多元统计分析包含简化数据结构、分类与判别问题、处理变量间相互关系、推断多数据的统计等主要内容，应用范围广泛，在军事学、教育学、医学、气象学、环境科学和经济学等方面发挥着重要的数量与数据统计的作用。其中多元方差分析、多元回归分析和协方差分析称为线性模型方法，用来研究确定的自变量与因变量之间的关系，判别分析和聚类分析用以研究对事物的分类，主成分分析、典型相关分析和因子分析研究如何用较少的综合因素代替数量较多的原始变量。

多元统计分析方法根据研究问题的角度可以分为不同的几类，对应一些具体的解决问题的方法，如表 6-1 所列。

表 6-1　多元统计方法和研究目的之间的关系

| 问　题 | 内　容 | 方　法 |
| --- | --- | --- |
| 数据或结构性化简 | 尽可能简单地表示所研究的现象，但不损失很多有用的信息，并希望这种表示能够很容易解释 | 多元回归分析、聚类分析、主成分分析、因子分析、多维标度法、可视化分析 |
| 分类和组合 | 基于所测量到的一些特征，给出好的分组方法，对相似的对象或变量分组 | 判别分析、聚类分析、主成分分析、可视化分析 |
| 变量之间的相关关系 | 变量之间是否存在相关关系，相关关系又是怎样体现 | 多元回归、相关分析、主成分分析、因子分析、对应分析、多维标度法、可视化分析 |
| 预测与决策 | 通过统计模型或最优准则，对未来进行预见或判断 | 多元回归、判别分析、聚类分析、可视化分析 |
| 假设的提出及检验 | 检验由多元总体参数表示的某种统计假设 | 多元总体参数估计、假设检验 |

# 6.2　聚类分析

聚类分析又称为群分析,是多元统计学中应用极为广泛的一类重要方法。理论上目前还不太完善,但能够解决许多实际问题,所以在很多具体问题及建模中得到人们的重视,特别是和其他统计方法结合起来使用效果更好,是一种常用的数据探索性分析工具。

## 6.2.1　聚类分析简介

聚类分析指将物理或抽象对象的集合分组成为由类似的对象组成的多个类的分析过程。聚类问题本质是一个优化问题,即通过一种迭代运算使得系统的目标函数达到一个极小值,该目标函数为划分的评价函数,通常采用距离和相似系数作为划分的评价标准,前者常用来度量样品之间的差异性,数值越小越接近;后者常用来度量变量之间的相似性,数值越大越接近。

聚类分析的基本原理:通过对观测数据所进行的分析处理,选定一种统计量,它能度量个体或变量彼此接近的程度,确定分类数目,建立一种分类方法,并按接近程度对观测对象给出合理的分类,这样的过程称为聚类分析。

聚类分析的常用方法根据分析的过程分类,一般可以分为系统聚类分析、二阶聚类分析、K 均值聚类分析;根据聚类对象分析分类可以分为 Q 型聚类和 R 型聚类,前者是根据被观测个案的各种特征的各个变量值进行分类,后者是将变量进行分类,以便通过合并类似性质的项目来减少变量数。

描述样本间的亲疏程度最常用的标准是距离,样本 $x_i$ 和 $x_j$ 之间的距离 $D_{ij}$ 定义为

$$D_{ij}(q) = \left( \sum_{k=1}^{n} \mid x_{ik} - x_{jk} \mid^q \right)^{1/q} \tag{6-2}$$

此表达式称为明可夫斯基距离(Minkowski Distance)。

(1) 当 $q=1$ 时,称为绝对值距离或曼哈顿距离(Manhattan Distance);

(2) 当 $q=2$ 时,称为欧氏距离(Euclidean Distance);

(3) 当 $q=\infty$ 时,称为契比雪夫距离(Chebychev Distance)。

以上几种距离的定义要求变量是连续型的,如果变量是离散型的,定义距离的方法常用的是变量之间的相似系数,有时也把相似系数转化为距离。

设 $C_{ij}$ 为样本 $x_i$ 和 $x_j$ 之间的相关系数,用变量间的相关系数来定义变量之间的距离 $D_{ij}$,即

$$D_{ij} = 1 - C_{ij} \quad \text{或} \quad D_{ij} = 1 - |C_{ij}| \tag{6-3}$$

前者称为相关性方法，后者称为绝对相关性方法。$D_{ij}$ 的取值在 $[0,2]$ 范围内，$D_{ij} = 0$，说明 $x_i$ 和 $x_j$ 完全相关，因而距离最近；$D_{ij} = 2$，说明 $x_i$ 和 $x_j$ 完全负相关，因而距离最远。

## 6.2.2 观测值聚类分析

### 1. 观测值聚类分析简介

聚类分析根据分类对象的不同可分为对于样本观测值的聚类和对于变量的聚类。观测值聚类又称 Q 型聚类或样品聚类，是将 $n$ 个样品归类的方法，其目的是找出样品间的共性，可在资料未知分组的情况下对彼此靠近的观测值进行分组或聚类。观测值聚类是聚类分析中应用广泛的一种方法，具有数值特征的变量和样本都可以采用系统聚类方法，具体又可以分为凝聚方法和分裂方法。

凝聚方法，也称为自底向上的方法，一开始将每个对象作为单独的一个类，然后相继对子集合逐渐合并，将较小的数据对象子集依据相似程度进行合并。

分裂方法，也称为自顶向下的方法，一开始将所有的对象置于一个类中，在迭代的每步中，一个类被分裂为更小的类，直到每个对象在单独的一个类中，或者达到一个终止条件，通常情况下，凝聚方法优于分裂方法。

在系统聚类分析过程中首先要确定对象和类以及类与类之间的距离，主要有组间平均联结法、组内平均联结法、最近邻元素法、最远邻元素法、质心聚类法等。

例 6-1
讲解微视频

### 2. 应用实例

【例 6-1】 现有 12 种军用飞机性能指标数据，参数值分别为机身长度、机身高度、翼展、最大起飞重量、最大速度、最大航程，如表 6-2 所列。根据指标实际值进行聚类分析，根据聚类结果分析各群组飞机的特征，推断飞机机型。

表 6-2 各种机型的结构数据

| 机型 | 机身长度 /m | 机身高度 /m | 翼展 /m | 最大起飞重量 /kg | 最大速度 /(km/h) | 最大航程 /km |
|------|------------|------------|---------|-----------------|------------------|-------------|
| F15 | 19.430 | 5.68 | 13.03 | 30800 | 3000 | 5741 |
| F16 | 15.020 | 5.09 | 9.45 | 19187 | 2173 | 3890 |
| B52 | 48.500 | 12.40 | 56.40 | 220000 | 1000 | 16232 |
| B1 | 44.500 | 10.40 | 41.80 | 216400 | 1529 | 11998 |

续表

| 机型 | 机身长度<br>/m | 机身高度<br>/m | 翼展<br>/m | 最大起飞重量<br>/kg | 最大速度<br>/(km/h) | 最大航程<br>/km |
|---|---|---|---|---|---|---|
| AH-64 | 17.730 | 3.87 | 14.63 | 10433 | 293 | 1900 |
| 苏-27 | 21.940 | 5.93 | 14.70 | 33000 | 2876 | 3790 |
| 苏-30 | 21.935 | 6.36 | 14.70 | 34000 | 2120 | 3000 |
| 苏-35 | 22.200 | 6.43 | 15.15 | 34000 | 2450 | 4000 |
| 幻影 2000 | 14.360 | 5.20 | 9.13 | 17000 | 2530 | 3335 |
| 图-160 | 54.100 | 13.10 | 55.70 | 275000 | 2000 | 12300 |
| 卡-29 | 15.900 | 5.40 | 15.50 | 12600 | 280 | 440 |
| 超黄蜂 | 23.030 | 6.66 | 18.90 | 13000 | 275 | 1020 |

【思路与方法】

代表飞机性能指标的数据有多个变量,属于多元数据分析问题,本例通过对这些参数值进行聚类分析,根据典型特征进行分类,推断出哪些飞机具有相似特征群体,根据聚类结果分析各群组飞机的特征,推断飞机机型。

【操作步骤】

Step 01:建立数据文件。将表 6-2 中数据导入工作表,如图 6-1 所示。

| ↓ | C1-T | C2 | C3 | C4 | C5 | C6 | C7 |
|---|---|---|---|---|---|---|---|
| | 机型 | 机身长度(m) | 机身高度(m) | 翼展(m) | 最大起飞重量(kg) | 最大速度(km/h) | 最大航程(km) |
| 1 | F15 | 19.430 | 5.68 | 13.03 | 30800 | 3000 | 5741 |
| 2 | F16 | 15.020 | 5.09 | 9.45 | 19187 | 2173 | 3890 |
| 3 | B52 | 48.500 | 12.40 | 56.40 | 220000 | 1000 | 16232 |
| 4 | B1 | 44.500 | 10.40 | 41.80 | 216400 | 1529 | 11998 |
| 5 | AH-64 | 17.730 | 3.87 | 14.63 | 10433 | 293 | 1900 |
| 6 | 苏-27 | 21.940 | 5.93 | 14.70 | 33000 | 2876 | 3790 |
| 7 | 苏-30 | 21.935 | 6.36 | 14.70 | 34000 | 2120 | 3000 |
| 8 | 苏-35 | 22.200 | 6.43 | 15.15 | 34000 | 2450 | 4000 |
| 9 | 幻影2000 | 14.360 | 5.20 | 9.13 | 17000 | 2530 | 3335 |
| 10 | 图-160 | 54.100 | 13.10 | 55.70 | 275000 | 2000 | 12300 |
| 11 | 卡-29 | 15.900 | 5.40 | 15.50 | 12600 | 280 | 440 |
| 12 | 超黄蜂 | 23.030 | 6.66 | 18.90 | 13000 | 275 | 1020 |

图 6-1　飞机性能指标数据值工作表

Step 02:确定分析变量。选择"统计"→"多变量"→"观测值聚类"命令,进入"观测值聚类"对话框,在"变量或距离矩阵"中选择"机身长度、机身高度、翼展、最大起飞重量、最大速度、最大航程",在"联结法"中选择"最长距离",在"距离度量"中选择"Manhattan"。选中"标准化变量"复选框,在"最终分割指定依据"中选择"点群数",并指定为"1",选中"显示树状图"复选框,如图 6-2 所示。

Step 03:自定义树状图。单击"自定义"按钮,弹出"观测值聚类树状图:自定义"对话

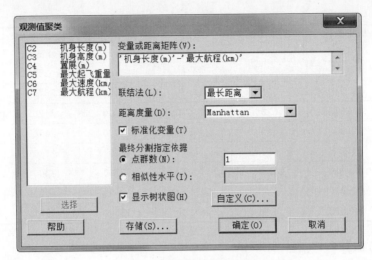

图 6-2 "观测值聚类"对话框

框,如图 6-3 所示。在"大小写标签"一栏里选择"机型",在"使用以下项标记 Y 轴"中选择"相似性",在"显示树状图"中选择"一个图形",对各窗口单击"确定"按钮,执行聚类分析操作。在会话窗口输出如下结果,图形窗口输出如图 6-4 所示。

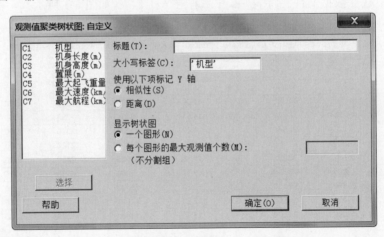

图 6-3 "观测值聚类树状图:自定义"对话框

会话窗口输出结果:

**观测值的聚类分析:机身长度(m),机身高度(m),翼展(m),最大起飞重量(kg),最大速度(km/h),...**

标准化变量,Manhattan 距离,最长距离法
合并步骤

| 步骤 | 点群数 | 相似性水平 | 距离水平 | 已合并的点群号 | | 新聚类号 | 新聚类号中的观测值个数 |
|---|---|---|---|---|---|---|---|
| 1 | 11 | 95.9443 | 0.5852 | 2 | 9 | 2 | 2 |
| 2 | 10 | 95.9077 | 0.5905 | 7 | 8 | 7 | 2 |
| 3 | 9 | 93.8459 | 0.8880 | 1 | 6 | 1 | 2 |
| 4 | 8 | 92.9960 | 1.0107 | 5 | 11 | 5 | 2 |
| 5 | 7 | 87.7736 | 1.7642 | 5 | 12 | 5 | 3 |
| 6 | 6 | 86.9295 | 1.8860 | 2 | 7 | 2 | 4 |
| 7 | 5 | 86.0482 | 2.0132 | 1 | 2 | 1 | 6 |
| 8 | 4 | 79.2597 | 2.9927 | 3 | 10 | 3 | 2 |
| 9 | 3 | 75.7887 | 3.4936 | 3 | 4 | 3 | 3 |
| 10 | 2 | 67.3291 | 4.7143 | 1 | 5 | 1 | 9 |
| 11 | 1 | 0.0000 | 14.4296 | 1 | 3 | 1 | 12 |

最终分割
点群数 1

| | 观测值个数 | 类内平方和 | 到质心的平均距离 | 到质心的最大距离 |
|---|---|---|---|---|
| 聚类 1 | 12 | 66 | 2.13350 | 4.12502 |

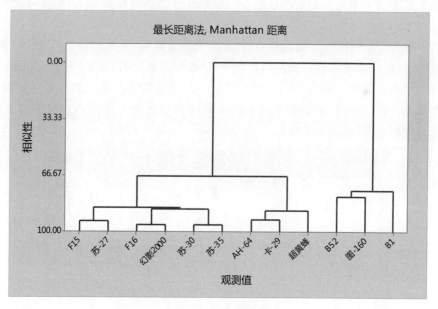

图 6-4　聚类树状图

## 【结果分析】

在会话窗口显示结果中,数据总共包含 12 个观测值。在步骤 1 中,两个聚类(工作表中的观测值 2 和 9)合并形成新聚类。此步骤在数据中创建 11 个聚类,其相似性水平为

95.9443、距离水平为 0.5852。尽管相似性水平较高、距离水平较低，聚类数还是过高，因此用处不大。在每个后续步骤，随着新聚类的形成，相似性水平会降低、距离水平增加。在最后一步，所有观测值合并成一个聚类。

图 6-4 呈现了聚类分析中每一次类合并的情况。未聚类前，各个飞机自成一类，根据各个飞机结构数据的相似性特征，F16 和"幻影"2000 首先合并成一类，其次苏-30 和苏-35 合并成一类，F15 和苏-27 合并成一类，属于战斗机；AH-64、卡-29、"超黄蜂"合并一类，属于直升机，相比其他机型，具有航程小、速度慢等特点；B52、图-160 和 B1 合并一类，属于战略轰炸机，各种性能参数都比较大。经过几次聚类后，最后所有个案聚成一类。树形图体现了系统聚类分析方法的主要过程。

检查最终分割中的聚类，以确定分组是否合乎应用的逻辑。使用在每一步合并的聚类的相似性水平可帮助确定数据的最终分组。注意步骤之间相似性水平出现的突变。在相似性发生突变之前的步骤可为最终分割提供良好的分界点。对于最终分割，聚类应保持相对较高的相似性水平，还应运用实践性数据知识来确定对于应用最有意义的最终分组。

例如，合并表显示到步骤 9 为止，相似性水平大约以不超过 4 的增量下降。当聚类数从 3 变为 2 时，相似性水平在步骤 9 和 10 的减少量超过 8（从 75.7887 到 67.3291）。这些结果表明 3 个聚类对于最终分割可能已足够。如果此分组具有直观意义，则这可能是个不错的选择。

本例中根据实际情况分 3 组比较合适，确定最终分组后，重新运行分析并指定最终分割的聚类数（或相似性水平）。在"观测值聚类"对话框中设置"相似水平"为 75，如图 6-5 所示。设置"点群数"为 3 亦可。单击"确定"按钮，Minitab 在会话窗口显示如下最终分割表，主要包含每个聚类的特征。例如，到聚类质心的平均距离度量每个聚类内观测值的变异性等。同时显示聚类树状图，如图 6-6 所示。

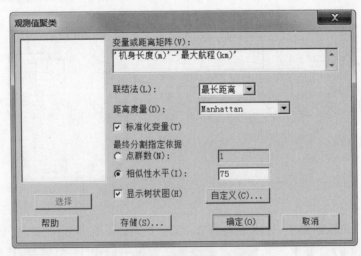

图 6-5 "观测值聚类"对话框

会话窗口输出结果：

最终分割
点群数 3

| | 观测值个数 | 类内平方和 | 到质心的平均距离 | 到质心的最大距离 |
|---|---|---|---|---|
| 聚类 1 | 6 | 1.45950 | 0.486452 | 0.587975 |
| 聚类 2 | 3 | 2.25647 | 0.866721 | 0.896548 |
| 聚类 3 | 3 | 0.64375 | 0.443988 | 0.555969 |

聚类质心

| 变量 | 聚类 1 | 聚类 2 | 聚类 3 | 总质心 |
|---|---|---|---|---|
| 机身长度(m) | − 0.528489 | 1.60408 | − 0.54710 | 0.0000000 |
| 机身高度(m) | − 0.472820 | 1.57459 | − 0.62895 | 0.0000000 |
| 翼展(m) | − 0.604867 | 1.60561 | − 0.39588 | 0.0000000 |
| 最大起飞重量(kg) | − 0.490824 | 1.63497 | − 0.65332 | 0.0000000 |
| 最大速度(km/h) | 0.801358 | − 0.19763 | − 1.40508 | 0.0000000 |
| 最大航程(km) | − 0.332077 | 1.55819 | − 0.89404 | − 0.0000000 |

聚类质心之间的距离

| | 聚类 1 | 聚类 2 | 聚类 3 |
|---|---|---|---|
| 聚类 1 | 0.00000 | 4.76614 | 2.29761 |
| 聚类 2 | 4.76614 | 0.00000 | 5.11829 |
| 聚类 3 | 2.29761 | 5.11829 | 0.00000 |

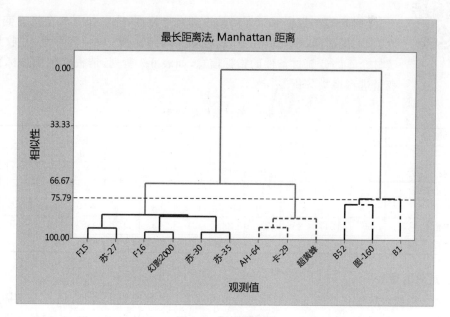

图 6-6　聚类树状图

此树状图使用 3 个聚类的最终分割而创建,最终分割发生在大约 75.79 相似性水平处。第一个聚类(最左侧)由 6 个观测值(工作表的行 1、2、6、7、8、9 中的观测值)组成。第二个聚类(最右侧)由 3 个观测值(工作表的行 3、4、10 中的观测值)组成。第三个聚类(中间)由 3 个观测值(工作表的行 5、11、12 中的观测值)组成。如果切割树状图的高度越高,最终聚类将越少,但相似性水平将降低。如果切割树状图的高度越低,相似性水平将越高,但最终聚类将越多。

## 6.2.3 变量聚类分析

### 1. 变量聚类分析简介

变量聚类又称为 R 型聚类或指标聚类,是指将 $m$ 个指标归类的方法,其目的是指标降维,从而选出具有代表性的指标并生成一些新变量,这些变量比主成分分析的变量更加直观易懂。在实际工作中,为避免遗漏重要因素,初始选取所考察的变量时,总是尽可能多地考虑所有相关的因素,结果往往需要考察的变量过多,变量间的相关性也较大,给统计分析带来很大的不便,因此对一些变量进行分类变得十分重要。

在对变量聚类时,首先要将相似关系转化为距离,用所得距离以类似于 Q 型聚类分析中最常用的系统聚类法的思路和基本步骤对变量进行聚类。

例 6-2
讲解微视频

### 2. 应用实例

【例 6-2】 根据航材保障特性和自身特点,选取如下 6 个指标变量:单价、采购提前期、年均消耗量、危害度、历史消耗量、供应商等级,并收集了某航材仓库部分航材备件的指标信息,如表 6-3 所列,请根据各项指标数据对变量进行聚类分析。

表 6-3 航材指标数据值

| 航材编号 | 1 | 2 | 3 | 4 | 5 | 6 | 7 | 8 | 9 | 10 | 11 | 12 |
|---|---|---|---|---|---|---|---|---|---|---|---|---|
| 单价 | 59 | 144 | 845 | 211 | 93 | 87 | 69 | 1 | 199 | 1366 | 46654 | 31591 |
| 采购提前期 | 12 | 13 | 15 | 9 | 15 | 15 | 11 | 13 | 7 | 37 | 92 | 91 |
| 年均消耗量 | 2 | 6 | 4 | 1 | 3 | 2 | 4 | 4 | 4 | 1 | 3 | 4 |
| 危害度 | 0.3 | 0.2 | 0.5 | 0.1 | 0.6 | 0.5 | 0.6 | 0.6 | 0.4 | 0.9 | 0.7 | 0.9 |
| 历史消耗量 | 26 | 124 | 25 | 7 | 34 | 21 | 43 | 45 | 56 | 12 | 21 | 34 |
| 供应商等级 | 0.1 | 0.6 | 0.5 | 0.4 | 0.5 | 0.4 | 0.6 | 0.4 | 0.9 | 0.9 | 0.8 | 0.6 |

【思路与方法】

本例中要求对航材备件的 6 个指标进行变量分类,根据给定的数据,将 6 个指标变量按变量聚类的办法分成若干类,根据"相关性"来度量 2 个变量的接近程度,观察每步之间距离或相似性水平的变化程度,如果在某一步距离或相似性水平变化比较急剧,表明上一步的聚类效果是比较好的。

**【操作步骤】**

Step 01：建立数据文件。将表 6-3 中的数据导入工作表,如图 6-7 所示。

| ↓ | C1 | C2 | C3 | C4 | C5 | C6 |
|---|----|----|----|----|----|----|
| | 单价 | 采购提前期 | 年均消耗量 | 危害度 | 历史消耗量 | 供应商等级 |
| 1 | 59 | 12 | 2 | 0.3 | 26 | 0.1 |
| 2 | 144 | 13 | 6 | 0.2 | 124 | 0.6 |
| 3 | 845 | 15 | 4 | 0.5 | 25 | 0.5 |
| 4 | 211 | 9 | 1 | 0.1 | 7 | 0.4 |
| 5 | 93 | 15 | 3 | 0.6 | 34 | 0.5 |
| 6 | 87 | 15 | 2 | 0.5 | 21 | 0.4 |
| 7 | 69 | 11 | 4 | 0.6 | 43 | 0.6 |
| 8 | 1 | 13 | 4 | 0.6 | 45 | 0.6 |
| 9 | 199 | 7 | 4 | 0.4 | 56 | 0.4 |
| 10 | 1366 | 37 | 1 | 0.9 | 12 | 0.9 |
| 11 | 46654 | 92 | 3 | 0.7 | 21 | 0.8 |
| 12 | 31591 | 91 | 4 | 0.9 | 34 | 0.6 |

图 6-7　航材指标数据值工作表

Step 02：确定分析变量。选择“统计”→“多变量”→“变量聚类”命令,进入“变量聚类”对话框,在“变量或距离矩阵”中选择填入“单价、采购提前期、年均消耗量、危害度、历史消耗量、供应商等级”,在“联结法”中选择“最长距离”,在“距离度量”中选择“相关性”,在“最终分割指定依据”中选择“点群数”,填入“1”,选中“显示树状图”复选框,如图 6-8 所示。

Step 03：设置变量聚类树状图。单击“自定义”按钮,在“标题”内输入“航材指标变量聚类”,在“使用以下项标记 Y 轴”下选择“相似性”,在“树状图显示于”下选择“一个图形”,如图 6-9 所示。

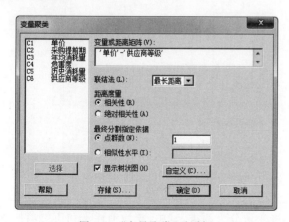

图 6-8　“变量聚类”对话框

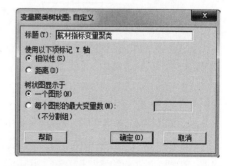

图 6-9　“变量聚类树状图:自定义”对话框

Step 04：单击"确定"按钮，会话窗口中输出如下结果，图形窗口输出如图 6-10 所示。

会话窗口输出结果：

**变量的聚类分析：单价，采购提前期，年均消耗量，危害度，历史消耗量，供应商等级**

相关系数距离，最长距离法

合并步骤

| 步骤 | 点群数 | 相似性水平 | 距离水平 | 已合并的点群号 | 新聚类号 | 新聚类号中的观测值个数 |
|---|---|---|---|---|---|---|
| 1 | 5 | 97.7594 | 0.04481 | 1  2 | 1 | 2 |
| 2 | 4 | 91.9620 | 0.16076 | 3  5 | 3 | 2 |
| 3 | 3 | 82.7806 | 0.34439 | 4  6 | 4 | 2 |
| 4 | 2 | 71.3367 | 0.57327 | 1  4 | 1 | 4 |
| 5 | 1 | 33.8175 | 1.32365 | 1  3 | 1 | 6 |

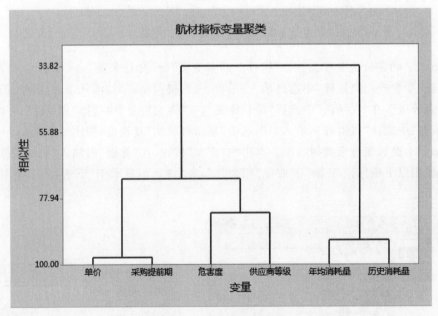

图 6-10　变量聚类树状图

【结果分析】

从会话窗口中输出的结果可以看出，在第 4 步到第 5 步，相似性水平减少 71.3367 － 33.8175 ＝ 37.5192，变化最大，可以考虑变量分为两类。从树状图可以看出，Y 轴代表相似性水平，在相似水平约 37.5192 附近，可以将变量分为两类，其中，年均消耗量和历史消耗量关系密切，分为一类；航材的危害度和供应商等级两个变量也具有一定的关联性，航材的单价和采购提前期二者之间也有一定的关联性。聚类结果的含义很直观而有明确意义,与日常经验也完全一致。

## 6.2.4　K 均值聚类分析

### 1. K 均值聚类分析简介

在观测值的聚类分析中,当样品的个数 $n$ 很大时,例如 $n \geqslant 30$ 时,仅考虑距离矩阵的计算量和存储量就非常大,要占据大量的计算机内存空间和较多的计算时间,因此在 $n$ 很大时,需要一种相对系统聚类法而言计算量少得多,使计算机运行时只需占用较少内存空间和较短的计算时间的聚类方法,K 均值聚类方法就是这样一种常用的聚类方法。

K 均值聚类方法根据最终分类的个数 $k$ 随机地选取 $k$ 个初始的聚类中心,不断地迭代,直到达到目标函数的最小值,即得到最终的聚类结果。其中,目标函数通常采用平方误差准则,即:在每一次迭代中,每一个点要计算和各聚类中心的距离,并将距离最近的聚类作为该点所属的类,所以 K 均值聚类方法的算法复杂度为 $O(knt)$,其中 $k$ 表示聚类数,$n$ 表示结点数,$t$ 表示迭代次数。

K 均值聚类方法是解决聚类问题的一种经典爬山式搜索算法。这种算法简单、快速,但对初值敏感,对于不同的初始值,可能会导致不同的聚类结果。此外,K 均值算法是基于梯度下降的算法,由于目标函数局部极小值点的存在,以及算法的贪心性,算法可能会陷入局部最优,而无法达到全局最优。

当给定分类的类数时,使用该方法可以做到分类速度快、占用内存少,其基本操作步骤如下:

(1) 参与聚类分析的变量必须是数值型变量,还要对变量标号,如要有编号或姓名以区分所属类;指定的聚类数要大于等于 2。

(2) 指定 $k$ 个具有代表性的观测量作为聚类的种子,也是初始类中心。

(3) 按距离 $k$ 个中心最近的原则,形成第一次迭代的 $k$ 个分类。

(4) 根据每一类的观测量计算各变量均值形成 $k$ 个点,即为第二次迭代的类中心,按此方法,直到达到指定的迭代次数或终止迭代的判据要求,迭代停止,聚类结束。

### 2. 应用实例

**【例 6-3】**　航空维修指标可以反映维修工作的全貌及内在规律,对加强航空维修管理有重要作用。根据 36 个维修单位日常收集的下列数据,如维修设备利用效率、平均维修天数、维修完好率、维修致损率、判断原因符合率、紧急维修成功率 6 个指标值,如表 6-4 所列,将维修部门分为 6 大类并分析各部门的综合维修能力。

例 6-3
讲解微视频

表 6-4　各维修单位指标值

| 序号 | 维修设备利用效率/% | 平均维修天数/天 | 维修完好率/% | 维修致损率/% | 判断原因符合率/% | 紧急维修成功率/% |
|---|---|---|---|---|---|---|
| 1 | 99.06 | 25.46 | 93.15 | 3.56 | 97.51 | 61.66 |
| 2 | 88.28 | 23.55 | 94.31 | 2.44 | 97.94 | 73.33 |
| 3 | 100 | 26.54 | 92.53 | 4.02 | 98.48 | 76.79 |
| 4 | 99.48 | 26.89 | 93.86 | 2.92 | 99.41 | 63.16 |
| 5 | 100 | 27.63 | 93.18 | 1.99 | 99.71 | 80.00 |
| 6 | 97.55 | 27.34 | 90.63 | 4.38 | 99.03 | 63.16 |
| 7 | 91.66 | 24.89 | 90.60 | 2.73 | 99.69 | 73.53 |
| 8 | 62.18 | 31.74 | 91.67 | 3.65 | 99.48 | 61.11 |
| 9 | 83.27 | 26.56 | 93.81 | 3.09 | 99.18 | 70.73 |
| 10 | 92.39 | 24.26 | 91.12 | 4.21 | 99.47 | 79.07 |
| 11 | 95.43 | 28.75 | 93.43 | 3.50 | 99.10 | 80.49 |
| 12 | 92.99 | 26.31 | 93.24 | 4.22 | 100.00 | 78.95 |
| 13 | 80.90 | 26.90 | 93.68 | 4.97 | 99.77 | 80.53 |
| 14 | 79.66 | 31.87 | 94.88 | 3.59 | 100.00 | 81.97 |
| 15 | 90.98 | 29.43 | 95.75 | 2.77 | 98.72 | 62.86 |
| 16 | 92.98 | 26.92 | 94.89 | 3.14 | 99.41 | 82.35 |
| 17 | 95.10 | 25.82 | 94.41 | 2.80 | 99.35 | 60.61 |
| 18 | 93.17 | 27.59 | 93.47 | 2.77 | 99.80 | 70.21 |
| 19 | 84.38 | 27.56 | 95.15 | 3.10 | 98.63 | 69.23 |
| 20 | 72.69 | 26.03 | 91.94 | 4.50 | 99.05 | 60.42 |
| 21 | 86.33 | 22.40 | 91.52 | 3.84 | 98.58 | 68.42 |
| 22 | 91.01 | 25.44 | 94.88 | 2.56 | 99.36 | 73.94 |
| 23 | 89.14 | 25.70 | 92.65 | 3.87 | 95.52 | 66.67 |
| 24 | 90.18 | 26.94 | 93.03 | 3.76 | 99.28 | 73.81 |
| 25 | 78.81 | 23.05 | 94.46 | 4.03 | 96.22 | 87.31 |
| 26 | 87.34 | 26.78 | 91.78 | 4.56 | 94.28 | 87.34 |
| 27 | 88.57 | 26.53 | 95.16 | 1.67 | 94.50 | 91.67 |
| 28 | 89.82 | 22.66 | 93.43 | 3.55 | 94.49 | 89.07 |
| 29 | 90.19 | 22.53 | 90.36 | 3.47 | 97.88 | 87.14 |
| 30 | 90.81 | 23.06 | 91.65 | 2.47 | 97.72 | 87.13 |
| 31 | 81.36 | 26.65 | 93.47 | 1.61 | 98.20 | 93.02 |
| 32 | 76.87 | 23.88 | 93.82 | 3.09 | 95.46 | 88.37 |
| 33 | 80.58 | 23.08 | 94.38 | 2.06 | 96.82 | 91.79 |
| 34 | 87.21 | 22.50 | 92.43 | 3.22 | 97.16 | 87.77 |
| 35 | 90.31 | 23.73 | 92.47 | 2.07 | 97.14 | 93.89 |
| 36 | 86.47 | 23.22 | 91.17 | 3.40 | 98.98 | 89.90 |

**【思路与方法】**

本例中包含 36 个维修单位的 6 个指标,样本量超出 30 个,因此考虑用 K 均值聚类分析法,且已知希望分为 6 类,为明确分类结果,指定 C8 记录分类结果,命名为"分类"。

**【操作步骤】**

Step 01:建立数据文件。将表 6-4 中的数据导入工作表。

Step 02:确定分析变量。选择"统计"→"多变量"→"K 均值聚类"命令,进入"K 均值聚类"对话框,在"变量"中填入"维修设备利用效率、平均维修天数、维修完好率、维修致损率、判断原因符合率、紧急维修成功率",在"点群数"中填入"6",本例中变量的量纲不一致,因此选中"标准化变量"复选框,如图 6-11 所示,单击"确定"按钮。

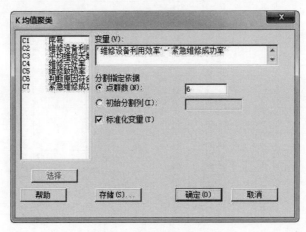

图 6-11 "K 均值聚类"对话框

Step 03:设置"存储"对话框。单击"存储"按钮,弹出"K 均值聚类:存储"对话框,在"聚类成员列"中填写"分类",可以在工作表中增加"分类"一列,单击"确定"按钮即可,如图 6-12 所示。返回"K 均值聚类分析变量设置对话框"界面,单击"确定"按钮,在工作表中出现分类结果,如图 6-13 所示。

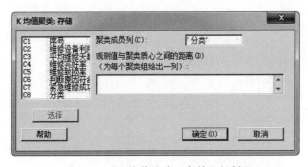

图 6-12 "K 均值聚类:存储"对话框

| ↓ | C1 | C2 | C3 | C4 | C5 | C6 | C7 | C8 |
|---|---|---|---|---|---|---|---|---|
| | 序号 | 维修设备利用效率 | 平均维修天数 | 维修完好率 | 维修致损率 | 判断原因符合率 | 紧急维修成功率 | 分类 |
| 1 | 1 | 99.06 | 25.46 | 93.15 | 3.56 | 97.51 | 61.66 | 1 |
| 2 | 2 | 88.28 | 23.55 | 94.31 | 2.44 | 97.94 | 73.33 | 2 |
| 3 | 3 | 100.00 | 26.54 | 92.53 | 4.02 | 98.48 | 76.79 | 3 |
| 4 | 4 | 99.48 | 26.89 | 93.86 | 2.92 | 99.41 | 63.16 | 4 |
| 5 | 5 | 100.00 | 27.63 | 93.18 | 1.99 | 99.71 | 80.00 | 5 |
| 6 | 6 | 97.55 | 27.34 | 90.63 | 4.38 | 99.03 | 63.16 | 3 |
| 7 | 7 | 66 | 24.89 | 90.60 | 2.73 | 99.69 | 73.53 | 3 |
| 8 | 8 | 62.18 | 31.74 | 91.67 | 3.65 | 99.48 | 61.11 | 6 |
| 9 | 9 | 83.27 | 26.56 | 93.81 | 3.09 | 99.18 | 70.73 | 4 |
| 10 | 10 | 92.39 | 24.26 | 91.12 | 4.21 | 99.47 | 79.07 | 3 |
| 11 | 11 | 95.43 | 28.75 | 93.43 | 3.50 | 99.10 | 80.49 | 5 |
| 12 | 12 | 92.99 | 26.31 | 93.24 | 4.22 | 100.00 | 78.95 | 3 |
| 13 | 13 | 80.90 | 26.90 | 93.68 | 4.97 | 99.77 | 80.53 | 3 |
| 14 | 14 | 79.66 | 31.87 | 94.88 | 3.59 | 100.00 | 81.97 | 5 |
| 15 | 15 | 90.98 | 29.43 | 95.75 | 2.77 | 98.72 | 62.86 | 4 |
| 16 | 16 | 92.98 | 26.92 | 94.89 | 3.14 | 99.41 | 82.35 | 5 |
| 17 | 17 | 95.10 | 25.82 | 94.41 | 2.80 | 99.35 | 60.61 | 4 |
| 18 | 18 | 93.17 | 27.59 | 93.47 | 2.77 | 99.80 | 70.21 | 4 |
| 19 | 19 | 84.38 | 27.56 | 95.15 | 3.10 | 98.63 | 69.23 | 4 |
| 20 | 20 | 72.69 | 26.03 | 91.94 | 4.50 | 99.05 | 60.42 | 6 |
| 21 | 21 | 86.33 | 22.40 | 91.52 | 3.84 | 98.58 | 68.42 | 1 |
| 22 | 22 | 91.01 | 25.44 | 94.88 | 2.56 | 99.36 | 73.94 | 4 |
| 23 | 23 | 89.14 | 25.70 | 92.65 | 3.87 | 95.52 | 66.67 | 1 |
| 24 | 24 | 90.18 | 26.94 | 93.03 | 3.76 | 99.28 | 73.81 | 3 |
| 25 | 25 | 78.81 | 23.05 | 94.46 | 4.03 | 96.22 | 87.31 | 2 |
| 26 | 26 | 87.34 | 26.78 | 91.78 | 4.56 | 94.28 | 87.34 | 3 |
| 27 | 27 | 88.57 | 26.53 | 95.16 | 1.67 | 94.50 | 91.67 | 2 |
| 28 | 28 | 89.82 | 22.66 | 93.43 | 3.55 | 94.49 | 89.07 | 2 |
| 29 | 29 | 90.19 | 22.53 | 90.36 | 3.47 | 97.88 | 87.14 | 3 |
| 30 | 30 | 90.81 | 23.06 | 91.65 | 2.47 | 97.72 | 87.13 | 2 |
| 31 | 31 | 81.36 | 26.65 | 93.47 | 1.61 | 98.20 | 93.02 | 2 |
| 32 | 32 | 76.87 | 23.88 | 93.82 | 3.09 | 95.46 | 88.37 | 2 |
| 33 | 33 | 80.58 | 23.08 | 94.38 | 2.06 | 96.82 | 91.79 | 2 |
| 34 | 34 | 87.21 | 22.50 | 92.43 | 3.22 | 97.16 | 87.77 | 2 |
| 35 | 35 | 90.31 | 23.73 | 92.47 | 2.07 | 97.14 | 93.89 | 2 |
| 36 | 36 | 86.47 | 23.22 | 91.17 | 3.40 | 98.98 | 89.90 | 3 |

图 6-13 K 均值聚类分析分类结果工作表

同时,在会话窗口中输出如下结果:

**K 均值聚类分析:维修设备利用效率, 平均维修天数, 维修完好率, 维修致损率, 判断原因符合率, 紧急维修成功率**
**标准化变量**
**最终分割**
点群数 6

| | 观测值个数 | 类内平方和 | 到质心的平均距离 | 到质心的最大距离 |
|---|---|---|---|---|
| 聚类 1 | 3 | 5.261 | 1.315 | 1.537 |
| 聚类 2 | 10 | 29.755 | 1.685 | 2.355 |
| 聚类 3 | 10 | 34.626 | 1.773 | 2.926 |
| 聚类 4 | 7 | 8.819 | 1.111 | 1.424 |
| 聚类 5 | 4 | 9.737 | 1.458 | 2.185 |
| 聚类 6 | 2 | 4.229 | 1.454 | 1.454 |

聚类质心

| 变量 | 聚类 1 | 聚类 2 | 聚类 3 | 聚类 4 | 聚类 5 | 聚类 6 | 总质心 |
|---|---|---|---|---|---|---|---|
| 维修设备利用效率 | 0.4050 | −0.3722 | 0.3375 | 0.3485 | 0.4682 | −2.5899 | 0.0000 |
| 平均维修天数 | −0.5473 | −0.8174 | −0.1111 | 0.4992 | 1.2259 | 1.2643 | 0.0000 |
| 维修完好率 | −0.4725 | 0.3031 | −0.9067 | 0.9397 | 0.6756 | −0.9130 | −0.0000 |
| 维修致损率 | 0.5850 | −0.7694 | 0.8418 | −0.4860 | −0.2518 | 0.9647 | −0.0000 |
| 判断原因符合率 | −0.6010 | −0.9846 | 0.2901 | 0.6033 | 0.8123 | 0.6380 | 0.0000 |
| 紧急维修成功率 | −1.1044 | 1.0170 | 0.1486 | −0.9491 | 0.3520 | −1.5536 | 0.0000 |

聚类质心之间的距离

| | 聚类 1 | 聚类 2 | 聚类 3 | 聚类 4 | 聚类 5 | 聚类 6 |
|---|---|---|---|---|---|---|
| 聚类 1 | 0.0000 | 2.7857 | 1.6773 | 2.3904 | 3.0471 | 3.7851 |
| 聚类 2 | 2.7857 | 0.0000 | 2.7278 | 3.0208 | 2.9933 | 4.7936 |
| 聚类 3 | 1.6773 | 2.7278 | 0.0000 | 2.6169 | 2.4122 | 3.6736 |
| 聚类 4 | 2.3904 | 3.0208 | 2.6169 | 0.0000 | 1.5503 | 3.8889 |
| 聚类 5 | 3.0471 | 2.9933 | 2.4122 | 1.5503 | 0.0000 | 4.1253 |
| 聚类 6 | 3.7851 | 4.7936 | 3.6736 | 3.8889 | 4.1253 | 0.0000 |

【结果分析】

K 均值聚类分析自动指定初始 6 个类中心点,根据事先设定的类数,将 36 个修理单位分为 6 类。工作表中给出了各个修理单位所属的类别,其中 8、20 划分为第 6 类,5、11、14、16 划分为第 5 类,4、9、15、17、18、19、22 划分为第 4 类,3、6、7、10、12、13、24、26、29、36 划分为第 3 类,2、25、27、28、30、31、32、33、34、35 划分为第 2 类,1、21、23 划分为第 1 类。从计算结果的聚类质心的数据可以看出,第 6 类维修设备利用效率低、平均维修天数高、维修致损率高、紧急维修成功率低,是属于维修效率较低的单位,第 5 类维修致损率较低、判断原因符合率较高,是属于维修能力较强的单位,第 2、3、4 类中部分单位的维修设备利用效率也较低,说明维修任务工作量不饱满。第 3 类中维修致损率比较高,判断原因符合率较低,说明维修能力不强。

K 均值聚类分析过程得到的最终结果可以作为进一步判别分析的样本,通过样本得到类别的规则,用于预测其他数据。

为了更清楚地显示分类结果,可以将上述工作表排序,按"分类"的值从大到小排序,选择"数据"→"排序",出现"排序"对话框,在"需排序的列"中填入"序号、维修设备利用效率、平均维修天数、维修完好率、维修致损率、判断原因符合率、紧急维修成功率、分类",在"按列"中填入"分类",选中"降序"复选框,如图 6-14 所示。排序后在工作表中得到更加清楚的分类结果,如图 6-15 所示。

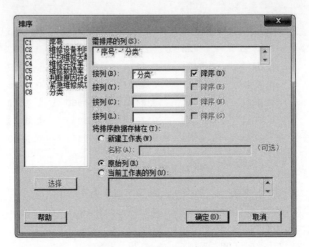

图 6-14 "排序"对话框

| ↓ | C1 | C2 | C3 | C4 | C5 | C6 | C7 | C8 |
|---|------|--------------|------------|------------|----------|------------|------------|------|
| | 序号 | 维修设备利用效率 | 平均维修天数 | 维修完好率 | 维修致损率 | 判断原因符合率 | 紧急维修成功率 | 分类 |
| 1 | 8 | 62.18 | 31.74 | 91.67 | 3.65 | 99.48 | 61.11 | 6 |
| 2 | 20 | 72.69 | 26.03 | 91.94 | 4.50 | 99.05 | 60.42 | 6 |
| 3 | 5 | 100.00 | 27.63 | 93.18 | 1.99 | 99.71 | 80.00 | 5 |
| 4 | 11 | 95.43 | 28.75 | 93.43 | 3.50 | 99.10 | 80.49 | 5 |
| 5 | 14 | 79.66 | 31.87 | 94.88 | 3.59 | 100.00 | 81.97 | 5 |
| 6 | 16 | 92.98 | 26.92 | 94.89 | 3.14 | 99.41 | 82.35 | 5 |
| 7 | 4 | 99.48 | 26.89 | 93.86 | 2.92 | 99.41 | 63.16 | 4 |
| 8 | 9 | 83.27 | 26.56 | 93.81 | 3.09 | 99.18 | 70.73 | 4 |
| 9 | 15 | 90.98 | 29.43 | 95.75 | 2.77 | 98.72 | 62.86 | 4 |
| 10 | 17 | 95.10 | 25.82 | 94.41 | 2.80 | 99.35 | 60.61 | 4 |
| 11 | 18 | 93.17 | 27.59 | 93.47 | 2.77 | 99.80 | 70.21 | 4 |
| 12 | 19 | 84.38 | 27.56 | 95.15 | 3.10 | 98.63 | 69.23 | 4 |
| 13 | 22 | 91.01 | 25.44 | 94.88 | 2.56 | 99.36 | 73.94 | 4 |
| 14 | 3 | 100.00 | 26.54 | 92.53 | 4.02 | 98.48 | 76.79 | 3 |
| 15 | 6 | 97.55 | 27.34 | 90.63 | 4.38 | 99.03 | 63.16 | 3 |
| 16 | 7 | 91.66 | 24.89 | 90.60 | 2.73 | 99.69 | 73.53 | 3 |
| 17 | 10 | 92.39 | 24.26 | 91.12 | 4.21 | 99.47 | 79.07 | 3 |
| 18 | 12 | 92.99 | 26.31 | 93.24 | 4.22 | 100.00 | 78.95 | 3 |
| 19 | 13 | 80.90 | 26.90 | 93.68 | 4.97 | 99.77 | 80.53 | 3 |
| 20 | 24 | 90.18 | 26.94 | 93.03 | 3.76 | 99.28 | 73.81 | 3 |
| 21 | 26 | 87.34 | 26.78 | 91.78 | 4.56 | 94.28 | 87.34 | 3 |
| 22 | 29 | 90.19 | 22.53 | 90.36 | 3.47 | 97.88 | 87.14 | 3 |
| 23 | 36 | 86.47 | 23.22 | 91.17 | 3.40 | 98.98 | 89.90 | 3 |
| 24 | 2 | 88.28 | 23.55 | 94.31 | 2.44 | 97.94 | 73.33 | 2 |
| 25 | 25 | 78.81 | 23.05 | 94.46 | 4.03 | 96.22 | 87.31 | 2 |
| 26 | 27 | 88.57 | 26.53 | 95.16 | 1.67 | 94.50 | 91.67 | 2 |
| 27 | 28 | 89.82 | 22.66 | 93.43 | 3.55 | 94.49 | 89.07 | 2 |
| 28 | 30 | 90.81 | 23.06 | 91.65 | 2.47 | 97.72 | 87.13 | 2 |
| 29 | 31 | 81.36 | 26.65 | 93.47 | 1.61 | 98.20 | 93.02 | 2 |
| 30 | 32 | 76.87 | 23.88 | 93.82 | 3.09 | 95.46 | 88.37 | 2 |
| 31 | 33 | 80.58 | 23.08 | 94.38 | 2.06 | 96.82 | 91.79 | 2 |
| 32 | 34 | 87.21 | 22.50 | 92.43 | 3.22 | 97.16 | 87.77 | 2 |
| 33 | 35 | 90.31 | 23.73 | 92.47 | 2.07 | 97.14 | 93.89 | 2 |
| 34 | 1 | 99.06 | 25.46 | 93.15 | 3.56 | 97.51 | 61.66 | 1 |
| 35 | 21 | 86.33 | 22.40 | 91.52 | 3.84 | 98.58 | 68.42 | 1 |
| 36 | 23 | 89.14 | 25.70 | 92.65 | 3.87 | 95.52 | 66.67 | 1 |

图 6-15　K 均值聚类分析分类结果排序结果图

# 6.3　主成分分析

在数据分析实际问题中,研究多变量问题是经常遇到的,变量多往往会增加问题的复杂性,多数情况下,变量之间存在一定的相关性,从统计分析和解决问题的角度来说,希望将问题简化,将多个变量综合为少数几个变量,能大体上反映全部变量的信息即可,这种将多个变量转化为少数几个综合变量的方法称为主成分分析。

## 6.3.1　主成分分析简介

### 1. 主成分分析的概念

主成分分析是将多个相关联的数值指标转化为少数几个互不相关的综合指标的统计方法,即用较少的指标来代替和综合反映原来较多的信息,也是一种降维的多元统计方法,这些综合后的指标就是原来多指标的主要成分。

### 2. 主成分分析的基本模型

实际应用中经常会遇到多指标问题,多数情况下这些指标之间往往存在一定的相关性,直接分析不仅复杂,而且可能因为多元共线性而无法得出正确结论,通常考虑将原来的多个指标作线性组合。

假设研究对象是 $n$ 个样品,每个样品有 $p$ 个指标变量($n > p$),原始资料可以整理为以下矩阵:

$$\boldsymbol{X} = \begin{bmatrix} x_{11} & \cdots & x_{1p} \\ \vdots & \ddots & \vdots \\ x_{n1} & \cdots & x_{np} \end{bmatrix} = \begin{bmatrix} X_1 \\ \vdots \\ X_p \end{bmatrix} \tag{6-4}$$

主成分分析将 $p$ 个指标变量综合成为 $p$ 个新的变量(综合变量),即用矩阵 $\boldsymbol{X}$ 的 $p$ 个向量作线性组合:

$$\begin{cases} F_1 = a_{11}X_1 + a_{21}X_2 + \cdots + a_{p1}X_p \\ F_2 = a_{12}X_1 + a_{22}X_2 + \cdots + a_{p2}X_p \\ \qquad\qquad\qquad \vdots \\ F_m = a_{1m}X_1 + a_{2m}X_2 + \cdots + a_{pm}X_p \end{cases} \tag{6-5}$$

其矩阵形式可以表示为

$$\boldsymbol{F} = \boldsymbol{A}^{\mathrm{T}}\boldsymbol{X} \tag{6-6}$$

其中 $m \leqslant p$，$F = \begin{bmatrix} F_1 \\ \vdots \\ F_m \end{bmatrix}$，$A = \begin{bmatrix} a_{11} & \cdots & a_{1m} \\ \vdots & \ddots & \vdots \\ a_{p1} & \cdots & a_{pm} \end{bmatrix}$，$A$ 称为主成分系数矩阵，$a_{ij}$ 代表原变量在主成分中信息量的大小。

综合指标 $F_i$ 的方差越大，表示包含原指标的信息越多，在所有的线性组合中所选取的 $F_1$ 应该是方差最大的，称 $F_1$ 为第一主成分，如果第一主成分不足以代表原来 $p$ 个指标的信息，再考虑选取第二主成分、第三主成分等。

**3. 主成分的选取**

主成分分析的目的之一是降低数据维度，即综合指标的个数要小于原指标个数，在实际应用中主成分个数 $m$ 的选取一般有以下两个原则。

（1）根据累计方差贡献率来确定。累计方差贡献率越大，表明所选取的少数几个主成分解释随机向量 $X$ 的能力越强，实际应用中一般取累积方差贡献率大于一定的数值，比如 80%，这样既能保证损失的信息不多，又可以达到减少变量、简化问题的目的。

（2）根据特征值的变化来选取主成分。一般选取特征值大于等于 1 的个数为主成分的个数。通过软件生成的碎石图可以直观地判断。所谓碎石图，就是将主成分按照其方差从大到小排列，以各个主成分的序号作为横轴，各个主成分的方差作为纵轴而绘制的曲线图，观察曲线的下降趋势，舍弃下降趋势趋于平缓的部分，剩下的变量个数即为主成分个数。采用这种方法确定的主成分个数与按累积贡献率确定的主成分个数往往是一致的。

例 6-4
讲解微视频

## 6.3.2 应用实例

【例 6-4】 已知影响飞机状态的指标有单机完好率、维修停飞率、故障率、空中故障率、飞行架次、飞行时间等指标，利用质控系统中近几年的实测数据，对某部 24 架飞机的综合状态进行定量分析，统计数据如表 6-5 所列。

表 6-5　24 架飞机状态指标值

| 飞机号 | 单机完好率/% | 维修停飞率/% | 故障率/% | 空中故障率/% | 飞行架次 | 飞行时间/h |
|---|---|---|---|---|---|---|
| 1 | 90.18 | 6.41 | 18.58 | 2.46 | 610 | 812.78 |
| 2 | 85.06 | 8.76 | 20.83 | 2.43 | 599 | 782.63 |
| 3 | 83.16 | 11.81 | 20.14 | 2.19 | 651 | 868.72 |
| 4 | 89.68 | 7.16 | 22.96 | 3.03 | 609 | 857.98 |
| 5 | 89.14 | 5.91 | 19.15 | 2.60 | 618 | 845.86 |
| 6 | 90.16 | 6.61 | 21.40 | 3.08 | 556 | 747.63 |

| 飞机号 | 单机完好率/% | 维修停飞率/% | 故障率/% | 空中故障率/% | 飞行架次 | 飞行时间/h |
|---|---|---|---|---|---|---|
| 7 | 92.09 | 4.43 | 20.98 | 2.83 | 634 | 848.45 |
| 8 | 86.01 | 7.78 | 23.76 | 3.20 | 537 | 719.60 |
| 9 | 83.60 | 11.33 | 22.15 | 3.26 | 562 | 767.53 |
| 10 | 88.25 | 6.07 | 20.36 | 2.98 | 583 | 805.36 |
| 11 | 78.18 | 12.66 | 21.89 | 3.27 | 616 | 794.78 |
| 12 | 86.69 | 6.79 | 13.94 | 0.82 | 613 | 853.89 |
| 13 | 85.13 | 10.76 | 17.95 | 3.47 | 489 | 662.80 |
| 14 | 91.86 | 4.52 | 15.73 | 2.50 | 660 | 839.35 |
| 15 | 84.65 | 11.13 | 17.35 | 2.28 | 632 | 876.00 |
| 16 | 86.72 | 9.76 | 18.27 | 1.70 | 601 | 821.15 |
| 17 | 91.56 | 4.16 | 19.56 | 3.16 | 642 | 853.71 |
| 18 | 85.95 | 6.47 | 19.25 | 2.42 | 630 | 812.75 |
| 19 | 86.42 | 8.62 | 17.74 | 2.58 | 627 | 851.33 |
| 20 | 89.33 | 4.90 | 19.39 | 3.32 | 538 | 784.10 |
| 21 | 89.56 | 5.95 | 17.07 | 3.78 | 577 | 767.46 |
| 22 | 92.36 | 3.51 | 19.45 | 2.48 | 502 | 724.78 |
| 23 | 90.36 | 4.52 | 19.01 | 3.29 | 706 | 941.61 |
| 24 | 89.03 | 6.71 | 16.40 | 2.31 | 680 | 865.65 |

**【思路与方法】**

影响飞机状态的因素有很多,根据分析上述 6 个因素起着主要作用,样本和变量较多,如何将 6 个指标综合成少数几个指标,以方便对飞机状态进行直观判断,因此本例中收集了某部 24 架飞机的这 6 个指标,使用主成分分析法,将 6 个评估指标进行简化,对飞机状态进行定量评估。

**【操作步骤】**

Step 01:建立数据文件。将表 6-5 中的数据导入工作表,如图 6-16 所示。

Step 02:数据标准化。选择"计算"→"标准化"命令,进入"标准化"对话框,在"输入列"中填入"单机完好率、维修停飞率、单机故障率、空中故障率、飞行架次、飞行时间",在"将结果存储在"中填入"C1-C6",单击"确定"按钮即可,如图 6-17 所示。本例中变量的量纲不一致,因此须先对数据进行标准化处理,标准化后的数据如图 6-18 所示。

Step 03:确定分析变量。选择"统计"→"多变量"→"主成分"命令,进入"主成分分析"对话框,从左侧选择"C1~C6",单击"选择"按钮,在"变量"中填入"C1-C6"相关变量,在"要计算的分量数"中填入"6",如图 6-19 所示。

| ↓ | C1 | C2 | C3 | C4 | C5 | C6 |
|---|------|------|------|------|------|------|
| | 单机完好率 | 维修停飞率 | 故障率 | 空中故障率 | 飞行架次 | 飞行时间 |
| 1 | 90.18% | 6.41% | 18.58% | 2.46% | 610 | 812.78 |
| 2 | 85.06% | 8.76% | 20.83% | 2.43% | 599 | 782.63 |
| 3 | 83.16% | 11.81% | 20.14% | 2.19% | 651 | 868.72 |
| 4 | 89.68% | 7.16% | 22.96% | 3.03% | 609 | 857.98 |
| 5 | 89.14% | 5.91% | 19.15% | 2.60% | 618 | 845.86 |
| 6 | 90.16% | 6.61% | 21.40% | 3.08% | 556 | 747.63 |
| 7 | 92.09% | 4.43% | 20.98% | 2.83% | 634 | 848.45 |
| 8 | 86.01% | 7.78% | 23.76% | 3.20% | 537 | 719.60 |
| 9 | 83.60% | 11.33% | 22.15% | 3.26% | 562 | 767.53 |
| 10 | 88.25% | 6.07% | 20.36% | 2.98% | 583 | 805.36 |
| 11 | 78.18% | 12.66% | 21.89% | 3.27% | 616 | 794.78 |
| 12 | 86.69% | 6.79% | 13.94% | 0.82% | 613 | 853.89 |
| 13 | 85.13% | 10.76% | 17.95% | 3.47% | 489 | 662.80 |
| 14 | 91.86% | 4.52% | 15.73% | 2.50% | 660 | 839.35 |
| 15 | 84.65% | 11.13% | 17.35% | 2.28% | 632 | 876.00 |
| 16 | 86.72% | 9.76% | 18.27% | 1.70% | 601 | 821.15 |
| 17 | 91.56% | 4.16% | 19.56% | 3.16% | 642 | 853.71 |
| 18 | 85.95% | 6.47% | 19.25% | 2.42% | 630 | 812.75 |
| 19 | 86.42% | 8.62% | 17.74% | 2.58% | 627 | 851.33 |
| 20 | 89.33% | 4.90% | 19.39% | 3.32% | 538 | 784.10 |
| 21 | 89.56% | 5.95% | 17.07% | 3.78% | 577 | 767.46 |
| 22 | 92.36% | 3.51% | 19.45% | 2.48% | 502 | 724.78 |
| 23 | 90.36% | 4.52% | 19.01% | 3.29% | 706 | 941.61 |
| 24 | 89.03% | 6.71% | 16.40% | 2.31% | 680 | 865.65 |

图 6-16  指标值数据工作表

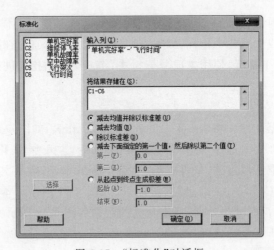

图 6-17  "标准化"对话框

| ↓ | C1 | C2 | C3 | C4 | C5 | C6 |
|---|---|---|---|---|---|---|
| | 单机完好率 | 维修停飞率 | 故障率 | 空中故障率 | 飞行架次 | 飞行时间 |
| 1 | 0.72369 | -0.35767 | -0.31178 | -0.41784 | 0.13264 | 0.00056 |
| 2 | -0.77871 | 0.52362 | 0.65638 | -0.46484 | -0.07579 | -0.49270 |
| 3 | -1.33624 | 1.66743 | 0.35947 | -0.84090 | 0.90950 | 0.91574 |
| 4 | 0.57697 | -0.07641 | 1.57290 | 0.47529 | 0.11369 | 0.74003 |
| 5 | 0.41851 | -0.54518 | -0.06652 | -0.19847 | 0.28422 | 0.54175 |
| 6 | 0.71782 | -0.28267 | 0.90164 | 0.55363 | -0.89056 | -1.06530 |
| 7 | 1.28415 | -1.10021 | 0.72092 | 0.16191 | 0.58739 | 0.58412 |
| 8 | -0.49994 | 0.15610 | 1.91713 | 0.74166 | -1.25057 | -1.52387 |
| 9 | -1.20713 | 1.48742 | 1.22436 | 0.83567 | -0.77687 | -0.73973 |
| 10 | 0.15736 | -0.48518 | 0.45414 | 0.39694 | -0.37896 | -0.12083 |
| 11 | -2.79756 | 1.98619 | 1.11249 | 0.85134 | 0.24632 | -0.29392 |
| 12 | -0.30041 | -0.21517 | -2.30834 | -2.98753 | 0.18948 | 0.67312 |
| 13 | -0.75817 | 1.27366 | -0.58287 | 1.16472 | -2.16007 | -2.45312 |
| 14 | 1.21666 | -1.06646 | -1.53812 | -0.35516 | 1.08004 | 0.43525 |
| 15 | -0.89902 | 1.41241 | -0.84104 | -0.69988 | 0.54949 | 1.03484 |
| 16 | -0.29160 | 0.89864 | -0.44517 | -1.60867 | -0.03790 | 0.13749 |
| 17 | 1.12863 | -1.20147 | 0.10990 | 0.67898 | 0.73897 | 0.67018 |
| 18 | -0.51755 | -0.33517 | -0.02349 | -0.48051 | 0.51160 | 0.00007 |
| 19 | -0.37963 | 0.47112 | -0.67323 | -0.22981 | 0.45475 | 0.63124 |
| 20 | 0.47427 | -0.92395 | 0.03675 | 0.92969 | -1.23162 | -0.46865 |
| 21 | 0.54176 | -0.53018 | -0.96152 | 1.65045 | -0.49265 | -0.74088 |
| 22 | 1.36338 | -1.44523 | 0.06257 | -0.38650 | -1.91375 | -1.43913 |
| 23 | 0.77651 | -1.06646 | -0.12676 | 0.88268 | 1.95165 | 2.10823 |
| 24 | 0.38624 | -0.24517 | -1.24982 | -0.65287 | 1.45900 | 0.86552 |

图 6-18　标准化后指标值数据工作表

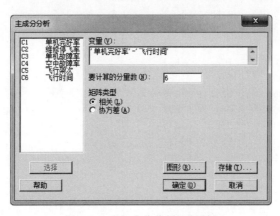

图 6-19　"主成分分析"对话框

Step 04：输出图形。单击"图形"按钮，进入"主分量分析：图形"对话框，单击选择"碎石图""前两个分量的分值图""前两个分量的载荷图""异常值图"，单击"确定"按钮，如图 6-20 所示。

Step 05：存储设置。单击"存储"按钮，进入"主分量分析：存储"对话框，在"分值"中可以输入"C8-C13"，单击"确定"按钮，如图 6-21 所示。

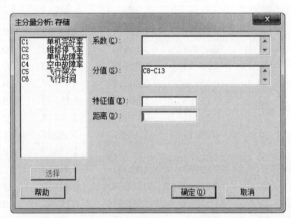

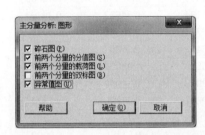

图 6-20　"主分量分析：图形"对话框　　　图 6-21　"主分量分析：存储"对话框

Step 06：单击"确定"按钮，在会话窗口中输出如下结果，图形窗口输出如图 6-22～图 6-25 所示。

会话窗口输出结果：

**主成分分析：单机完好率，维修停飞率，单机故障率，空中故障率，飞行架次，飞行时间**

相关矩阵的特征分析

| | | | | | | |
|---|---|---|---|---|---|---|
| 特征值 | 2.4855 | 1.8394 | 1.0792 | 0.4388 | 0.0923 | 0.0648 |
| 比率 | 0.414 | 0.307 | 0.180 | 0.073 | 0.015 | 0.011 |
| 累积 | 0.414 | 0.721 | 0.901 | 0.974 | 0.989 | 1.000 |

| 变量 | PC1 | PC2 | PC3 |
|---|---|---|---|
| 单机完好率 | 0.304 | −0.626 | −0.027 |
| 维修停飞率 | −0.306 | 0.624 | −0.006 |
| 单机故障率 | −0.396 | −0.067 | 0.607 |
| 空中故障率 | −0.342 | −0.318 | 0.535 |
| 飞行架次 | 0.506 | 0.257 | 0.432 |
| 飞行时间 | 0.533 | 0.218 | 0.397 |

**【结果分析】**

（1）确定主成分。

会话窗口中输出结果显示相关矩阵的最大特征值为 2.4855，即第一主成分的方差为

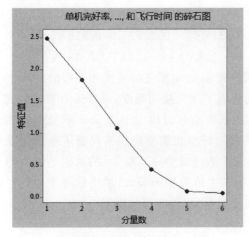

图 6-22　碎石图

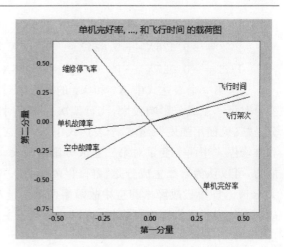

图 6-23　载荷图

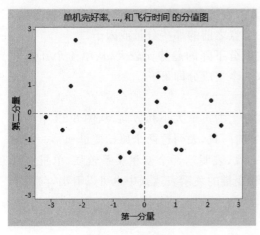

图 6-24　分值图

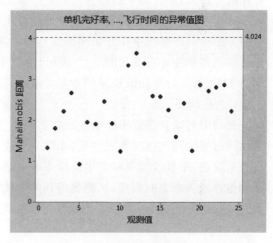

图 6-25　异常值图

2.4855,第一主成分的方差占总方差的比率为 0.414,即第一主成分的累积贡献率达到了
0.414;第二主成分的方差为 1.8394,第二主成分的方差占总方差的比率为 0.307,前两个
主成分的累积贡献率达到了 0.721,前三个主成分的累积方差贡献率达到了 0.901,这说明
前 3 个主成分已经提供了原始数据的足够信息。

从输出结果还可以看出,PC1 代表第一主成分,所在列为得到的第一主成分的系数
(0.304,−0.306,−0.396,−0.342,0.506,0.533);PC2 代表第二主成分,所在列为得到的
第二主成分的系数(−0.626,0.624,−0.067,−0.318,0.257,0.218);PC3 代表第三主成
分,所在列为得到的第三主成分的系数(−0.027,−0.006,0.607,0.535,0.432,0.397)。因
此三个主成分与标准化变量的关系可以用下列线性组合表示:

$$PC1 = 0.304X_1 - 0.306X_2 - 0.396X_3 - 0.342X_4 + 0.506X_5 + 0.533X_6$$

$$PC2 = -0.626X_1 + 0.624X_2 - 0.067X_3 - 0.318X_4 + 0.257X_5 + 0.218X_6$$

$$PC3 = -0.027X_1 - 0.006X_2 - 0.6076X_3 - 0.535X_4 + 0.432X_5 + 0.397X_6$$

这里第一个表达式中 $X_5$ 和 $X_6$ 的系数绝对值均大于 0.5,即飞行架次和飞行时间两个变量对第一主成分影响较大,飞行架次和飞行时间代表了飞机使用强度,可以认为第一主成分是"飞机使用强度";第二个表达式中 $X_1$ 和 $X_2$ 的系数绝对值均大于 0.5,即单机完好率和维修停飞率两个变量对第二主成分影响较大,单机完好率和维修停飞率代表了维修保障能力,可以认为第二主成分是"维修保障能力";第三个表达式中 $X_3$ 和 $X_4$ 的系数绝对值均大于 0.5,即单机故障率和空中故障率两个变量对第三主成分影响较大,单机故障率和空中故障率代表了飞机固有可靠性,可以认为第三主成分是"飞机固有可靠性"。

（2）碎石图。

碎石图用在主成分分析和因子分析中,可以直观地评估哪些主成分或因子占数据中变异性的大部分,碎石图中的理想模式是一条陡曲线,接着是一段弯曲线,然后是一条平坦或水平的线,根据对数据的了解以及其他选择主成分的方法来帮助决定主成分或因子的数量,一般考虑保留陡曲线中在开始平坦线趋势的第一个点之前的那些分量或因子。

结果显示的碎石图如图 6-22 所示,前 3 个主成分下降的趋势比较大,从第 4 个开始下降趋于平缓,结合特征值和累积方差贡献率,选取 3 个主成分即可。

（3）载荷图。

载荷图可以直观看出原始变量在前两个主成分上的贡献大小和方向,从图 6-23 中可以看出飞行架次和飞行时间很接近,和第一主成分方向一致,表明这两个原始变量和第一主成分关系最强,单机故障率和空中故障率方向基本一致,表明这两个变量关系较强,单机完好率和维修停飞率方向相反,从前述得到的主成分和变量的关系表达式中也可以看出,前两个表达式中两个变量 $X_1$ 和 $X_2$ 的系数符号相反。

（4）分值图。

为了更直观分析 24 架飞机的情况,可以根据 24 架飞机在前两个主成分得分画出散点图,如图 6-24 所示,以第一主成分和第二主成分为坐标绘制"散点图",在菜单"编辑器"下"添加"选择"数据标签",选择"使用行号作标签",可以在原有生成的分值图上标示出飞机号。第一分量代表"飞机使用强度",因此可以看出,在图中越靠右的点则代表飞机使用强度越大,分别是 23、12、14 号飞机;第二分量代表"维修保障能力",结合第二主成分和变量关系的表达式,单机完好率越高,维修停飞率越低,代表维修保障能力越好,因此在图中越靠下方的点代表飞机的维修保障能力较好,分别是 22、20 号飞机。因此从散点图中可以得到,总体上位于右下方的第四象限的飞机在综合考虑这两个主要方面时比较好,分别是 7、17、14、1、23 号飞机,对比原始数据表中的数据可以发现结论比较合理。

（5）异常值图。

绘制每个数据点的 Mahalanobis 距离,使用此图可以在多元空间中识别异常值,位于 Y

参考线上方的点即表示异常观测值。异常值 Mahalanobis 距离应小于 4.024，从图 6-25 所示异常值图显示，24 架飞机均在正常范围内，没有超出异常值范围。

说明：也可以采用变量聚类直观观察变量聚类情况。选择"统计"→"多变量"→"变量聚类"命令，设置如图 6-26 所示，单击"确定"按钮，可以得到如图 6-27 所示的变量聚类树状图，根据聚类结果可将变量分为 3 类，这与主成分分析结果一致。

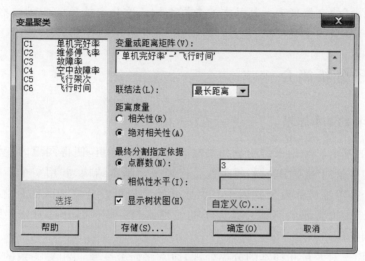

图 6-26　"变量聚类"对话框

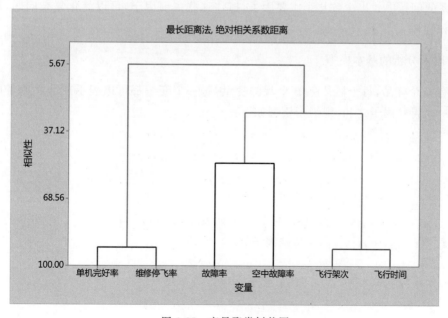

图 6-27　变量聚类树状图

# 6.4 因 子 分 析

因子分析主要通过研究众多变量之间的内部依赖关系,探求观测数据中的基本结构,并用少数几个"抽象"的变量来表示其基本的数据结构。这几个抽象的变量被称为"因子",能够反映原来众多变量的主要信息,也是一种降维、简化数据的技术。

## 6.4.1 因子分析简介

### 1. 因子分析的基本思想

因子分析的基本思想是根据变量相关性的大小将其分组,使得同组内变量间的相关性较强,不同组的变量间相关性较弱,每组变量代表一个基本结构,并用一个不可观测的综合变量表示,这个基本结构称为公共因子。因此原始变量可以分解为两部分之和的形式:一部分是少数几个不可观测的所谓公共因子的线性函数;另一部分是与公共因子无关的部分,称为特殊因子。

因子分析用于对变量和样本的分类处理,通常将研究变量间相关关系的因子分析称为R型因子分析,而将研究样品间相关关系的因子分析称为Q型因子分析。从一些具有错综复杂关系的问题中找出少数几个主要因子,抓住这些主要因子,可以简化复杂问题,从而便于分析和解释。

### 2. 因子分析的基本模型

设有 $n$ 个样品,每个样品有 $p$ 个观测变量,每一个变量都可以表示成公共因子的线性函数与一个特殊因子之和,则因子模型如下:

$$\begin{cases} X_1 = a_{11}F_1 + a_{12}F_2 + \cdots + a_{1m}F_m + \varepsilon_1 \\ X_2 = a_{21}F_1 + a_{22}F_2 + \cdots + a_{2m}F_m + \varepsilon_2 \\ \quad\vdots \\ X_p = a_{p1}F_1 + a_{p2}F_2 + \cdots + a_{pm}F_m + \varepsilon_p \end{cases} \tag{6-7}$$

其中 $\boldsymbol{X} = (X_1, X_2, \cdots, X_p)^T$ 是标准化后的原始变量,$\boldsymbol{F} = (F_1, F_2, \cdots, F_m)^T$ 称为公共因子 $m \leqslant p$,$\boldsymbol{\varepsilon} = (\varepsilon_1, \varepsilon_2, \cdots, \varepsilon_p)^T$ 称为特殊因子。记

$$\boldsymbol{A} = \begin{bmatrix} a_{11} & \cdots & a_{1m} \\ \vdots & \ddots & \vdots \\ a_{p1} & \cdots & a_{pm} \end{bmatrix}$$

则因子模型的矩阵形式可以表示为

$$X = AF + \varepsilon \tag{6-8}$$

矩阵 $A$ 的各个元素 $a_{ij}$ 称为因子载荷，矩阵 $A$ 称为因子载荷矩阵，$a_{ij}$ 的绝对值越大，表明 $X_i$ 和 $F_j$ 相依程度越高，或称公共因子 $F_j$ 对于 $X_i$ 的载荷量越大。

## 6.4.2　应用实例

【例 6-5】　与航空维修管理有关的 8 项指标分别为：飞机平均大修时间、保障设备完好率、每飞行小时机务保障时间、平均维修天数、任务成功率、维修差错千时率、飞机大修计划执行率、飞机梯次计划执行率，通过上述指标的统计数据分析各指标的相关性以及指标对维修管理的重要程度，如表 6-6 所列。

例 6-5
讲解微视频

表 6-6　航空维修管理 8 项指标值数据表

| 方案 | 飞机平均大修时间/小时 | 保障设备完好率/% | 每飞行小时机务保障时间/小时 | 平均维修天数/天 | 任务成功率/% | 维修差错千时率/% | 飞机大修计划执行率/% | 飞机梯次使用计划执行率/% |
|---|---|---|---|---|---|---|---|---|
| 1 | 389 | 99.06 | 1.23 | 25.46 | 93.15 | 3.56 | 97.51 | 61.66 |
| 2 | 271 | 88.28 | 0.85 | 23.55 | 94.31 | 2.44 | 97.94 | 73.33 |
| 3 | 385 | 99.90 | 1.21 | 26.54 | 92.53 | 4.02 | 98.48 | 76.79 |
| 4 | 377 | 99.48 | 1.19 | 26.89 | 93.86 | 2.92 | 99.41 | 63.16 |
| 5 | 378 | 100.00 | 1.19 | 27.63 | 93.18 | 1.99 | 99.71 | 80.00 |
| 6 | 349 | 97.55 | 1.10 | 27.34 | 90.63 | 4.38 | 99.03 | 63.16 |
| 7 | 361 | 91.66 | 1.14 | 24.89 | 90.60 | 2.73 | 99.69 | 73.53 |
| 8 | 209 | 62.18 | 0.52 | 31.74 | 91.67 | 3.65 | 99.48 | 61.11 |
| 9 | 425 | 83.27 | 0.93 | 26.56 | 93.81 | 3.09 | 99.18 | 70.73 |
| 10 | 458 | 92.39 | 0.95 | 24.26 | 91.12 | 4.21 | 99.47 | 79.07 |
| 11 | 496 | 95.43 | 1.03 | 28.75 | 93.43 | 3.50 | 99.10 | 80.49 |
| 12 | 514 | 92.99 | 1.07 | 26.31 | 93.24 | 4.22 | 100.00 | 78.95 |
| 13 | 490 | 80.90 | 0.97 | 26.90 | 93.68 | 4.97 | 99.77 | 80.53 |
| 14 | 344 | 79.66 | 0.68 | 31.87 | 94.88 | 3.59 | 100.00 | 81.97 |
| 15 | 508 | 90.98 | 1.01 | 29.43 | 95.75 | 2.77 | 98.72 | 62.86 |
| 16 | 545 | 92.98 | 1.08 | 26.92 | 94.89 | 3.14 | 99.41 | 82.35 |
| 17 | 507 | 95.10 | 1.01 | 25.82 | 94.41 | 2.80 | 99.35 | 60.61 |
| 18 | 540 | 93.17 | 1.07 | 27.59 | 93.47 | 2.77 | 99.80 | 70.21 |
| 19 | 552 | 84.38 | 1.10 | 27.56 | 95.15 | 3.10 | 98.63 | 69.23 |
| 20 | 453 | 72.69 | 0.90 | 26.03 | 91.94 | 4.50 | 99.05 | 60.42 |
| 21 | 529 | 86.33 | 1.05 | 22.40 | 91.52 | 3.84 | 98.58 | 68.42 |
| 22 | 515 | 91.01 | 1.02 | 25.44 | 94.88 | 2.56 | 99.36 | 73.94 |

续表

| 方案 | 飞机平均大修时间/小时 | 保障设备完好率/% | 每飞行小时机务保障时间/小时 | 平均维修天数/天 | 任务成功率/% | 维修差错千时率/% | 飞机大修计划执行率/% | 飞机梯次使用计划执行率/% |
|---|---|---|---|---|---|---|---|---|
| 23 | 552 | 89.14 | 1.10 | 25.70 | 92.65 | 3.87 | 95.52 | 66.67 |
| 24 | 597 | 90.18 | 1.18 | 26.94 | 93.03 | 3.76 | 99.28 | 73.81 |
| 25 | 437 | 78.81 | 0.87 | 23.05 | 94.46 | 4.03 | 96.22 | 87.31 |
| 26 | 477 | 87.34 | 0.95 | 26.78 | 91.78 | 4.56 | 94.28 | 87.34 |
| 27 | 638 | 88.57 | 1.27 | 26.53 | 95.16 | 1.67 | 94.50 | 91.67 |
| 28 | 583 | 89.82 | 1.16 | 22.66 | 93.43 | 3.55 | 94.49 | 89.07 |
| 29 | 552 | 90.19 | 1.10 | 22.53 | 90.36 | 3.47 | 97.88 | 87.14 |
| 30 | 551 | 90.81 | 1.09 | 23.06 | 91.65 | 2.47 | 97.72 | 87.13 |
| 31 | 574 | 81.36 | 1.14 | 26.65 | 93.47 | 1.61 | 98.20 | 93.02 |
| 32 | 515 | 76.87 | 1.02 | 23.88 | 93.82 | 3.09 | 95.46 | 88.37 |
| 33 | 555 | 80.58 | 1.10 | 23.08 | 94.38 | 2.06 | 96.82 | 91.79 |
| 34 | 554. | 87.21 | 1.10 | 22.50 | 92.43 | 3.22 | 97.16 | 87.77 |
| 35 | 586 | 90.31 | 1.12 | 23.73 | 92.47 | 2.07 | 97.14 | 93.89 |
| 36 | 627 | 86.47 | 1.24 | 23.22 | 91.17 | 3.40 | 98.98 | 89.90 |

**【思路与方法】**

本例是典型的多指标评估问题,因为涉及的指标较多,通过因子分析法将有相关关系的指标进行化简、降维,以进一步确定指标间的相关程度,并根据实测数据值进一步确定主要指标的权重。因子分析法的分析过程按照提取公因子的不同可以分为主成分法和极大似然法,主成分法和主成分分析具有一样的分析过程。

**【操作步骤】**

Step 01:建立数据文件。将表 6-6 中的数据导入 Minitab,进行数据标准化,并将标准化数据复制到新的工作表,标准化方法同例 6-4。

Step 02:确定分析变量。选择"统计"→"多变量"→"因子分析"命令,在出现的对话框中依次将"飞机平均大修时间""保障设备完好率"等 8 项选入到右边的变量列表框中,"要提取的因子数"填入 3,"提取方法"选择"主成分","旋转类型"选择"无",如图 6-28 所示。

Step 03:选项设置。单击"选项"按钮,在"矩阵到因子"选择"相关",在"矩阵来源"选择"从变量计算",在"初始解载荷"选择"从变量计算",如图 6-29 所示。

Step 04:图形设置。单击"图形"按钮,选择结果中出现的图形,在出现的对话框中选择"碎石图""前两个因子的分值图""前两个因子的载荷图",如图 6-30 所示。

Step 05:结果设置。单击"结果"按钮,在出现的对话框中选择"载荷和因子分值系数"和"载荷排序",单击"确定"按钮,如图 6-31 所示。

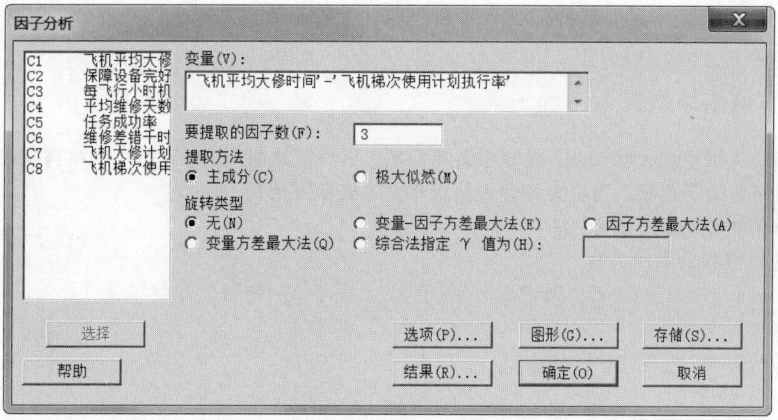

因子分析

| | |
|---|---|
| C1　飞机平均大修 | 变量(V): |
| C2　保障设备完好 | '飞机平均大修时间'-'飞机梯次使用计划执行率' |
| C3　每飞行小时机 | |
| C4　平均维修天数 | 要提取的因子数(F):　3 |
| C5　任务成功率 | 提取方法 |
| C6　维修差错干时 | ◉ 主成分(C)　　　　　○ 极大似然(M) |
| C7　飞机大修计划 | 旋转类型 |
| C8　飞机梯次使用 | ◉ 无(N)　　　○ 变量-因子方差最大法(E)　　○ 因子方差最大法(A) |
| | ○ 变量方差最大法(Q)　○ 综合法指定 γ 值为(H):　　　□ |

选择

帮助　　　　　　　　　　选项(P)...　　图形(G)...　　存储(S)...
　　　　　　　　　　　　结果(R)...　　确定(O)　　取消

图 6-28　"因子分析"对话框

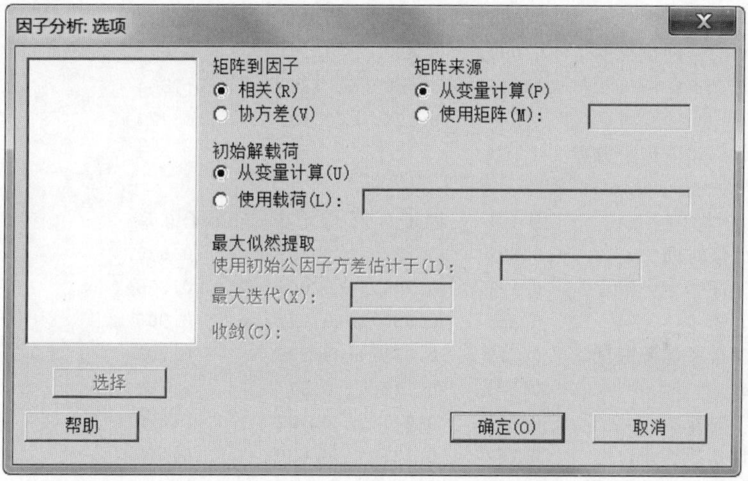

因子分析: 选项

矩阵到因子　　　　　　矩阵来源
◉ 相关(R)　　　　　　◉ 从变量计算(P)
○ 协方差(V)　　　　　○ 使用矩阵(M):　□

初始解载荷
◉ 从变量计算(U)
○ 使用载荷(L):　　□

最大似然提取
使用初始公因子方差估计于(I):　□
最大迭代(X):　□
收敛(C):　□

选择

帮助　　　　　　　　　　确定(O)　　取消

图 6-29　"因子分析:选项"对话框

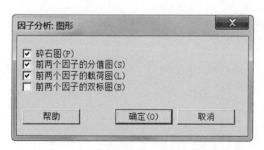

因子分析: 图形

☑ 碎石图(P)
☑ 前两个因子的分值图(S)
☑ 前两个因子的载荷图(L)
☐ 前两个因子的双标图(B)

帮助　　　确定(O)　　取消

图 6-30　"因子分析:图形"对话框

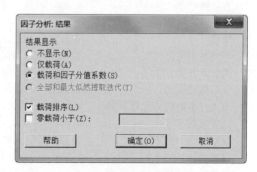

因子分析: 结果

结果显示
○ 不显示(N)
○ 仅载荷(A)
◉ 载荷和因子分值系数(S)
○ 全部和最大似然提取迭代(T)

☑ 载荷排序(L)
☐ 零载荷小于(Z):　　□

帮助　　　确定(O)　　取消

图 6-31　"因子分析:结果"对话框

Step 06：设置完毕后，返回"因子分析"主对话框，单击"确定"按钮，在会话窗口中输出如下结果，图形窗口输出如图 6-32～图 6-34 所示。

会话窗口输出结果：

因子分析：飞机平均大修时间，保障设备完好率，平均排故时间，每飞行小时机务保障时间，任务成功率，维修差错千时率，飞机大修计划执行率，飞机梯次使用

相关矩阵的主成分因子分析

非旋转的载荷和公因子方差

| 变量 | 因子 1 | 因子 2 | 因子 3 | 公因子方差 |
|---|---|---|---|---|
| 飞机平均大修时间 | 0.784 | 0.075 | 0.094 | 0.630 |
| 保障设备完好率 | 0.321 | − 0.865 | − 0.072 | 0.856 |
| 平均排故时间 | 0.761 | − 0.568 | − 0.063 | 0.906 |
| 每飞行小时机务保障时间 | − 0.702 | − 0.146 | 0.435 | 0.704 |
| 任务成功率 | 0.009 | 0.032 | 0.887 | 0.789 |
| 维修差错千时率 | − 0.419 | 0.115 | − 0.663 | 0.628 |
| 飞机大修计划执行率 | − 0.585 | − 0.503 | 0.041 | 0.598 |
| 飞机梯次使用计划执行率 | 0.689 | 0.437 | 0.061 | 0.670 |
| 方差 | 2.7846 | 1.5560 | 1.4398 | 5.7804 |
| 方差贡献率 | 0.348 | 0.194 | 0.180 | 0.723 |

旋转后的载荷和公因子方差

因子方差最大法 (Varimax) 旋转

| 变量 | 因子 1 | 因子 2 | 因子 3 | 公因子方差 |
|---|---|---|---|---|
| 飞机平均大修时间 | − 0.692 | 0.327 | − 0.209 | 0.630 |
| 保障设备完好率 | 0.171 | 0.909 | − 0.007 | 0.856 |
| 平均排故时间 | − 0.355 | 0.880 | − 0.072 | 0.906 |
| 每飞行小时机务保障时间 | 0.719 | − 0.281 | − 0.329 | 0.704 |
| 任务成功率 | 0.075 | − 0.118 | − 0.877 | 0.789 |
| 维修差错千时率 | 0.221 | − 0.241 | 0.722 | 0.628 |
| 飞机大修计划执行率 | 0.762 | 0.126 | 0.030 | 0.598 |
| 飞机梯次使用计划执行率 | − 0.804 | − 0.027 | − 0.150 | 0.670 |
| 方差 | 2.4338 | 1.8759 | 1.4706 | 5.7804 |
| 方差贡献率 | 0.304 | 0.234 | 0.184 | 0.723 |

因子得分系数

| 变量 | 因子 1 | 因子 2 | 因子 3 |
|---|---|---|---|
| 飞机平均大修时间 | − 0.256 | 0.096 | − 0.105 |
| 保障设备完好率 | 0.187 | 0.538 | 0.013 |
| 平均排故时间 | − 0.046 | 0.456 | − 0.010 |
| 每飞行小时机务保障时间 | 0.296 | − 0.081 | − 0.264 |
| 任务成功率 | 0.055 | − 0.082 | − 0.609 |
| 维修差错千时率 | 0.037 | − 0.091 | 0.480 |
| 飞机大修计划执行率 | 0.350 | 0.165 | − 0.008 |
| 飞机梯次使用计划执行率 | − 0.351 | − 0.118 | − 0.070 |

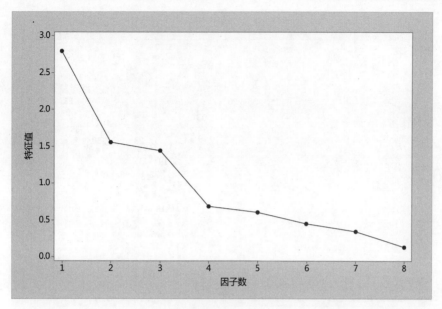

图 6-32　碎石图

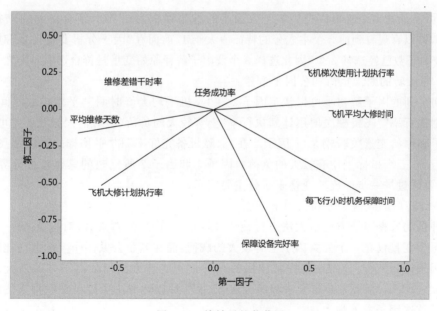

图 6-33　旋转后的载荷图

【结果分析】

（1）公因子选取。

公因子选取的原则和主成分选取的原则相同："特征值大于 1"或"方差累计贡献率达到

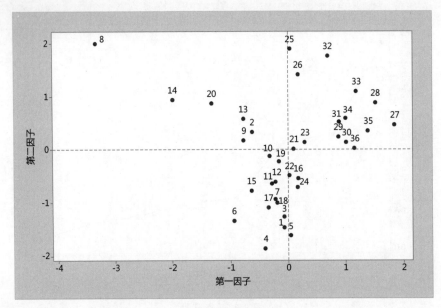

图 6-34    分值图

80%"即可。从输出结果可以得到 3 个公因子的方差累积为 0.723,结合得到的碎石图(见图 6-32),可以直观看到前 3 个主成分的特征值大于 1,前面在"因子分析变量设置"对话框中提取的公因子数已经选择 3 个,因此选择 3 个公因子解释原始变量是符合选取原则之一的。

(2) 非旋转的因子负荷和公因子方差。

最初得到的因子解初步可以认定因子 1 在"飞机平均大修时间""平均排故时间""飞机大修计划执行率""飞机梯次使用计划执行率"上有较大的负荷(绝对值大于 0.5 时可以认为此公因子和原始变量关联较大);因子 2 在"保障设备完好率"和"平均排故时间""飞机大修计划执行率"三个指标上均有较大的负荷。因子 1 和因子 2 所反映的具体指标分界不是很明显,需要通过进一步的旋转变换来区分主要因子。

(3) 旋转后的载荷矩阵和公因子方差。

软件自动选择因子方差最大法进行旋转,即用一个正交阵右乘 $A$,对应 $A$ 的一个旋转,旋转后每个变量仅在一个公共因子上有较大的载荷,而在其余公共因子上的载荷比较小,便于对公因子进行解释。Minitab 中常使用的几种正交旋转方法包括因子方差最大法、变量方差最大法、变量-因子方差最大法和综合法,选择哪种旋转方法主要是看哪种方法效果好,最常用的首选因子方差最大法。

通过最大方差旋转后,得到新的 3 个因子的载荷矩阵:因子 1 可以解释"飞机平均大修时间""每飞行小时机务保障时间""飞机大修计划执行率""飞机梯次使用计划执行率",反映了维修管理部门的各方面综合情况,可称为维修管理因子;因子 2 可以解释"保障设备完好率""平均排故时间",反映了部门维修保障效率情况,可称为维修效率因子;因子 3 可以解释"任务成功率""维修差错千时率",反映了各单位的维修能力,可称为维修能力因子。在解释的总方差贡献率中可以得到 3 个公因子的方差贡献率达到 72.3%,也基本符合公共因子选取的原则。

与旋转前的因子负荷矩阵相比较,该旋转对因子载荷起到了明显的分离作用,使各因子具有较明显的专业意义。

(4)公因子载荷图。

以第一因子和第二因子为坐标,可以得到原始变量在二维坐标图上的分布,载荷图代表了原始变量和公共因子在表达方向上的区别,如图 6-33 所示,"保障设备完好率"和"每飞行小时机务保障时间"在方向上是一致的。

(5)样本在前两个分量上的分值图。

以前两个分量分值为坐标点,可以在二维坐标上描绘出原始样本的散点图,如图 6-34 所示,从分布图上可以找到一些孤立点,如第 27 个样本,在维修管理因子方面表现较好,第 8 个样本在维修效率因子方面较好。

(6)因子得分系数。

分析结果中还可以得到公因子的得分系数,根据因子得分系数可以在各因子所构成的空间把各个变量描绘出来,得到直观的分类结果,本例是研究变量之间的相关关系,根据得到的因子得分系数,可以进一步使用软件绘制出 3D 散点图。

说明:根据公因子方差可以计算各个因子的权重,权重的计算是用各因子的方差除以总方差。如果对样本进行因子分析,还可以将因子得分存储到原始数据文件中,进一步计算出 36 个方案每一个的综合评价得分,按照综合评价得分可以对方案进行大小排序,便于后续进一步分析。

# 思考与练习

1. 试用聚类分析方法对维修方案的风险进行分析,数据如表 6-7 所列。

表 6-7　维修方案数据指标值

| 序号 | 技 术 指 标 | | | | |
| --- | --- | --- | --- | --- | --- |
| | 技术价值 | 技术复杂性 | 技术可行性 | 技术成熟性 | 技术标准性 |
| 方案 1 | 47 | 32 | 44 | 35 | 20 |
| 方案 2 | 19 | 37 | 31 | 25 | 34 |
| 方案 3 | 19 | 11 | 16 | 11 | 44 |
| 方案 4 | 29 | 29 | 42 | 59 | 38 |
| 方案 5 | 28 | 12 | 45 | 36 | 25 |
| 方案 6 | 40 | 35 | 11 | 28 | 33 |

2. 现有三个装备研制单位生产能力指标数据,如表 6-8 所列,用因子分析法找出影响研制能力的主要因子。

表 6-8　研制单位生产能力指标数据表

| 生产能力指标 | 研制单位 1 | 研制单位 2 | 研制单位 3 |
|---|---|---|---|
| 装备产品占有率 | 0.43 | 0.31 | 0.26 |
| 应变能力 | 0.89 | 1.30 | 0.67 |
| 产品质量水平 | 1.12 | 0.87 | 0.77 |
| 售后服务 | 1.05 | 0.95 | 0.91 |
| 技术开发人员比重 | 0.92 | 0.95 | 0.87 |
| 开发创新能力 | 0.71 | 0.65 | 0.68 |
| 专利拥有比重 | 0.17 | 0.10 | 0.07 |
| 聚合力 | 0.11 | 0.05 | 0.08 |
| 生产能力有效利用率 | 0.67 | 0.89 | 0.82 |

3. 某修配厂担负了某型设备的大修任务,维修费用的估算模型选用基地级维修相应的计算模型,具体需考虑:维修人员费用、维修器材费用、维修设备费用、维修训练费用、运输与搬运费用、维修设施费用、维修人员训练费用、维修技术资料费用、维修鉴定费用、维修协作费用、水电费用,如表 6-9 所列。请先使用因子分析找出影响维修费用的主要成分,并对主要成分进行聚类分析。

表 6-9　某型设备维修费用数据表　　　　　　　　元

| 项　　目 | 1 | 2 | 3 | 4 |
|---|---|---|---|---|
| 维修人员费用 | 2468689 | 2132042 | 2030210 | 206500 |
| 维修器材费用 | 137063 | 112852 | 99928 | 806000 |
| 维修设备费用 | 49415 | 36282 | 34355 | 116000 |
| 维修训练费用 | 29063 | 26874 | 25223 | 49000 |
| 运输与搬运费用 | 18740 | 18477 | 18717 | 41000 |
| 维修设施费用 | 12000 | 10244 | 424523 | 13000 |
| 维修技术资料费用 | 2411 | 424122 | 100 | 4500 |
| 维修人员训练费用 | 41441 | 1200 | 12222 | 45000 |
| 维修鉴定费用 | 2441 | 4777 | 101010 | 9000 |
| 维修协作费用 | 422021 | 1201 | 44448 | 69000 |
| 水电费用 | 4000 | 14421 | 8255 | 5787 |

司马迁

运筹策帷帐之中，决胜于千里之外。

——《史记·高祖本纪》

# 第7章　航空维修信息分析综合应用

## 内容导读

　　航空维修信息分析综合应用，主要是指灵活运用多种信息分析技术方法对航空维修保障中的各类数据信息进行整理、统计、分析和预测，挖掘隐藏在数据中的趋势、规律等，为航空维修保障提供决策支持。本章主要针对航空维修保障中的实际问题，利用信息分析方法、手段给出解决方案。

## 能力目标

- 掌握主次因素分析；
- 掌握有寿件可靠性分析；
- 掌握常见机务指标预测分析；
- 掌握航空维修信息分析综合应用。

## 思政案例

### "引文桂冠奖"——诺贝尔奖预测的"风向标"

2018年诺贝尔生理学或医学奖授予美国的詹姆斯·艾利森(James P. Allison)和日本的本庶佑(Tasuku Honjo),两位免疫学家2016年被授予"引文桂冠奖"。迄今为止,已经有50位"引文桂冠奖"得主获得诺贝尔奖,其中29位在荣获"引文桂冠奖"之后的两年内即斩获诺贝尔奖。

詹姆斯·艾利森和本庶佑(来自互联网)

"引文桂冠奖"开始于2002年,通过科学的定量分析方法以及长年积累的科研引文数据,识别出具有最重大影响的科研人员授予其"引文桂冠奖",同时也被预测为最有可能成为当年或不久后的诺贝尔奖得主。该机构拥有一个以知识为基础的学术信息资源整合平台——ISI Web of Knowledge,可以实现信息内容、分析工具和文献信息资源管理软件的无缝链接,基于研究人员所发表研究成果被全球同行应用的频次和引文影响力,将奖项授予相关领域最具有影响力的科学家和经济学家。

诺贝尔奖预测涉及的因素很多,该机构在预测过程中主要综合了定量的引文分析和定性的同行评议两种方法,首先在不同领域中统计出科学家30年内的总被引次数和高被引论文数,同时还要统计领域内每篇论文的平均被引次数、每位作者的平均被引次数、作者是否拥有多篇高被引论文等多个指标;其次,发掘被引频次背后的特征,关注被引频次是集中在某一项研究成果上,还是散布于多项研究成果中,发掘出热门领域,该科学家是否是该领域的开创者,研究成果是否在领域内具有重大意义,是否具有理论前瞻性,以及该研究领域是否已经授予过诺贝尔奖;再次要识别重大研究成果的主要贡献者;最后要参考同行的尊重与认可。除了定量分析以外,还需要考虑一些非研究因素,比如相关学科的一些重要奖项往往具有重要的指向作用、科学家的学术头衔等。

综合预测分析的主要特点是以统计数据为基础,定量分析和定性分析相结合。定量分析中利用很多模型和方法得出的结果对于决策有很大的帮助,但是这些模型本身会有一些不完善的地方,需要考虑各个方面的综合条件,运用各种统计综合指标来反映和研究总体的一般特征和数量关系,因此很多问题需要定量和定性分析相结合,才能作出较为全面的决策。

### 资料来源

[1] 汤森路透知识产权与科技. 科睿唯安"引文桂冠奖"再次成功预测诺奖得主[EB/OL]. [2018-10-02]. https://m.sohu.com/a/257395347_658521.

[2] 科睿唯安. 诺奖风向标! 19位科学家荣获2019年度"引文桂冠奖"[EB/OL]. [2019-09-24]. http://news.sciencenet.cn/htmlnews/2019/9/430895.shtm.

**思维导图**

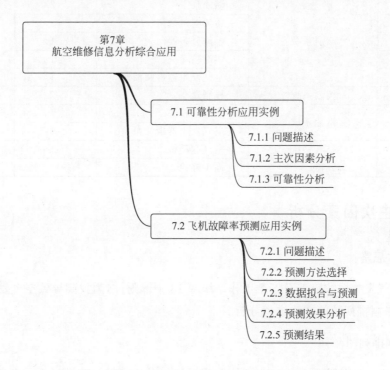

# 7.1　可靠性分析应用实例

## 7.1.1　问题描述

【例 7-1】　可靠性是指机件在规定时间内完成规定功能的概率。某型空气发生器 2012—2017 年共发生 35 起故障,故障数据统计如表 7-1 所列。根据故障数据统计找到空气发生器发生故障的主要原因,并分析其可靠性。

例 7-1
讲解微视频

表 7-1　某型空气发生器故障数据统计表

| 序　号 | 工　作　系　统 | 故障件名称 | 故障数 | 合　计 |
|---|---|---|---|---|
| 1 | 起动系统 | 半导体电嘴 | 16 | 23 |
| 2 | | 点火装置 | 5 | |
| 3 | | 起动直流电动机 | 2 | |

续表

| 序号 | 工 作 系 统 | 故障件名称 | 故障数 | 合计 |
|---|---|---|---|---|
| 4 | | 燃油泵 | 2 | |
| 5 | | 燃油电磁活门 | 1 | |
| 6 | 燃油系统 | 燃油分布器 | 1 | 6 |
| 7 | | 燃油喷嘴 | 1 | |
| 8 | | 空气发生器进回油座 | 1 | |
| 9 | 控制系统 | 控制盒 | 2 | 2 |
| 10 | 滑油系统 | 辅滑油箱 | 1 | 2 |
| 11 | | 空气发生器滑油泵 | 1 | |
| 12 | 空气系统 | 空气起动机 | 1 | 1 |
| 13 | 其他 | 固定螺栓 | 1 | 1 |

## 7.1.2 主次因素分析

### 1. 基本思路

该型空气发生器故障涉及 5 个工作系统和 13 个部附件,为找到导致空气发生器故障的主要因素,采用排列图的方法进行分析。

### 2. 绘制排列图

将空气发生器故障分类为工作系统和其系统包含的部附件两个层次。利用 Minitab 软件,首先绘制按工作系统分类的排列图,如图 7-1 所示。

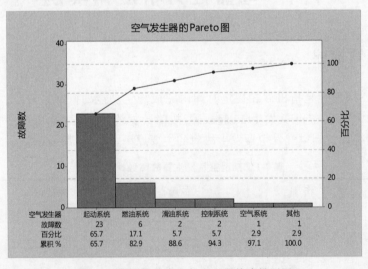

图 7-1　按系统分类空气发生器故障排列图

从图 7-1 可以看出,空气发生器故障主要发生在起动系统,占了故障总数的 65.7%。进一步画出起动系统包含的部附件故障的排列图,如图 7-2 所示。

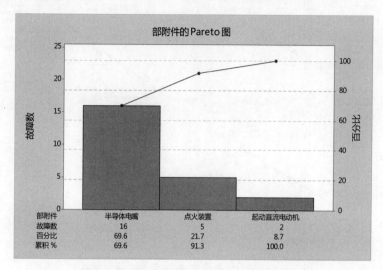

图 7-2　按部附件分类空气发生器故障排列图

从图 7-2 可以看出,起动系统故障主要发生在半导体电嘴,占故障总数的 69.6%。因此,通过绘制两个层次的排列图,可以得出半导体电嘴故障是造成空气发生器故障的主要原因,提高半导体电嘴的可靠性可大大降低空气发生器故障率。因此,对半导体电嘴的可靠性进行分析。

## 7.1.3　可靠性分析

### 1. 故障统计

半导体电嘴可靠性与其工作时间相关,因此对半导体电嘴故障前的工作时限进行统计,得到表 7-2。

表 7-2　半导体电嘴工作时限数据统计表　　　　　　　　　　　　　　　　　h

| | | | | | | | |
|---|---|---|---|---|---|---|---|
| 584 | 627 | 316 | 787 | 1442 | 228 | 158 | 65 |
| 52 | 191 | 501 | 630 | 338 | 74 | 170 | 624 |

### 2. 分布分析

半导体电嘴的总体分布未知,使用 11 种常见的寿命/故障分布进行拟合(采用最小二次估计法),得到的概率图如图 7-3～图 7-5 所示。

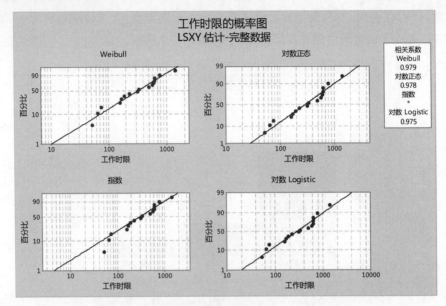

图 7-3　前四个分布的概率图（最小二乘估计法）

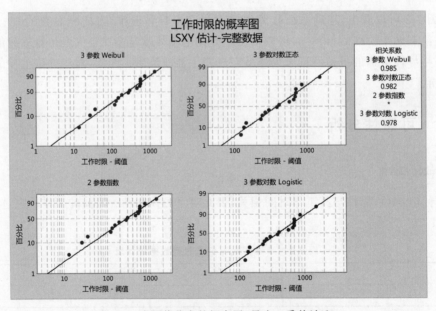

图 7-4　有阈值分布的概率图（最小二乘估计法）

在显著性水平 0.05 下，相关系数大于 0.95 时可认为符合该分布。从图 7-3～图 7-5 可以看出，3 参数威布尔分布对这组数据的拟合最好，其相关系数为 0.985。因此，选择 3 参数威布尔分布作为这组数据的总体分布。

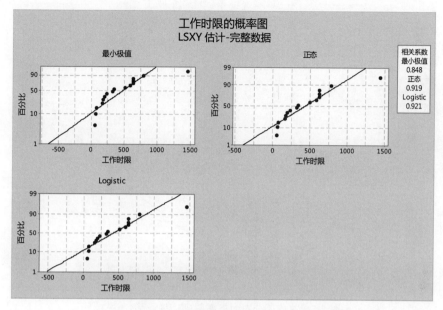

图 7-5　最后三个分布的概率图（最小二乘估计法）

说明：Minitab 提供两种拟合优度统计量来评估分布拟合数据的情况：极大似然估计法的 Anderson-Darling 统计量和最小二乘估计法的 Pearson 相关系数。利用极大似然估计法，得到的概率图如图 7-6～图 7-8 所示。

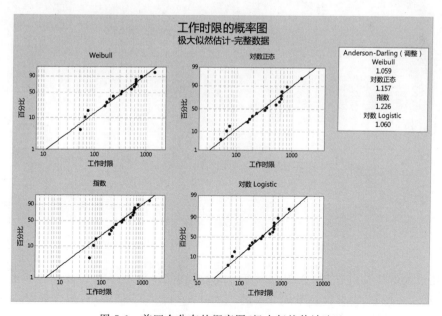

图 7-6　前四个分布的概率图（极大似然估计法）

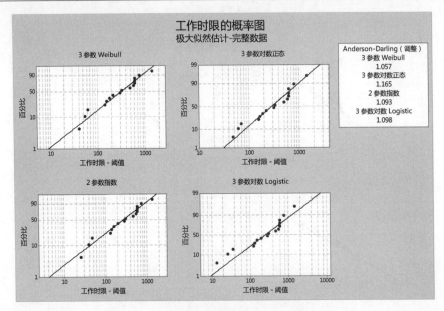

图 7-7　有阈值分布的概率图（极大似然估计法）

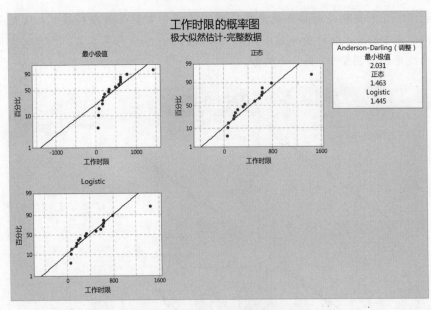

图 7-8　最后三个分布的概率图（极大似然估计法）

采用极大似然估计法时，Anderson-Darling 值越小，表示分布与数据拟合得越好，从图 7-6～图 7-8 可知，3 参数威布尔分布的 Anderson-Darling 值最小，拟合最好。这进一步说明可以采用 3 参数威布尔分布作为这组数据的总体分布。

### 3. 参数估计

在得到半导体电嘴工作时限符合 3 参数威布尔分布后,根据 3 参数威布尔分布的故障率和可靠度函数得到半导体电嘴的故障率曲线图和可靠度曲线图,分别采用最小二乘估计法和极大似然估计法,得到的概率图如图 7-9 和图 7-10 所示。

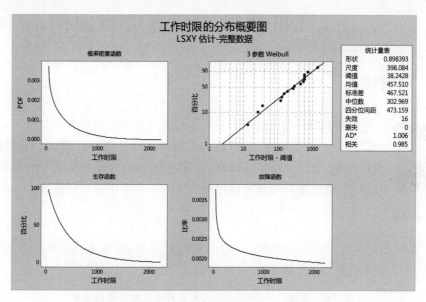

图 7-9　半导体电嘴分布概要图(最小二乘估计法)

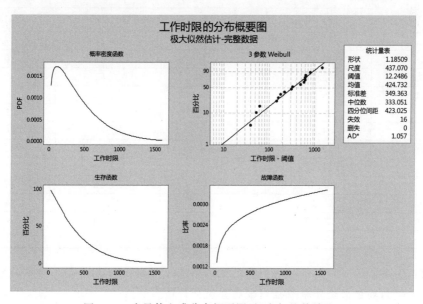

图 7-10　半导体电嘴分布概要图(极大似然估计法)

半导体电嘴的规定寿命为 500h。通过计算得到半导体电嘴的平均寿命是 424.732h,超过其规定寿命 500h 的生存概率为 0.32,说明其可靠性需要提高。

**说明**:从图 7-9 和图 7-10 可知,两种不同估计法得到的平均寿命分别是 457.51h 和 424.732h,我们应该选哪一个呢?一般来说我们选择保守的估计值,即 424.732h。

# 7.2 飞机故障率预测应用实例

## 7.2.1 问题描述

例 7-2
讲解微视频

**【例 7-2】** 飞机故障率是指在规定的使用和维修保障条件下,一个单位(机型)在一定时限内,故障数与飞行时间的比率。该指标是飞机使用可靠性的指标,用于衡量装备的制造、使用质量,它是分析装备使用规律、设置维修内容、确定维修时机和选定维修方式的基本依据。计算公式为

$$飞机故障率 = \frac{飞机故障次数}{飞行时数} \times 100\%$$

统计某型飞机 2015—2018 年连续 48 个月的故障率数据,如表 7-3 所示。选择合适的方法预测 2019 年该机型每月故障率。

**表 7-3 某型飞机 2015—2018 年的月故障率数据统计表**

| 月份 | 飞机故障率/% | | | |
| --- | --- | --- | --- | --- |
| | 2015 年 | 2016 年 | 2017 年 | 2018 年 |
| 1 | 37.27 | 34.58 | 25.24 | 27.95 |
| 2 | 30.93 | 23.75 | 18.51 | 20.99 |
| 3 | 22.31 | 19.02 | 16.81 | 15.99 |
| 4 | 28.85 | 21.88 | 19.32 | 17.52 |
| 5 | 29.60 | 21.69 | 23.12 | 21.31 |
| 6 | 44.75 | 33.33 | 35.87 | 26.11 |
| 7 | 55.82 | 43.43 | 44.23 | 40.25 |
| 8 | 31.37 | 26.13 | 27.74 | 21.56 |
| 9 | 28.48 | 21.36 | 24.16 | 17.88 |
| 10 | 30.85 | 23.99 | 27.14 | 19.90 |
| 11 | 26.11 | 19.61 | 22.69 | 16.78 |
| 12 | 48.56 | 40.27 | 40.68 | 27.95 |

**说明**:数据应当至少具有 4 或 5 个完整的季节性周期。如果没有足够多的完整周期,可能没有足够的数据来计算季节性指数的合理估计值。

## 7.2.2　预测方法选择

### 1. 基本思路

可以先绘制飞机故障率的时间序列图,根据其序列图的趋势性和季节性(周期性)等特征,初步确定一种或几种预测模型,通过预测精度对比进一步确定预测模型和预测结果。

### 2. 绘制时间序列图

利用 Minitab 软件,绘制飞机故障率的时间序列图,如图 7-11 所示。从图中可以看出连续 48 个月的飞机故障率具有较明显的季节性(周期性)。

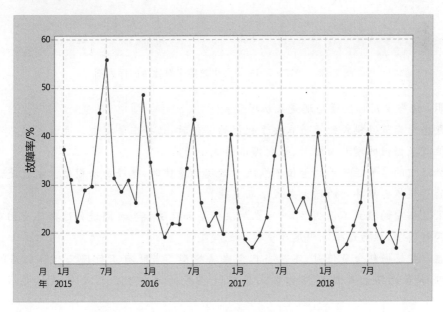

图 7-11　2015—2018 年飞机故障率时间序列图

为了更直观地看出其周期性,可以按年度绘制飞机故障率对比时间序列图,如图 7-12 所示。从图中可以清楚地看出其季节性特征,其季节性周期为 12。

### 3. 确定预测方法

根据时间序列的季节性特点,可以选择季节性预测模型——Winter 指数平滑方法,该方法适合具有季节(周期)特性的时间序列数据的拟合和预测。Winter 指数平滑方法有两种模型:加法模型和乘法模型。

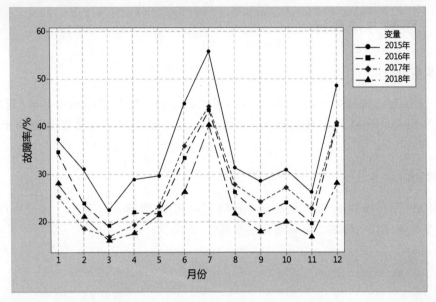

图 7-12　2015—2018 年飞机故障率对比时间序列图

**说明**：应当使用加法模型还是乘法模型？

当数据中季节性模式的量值取决于数据的量值时，选择乘法模型。也就是说，季节性模式的量值随数据值的增大而增大，随数据值的减小而减小。

当数据中的季节性模式的量值不取决于数据的量值时，选择加法模型。也就是说，季节性模式的量值不会随序列的增大或减小而变化。

如果数据中的模式不很明显，并且在加法模型和乘法模型之间进行选择还有困难，则可以尝试两种模型，然后选择准确度度量较小的模型。

**注意**：当数据包含负值时，不应当拟合乘法模型。当既有正数据又有负数据时，负数据的乘法季节性指数是正数据的乘法季节性指数的逆指数。这会导致模型无法拟合数据。

## 7.2.3　数据拟合与预测

我们尝试加法模型和乘法模型，然后通过准确度度量指标确定最终预测模型与结果。分别采用两种模型对飞机故障率进行拟合与预测，设置平滑常量 $\alpha=0.3$，$\gamma=0.3$，$\delta=0.2$，季节长度为 12，生成预测点数为 12，拟合与预测结果如图 7-13 和图 7-14 所示。

**说明**：适当调整平滑参数 $\alpha$（水平）、$\gamma$（趋势）、$\delta$（季节）的值可以提高预测精度，可以多尝试几次。

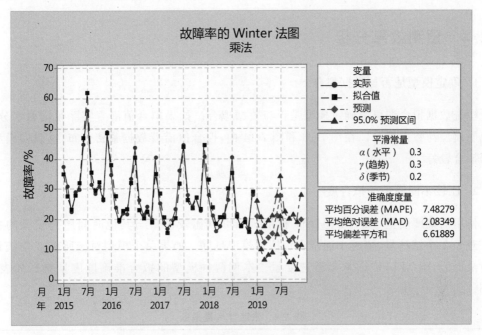

图 7-13　飞机故障率拟合与预测（乘法模型）

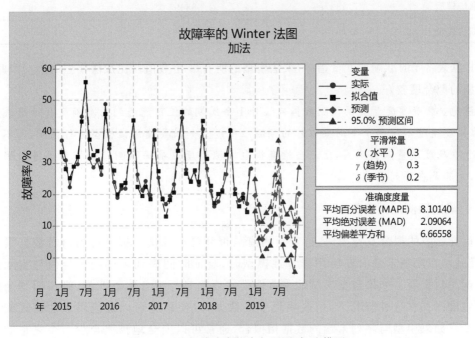

图 7-14　飞机故障率拟合与预测（加法模型）

### 7.2.4　预测效果分析

#### 1. 确定模型是否与数据拟合

检查数据拟合图可以确定模型是否与数据拟合。如果拟合值沿着实际数据紧密分布，则说明模型与数据拟合。在图 7-13 和图 7-14 中，拟合值沿着数据紧密分布，这表明模型与数据拟合较好。

#### 2. 比较不同模型的拟合度

使用准确度度量（MAPE、MAD 和 MSD）可以比较模型与其他时间序列模型的拟合度。对于 3 个统计量，值越小通常表示拟合模型越好。如果单个模型对于所有 3 个统计量没有最低值，则 MAPE 通常是首选度量。本例两种模型的拟合准确度度量指标如表 7-4 所列。

表 7-4　准确度度量指标

| 预 测 模 型 | 平均百分比误差 MAPE | 平均绝对误差 MAD | 平均偏差平方和 MSD |
|---|---|---|---|
| 乘法模型 | 7.48279 | 2.08349 | 6.61889 |
| 加法模型 | 8.10140 | 2.09064 | 6.66558 |

根据表 7-4 的准确度度量指标，乘法模型的所有 3 个数值均比加法模型的小。因此，乘法模型的拟合度较好。

**注意**：准确度度量提供预测数据末端外 1 个周期的值可能遇到的准确度表示形式。因此，准确度度量不指示 1 个周期以外的预测准确度。如果要使用该模型进行预测，则不应当仅基于准确度度量做出决策，还应当检查模型的拟合度以确保预测值和模型沿着数据紧密分布，尤其是在序列末端。

#### 3. 确定预测是否准确

检查图中的拟合及预测值，确定预测值是否有可能准确。拟合应当沿着数据紧密分布，尤其是在序列末端。在使用季节性模型时，验证时间序列末端的拟合值与实际值是否匹配尤其重要。如果数据末端的季节性模式或趋势与拟合值不匹配，则说明预测值可能不够准确。在这种情况下，请收集更多的数据，以便模型可以适应季节性模式或趋势的改变。如果模型与序列末端的数据相拟合，通常可以安全地预测至少一个完整的季节性周期。

在图 7-15 中,拟合值沿着数据紧密分布,季节性模式和趋势在数据末端稳定。这说明,下一年的预测值可能准确。

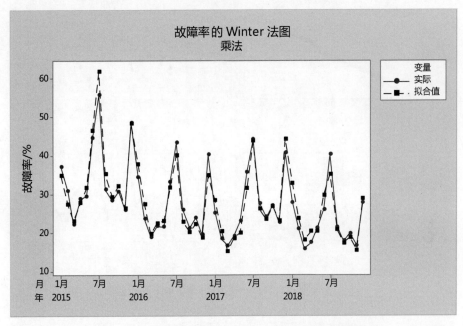

图 7-15　飞机故障率拟合值与实际值对比(乘法模型)

### 4. 残差诊断

可以利用残差图进一步诊断预测效果,我们在预测时选择同时显示"四合一"残差图,如图 7-16 和图 7-17 所示。

**说明**:残差的正态图:显示残差的正态概率图。使用残差的正态图可以确定残差是否呈正态分布。但是,残差呈正态分布并不是该分析必须满足的假设。

残差的直方图:显示残差的形状和散布。使用残差直方图可以确定数据是否偏斜或者数据中是否存在异常值。

残差与拟合值:显示残差与拟合值的关系。使用残差与拟合值的关系图可以确定残差是否不偏斜且具有恒定的方差。

残差与顺序:显示残差与数据顺序的关系。每个数据点的行号均显示在 $x$ 轴上。使用残差与数据顺序的关系图可以查看在观测期间内,拟合值相对于观测值的准确度。

比较图 7-16 和图 7-17,可以直观地看出残差分布情况,进一步说明了针对本例的预测,乘法模型优于加法模型。

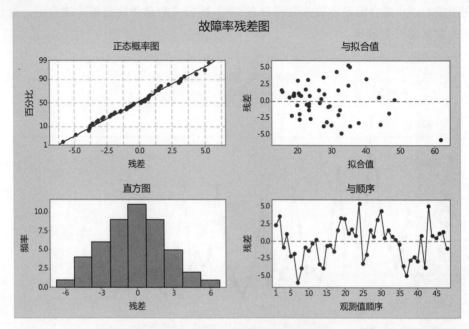

图 7-16　四合一残差图（乘法模型）

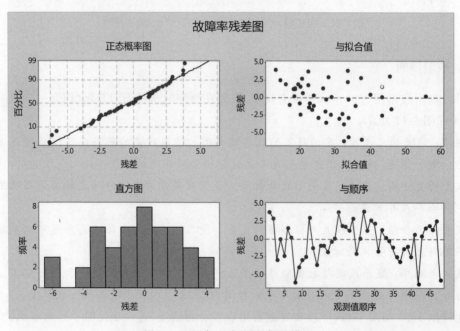

图 7-17　四合一残差图（加法模型）

## 7.2.5　预测结果

经过上述分析与诊断,选择 Winter 指数平滑方法的乘法模型对 2019 年飞机故障率进行预测,预测结果如表 7-5 所列,预测结果的时间序列图如图 7-18 所示。

**表 7-5　飞机故障率预测结果**

| 月　份 | 预　测　值 | 95％的置信区间 | |
| --- | --- | --- | --- |
| | | 下　　限 | 上　　限 |
| 1 | 20.7287 | 15.6242 | 25.8331 |
| 2 | 15.3236 | 10.0362 | 20.6110 |
| 3 | 11.9829 | 6.4840 | 17.4819 |
| 4 | 13.7750 | 8.0391 | 19.5108 |
| 5 | 14.9762 | 8.9810 | 20.9714 |
| 6 | 21.1462 | 14.8721 | 27.4204 |
| 7 | 27.4137 | 20.8435 | 33.9839 |
| 8 | 15.4164 | 8.5352 | 22.2975 |
| 9 | 12.7805 | 5.5753 | 19.9856 |
| 10 | 13.7439 | 6.2036 | 21.2843 |
| 11 | 11.0938 | 3.2083 | 18.9793 |
| 12 | 19.6172 | 11.3779 | 27.8564 |

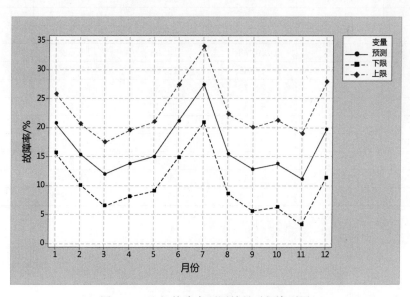

图 7-18　飞机故障率预测结果时间序列图

# 思考与练习

1. 统计某型航空电子器件寿命如表 7-6 所列。利用直方图初步判断该型电子器件的寿命分布,利用概率图进一步确定最优分布拟合是什么? 根据拟合结果确定该型电子器件的平均寿命是多少? 并给出拟合分布的概率密度函数。

表 7-6　某型航空电子器件寿命　　　　　　　　　　　　　　　　　h

| 1725 | 58 | 3802 | 1059 | 26 | 2114 | 2222 | 349 | 408 | 426 |
|------|------|------|------|------|------|------|------|------|------|
| 325 | 94 | 1149 | 299 | 88 | 57 | 2587 | 557 | 755 | 3212 |
| 1262 | 1381 | 332 | 1142 | 1834 | 803 | 377 | 2126 | 780 | 1619 |
| 95 | 580 | 2221 | 304 | 667 | 648 | 948 | 557 | 1462 | 102 |
| 21 | 82 | 567 | 2306 | 1965 | 1409 | 583 | 197 | 989 | 1823 |

2. 统计某型飞机 2013—2017 年连续 60 个月的故障率数据,如表 7-7 所列。选择合适的方法预测 2018 年该机型每月故障率。

表 7-7　某型飞机 2013—2017 年的月故障率数据统计表

| 月份 | 飞机故障率/% | | | | |
|------|------|------|------|------|------|
| | 2013 年 | 2014 年 | 2015 年 | 2016 年 | 2017 年 |
| 1 | 13.84 | 27.07 | 21.82 | 15.14 | 12.15 |
| 2 | 11.75 | 16.93 | 7.25 | 18.51 | 10.92 |
| 3 | 11.97 | 14.31 | 11.02 | 7.81 | 6.72 |
| 4 | 19.50 | 20.72 | 13.88 | 11.32 | 9.52 |
| 5 | 19.57 | 17.60 | 13.69 | 19.12 | 13.31 |
| 6 | 10.99 | 24.75 | 25.33 | 53.23 | 18.11 |
| 7 | 22.37 | 63.52 | 35.43 | 41.87 | 26.10 |
| 8 | 29.36 | 23.37 | 23.13 | 19.74 | 9.56 |
| 9 | 24.57 | 28.48 | 13.36 | 12.16 | 12.88 |
| 10 | 19.02 | 22.85 | 18.99 | 14.14 | 8.90 |
| 11 | 19.56 | 12.11 | 22.61 | 11.69 | 17.48 |
| 12 | 33.64 | 16.56 | 47.17 | 48.98 | 34.95 |

# 参 考 文 献

[1]  张凤鸣. 航空装备科学维修导论[M]. 北京：国防工业出版社，2006.

[2]  高秀峰，齐剑锋. 军事信息技术基础[M]. 北京：电子工业出版社，2017.

[3]  王广彦，白永生，温亮. 维修保障数据建模与信息分析技术[M]. 北京：国防工业出版社，2016.

[4]  王伟军，蔡国沛. 信息分析方法与应用[M]. 北京：清华大学出版社，2010.

[5]  杨彦明，等. 质量管理统计分析与应用[M]. 北京：清华大学出版社，2015.

[6]  周友苏，杨飒. 质量管理统计技术[M]. 北京：北京大学出版社，2010.

[7]  王庚，等. 现代工业统计与质量管理[M]. 北京：中国人民大学出版社，2011.

[8]  贾俊平. 统计学概论[M]. 北京：中国人民大学出版社，2011.

[9]  曹晋华，程侃. 可靠性数学引论[M]. 北京：高等教育出版社，2012.

[10]  赵宇. 可靠性数据分析[M]. 北京：国防工业出版社，2011.

[11]  康锐. 可靠性维修性保障性工程基础[M]. 北京：国防工业出版社，2011.

[12]  [美]CHARLES E EBELING. 可靠性与维修性工程概论[M]. 康锐，等译. 北京：清华大学出版社，2010.

[13]  [挪]MARVIN RAUSAND. 系统可靠性理论(第二版)[M]. 郭强，等译. 北京：国防工业出版社，2011.

[14]  吴令云，等. MINITAB 软件入门[M]. 北京：高等教育出版社，2012.

[15]  马逢时，等. 基于 MINITAB 的现代实用统计技术[M]. 北京：中国人民大学出版社，2010.

[16]  马逢时，等. 六西格玛管理统计指南[M]. 北京：中国人民大学出版社，2013.

[17]  赵经成，祝华远，等. 航空装备技术保障运筹分析[M]. 北京：国防工业出版社，2010.

[18]  王端民. 航空维修质量与安全管理[M]. 北京：国防工业出版社，2008.

[19]  郑东良. 航空维修管理[M]. 北京：国防工业出版社，2005.

[20]  高俊峰，江劲勇. 装备质量与可靠性管理[M]. 北京：国防工业出版社，2007.

[21]  周尊英. 质量管理实用统计技术[M]. 北京：中国标准出版社，2009.

[22]  杨军，丁文兴，等. 统计质量控制[M]. 北京：中国质检出版社，2012.

[23]  江三宝，毛振鹏. 信息分析与预测[M]. 北京：清华大学出版社，2012.

[24]  余波. 现代信息分析与预测[M]. 北京：北京理工大学出版社，2011.

[25]  张金玉，张炜. 装备智能故障诊断与预测[M]. 北京：国防工业出版社，2013.

[26]  宁赛飞，李小荣. 数据分析基础[M]. 北京：人民邮电出版社，2018.

[27]  陈欢歌，薛薇. 基于 Excel 的统计应用[M]. 北京：中国人民大学出版社，2012.

[28]  杨良斌. 信息分析方法与实践[M]. 长春：东北师范大学出版社，2016

[29]  范金城，林长梅. 数据分析[M]. 北京：科学出版社，2014.

[30]  蒲括，等. 精通 Excel 数据统计与分析[M]. 北京：人民邮电出版社，2014.

[31]  李红松，等. 统计数据分析方法与技术[M]. 北京：经济管理出版社，2014.

# 二维码索引

| 章节 | 视频文件名 | 二维码标题 | 页码 |
|---|---|---|---|
| 第 5 章　航空维修预测分析技术 | 例 5-1　一元回归法预测轮胎消耗量.mp4 | 例 5-1 讲解微视频 | 155 |
| | 例 5-2　多元回归法预测轮胎消耗量.mp4 | 例 5-2 讲解微视频 | 165 |
| | 例 5-3　移动平均法预测飞机完好率.mp4 | 例 5-3 讲解微视频 | 170 |
| | 例 5-4　单指数平滑法预测飞机完好率.mp4 | 例 5-4 讲解微视频 | 174 |
| | 例 5-5　双指数平滑法预测飞机完好率.mp4 | 例 5-5 讲解微视频 | 176 |
| | 例 5-6　Winter 法预测航材备件消耗量.mp4 | 例 5-6 讲解微视频 | 180 |
| 第 6 章　航空维修多元分析技术 | 例 6-1　飞机机型观测值聚类分析.mp4 | 例 6-1 讲解微视频 | 192 |
| | 例 6-2　航材指标变量聚类分析.mp4 | 例 6-2 讲解微视频 | 198 |
| | 例 6-3　维修指标 K 均值聚类.mp4 | 例 6-3 讲解微视频 | 201 |
| | 例 6-4　飞机状态指标主成分分析.mp4 | 例 6-4 讲解微视频 | 208 |
| | 例 6-5　航空维修管理指标因子分析.mp4 | 例 6-5 讲解微视频 | 217 |
| 第 7 章　航空维修信息分析综合应用 | 例 7-1　某型空气发生器可靠性分析.mp4 | 例 7-1 讲解微视频 | 227 |
| | 例 7-2　某型飞机故障率预测分析.mp4 | 例 7-2 讲解微视频 | 234 |